DeeP 一本书读懂 SeeK

田远　来立力　刘国勇　王嘉璇◎著

中国科学技术出版社

·北　京·

图书在版编目（CIP）数据

一本书读懂 DeepSeek / 田远等著 . -- 北京 : 中国科学技术出版社 , 2025. 4.（2025.9 重印）
ISBN 978-7-5236-1321-4

Ⅰ. TP18

中国国家版本馆 CIP 数据核字第 2025PK3874 号

策划编辑	任长玉	责任编辑	任长玉
封面设计	东合社	版式设计	愚人码字
责任校对	邓雪梅	责任印制	李晓霖

出　　版	中国科学技术出版社
发　　行	中国科学技术出版社有限公司
地　　址	北京市海淀区中关村南大街 16 号
邮　　编	100081
发行电话	010-62173865
传　　真	010-62173081
网　　址	http://www.cspbooks.com.cn

开　　本	710mm × 1000mm　1/16
字　　数	299 千字
印　　张	21.75
版　　次	2025 年 4 月第 1 版
印　　次	2025 年 9 月第 3 次印刷
印　　刷	北京盛通印刷股份有限公司
书　　号	ISBN 978-7-5236-1321-4/TP · 513
定　　价	79.00 元

2025年河北省高等教育教学改革研究与实践项目《基于生成式人工智能的费曼学习法教学模式研究——以数字经济专业为例》，2025GJJG510

专家委员会

推荐序

人类文明的发展史，是一部不断突破认知边界、重塑生存图景的史诗。从石器时代的工具使用到工业革命的机械化浪潮，从电力时代的能量掌控到信息时代的数据洪流，每一次技术跃迁都在改写人类与世界的对话方式。而今天，我们正站在一个全新的历史节点：人工智能不再是科幻作品中的遥远想象，而是成为重构社会生产关系的底层力量。在这一背景下，《一本书读懂 DeepSeek》的诞生恰逢其时，它以多个鲜活案例为棱镜，折射出通用人工智能技术在不同领域的创造性实践，为我们理解 AI 与人类社会的共生关系提供了极具启发性的观察样本。

一、解构与重构：AI 技术对传统范式的颠覆

翻开本书，读者将首先感受到 DeepSeek 技术对传统工作流解构与重构的哲学思辨。在 AI 办公场景中，我们看到的不仅是自动化流程对效率的量级提升，更值得关注的是人机协作模式对组织智慧的重新定义。这种将人类战略思维与机器结构化能力深度融合的范式，正在重新定义“效率”的深层含义。

当我们将视线转向创作领域，AI 写作工具引发的不仅是内容生产速度的革命。人工智能的价值不在于替代人类创作，而在于拓展艺术表达的维度，将创作者从技术性劳作中解放，专注于更本质的审美探索与思想实验。

二、跨维跃迁：技术赋能下的认知升维

在 AI 视频与绘画章节，案例展示的已不仅是工具层面的革新。这种将抽象理论转化为具象感知的技术路径，正在消弭科学与艺术之间的传统分野。而当非遗传承人借助 AI 绘画工具重新诠释传统纹样时，我们看到的不

仅是图案的数字化再生，更是文化基因在新技术载体中的进化式传承。

自媒体领域的实践案例更具社会学研究价值。乡村教师通过 DeepSeek，将晦涩的科学知识转化为通俗易懂的知识，再制成方言的短视频，让偏远地区的学童得以突破教育资源的地域限制。这种技术平权效应揭示了一个重要事实：人工智能的真正力量不在于炫技式的复杂算法，而在于其作为普惠性工具推动知识平民化的潜能。当普通人都能借助 AI 将自己的思想转化为专业级的多媒体表达时，社会话语权的分布格局正在发生微妙而深刻的改变。

三、创造者的新大陆：从工具使用者到规则制定者

在 AI 编程章节，案例呈现的图景尤为激动人心。开发团队使用 DeepSeek 的代码生成框架，将自然语言描述转化为可运行的环保监测程序，这种“所想即所得”的开发体验正在重定义技术创新的门槛。更值得关注的是，我们看到的不仅是研究效率的提升，更是跨学科知识融合催生的范式革命。这些案例共同指向一个趋势：人工智能正在将“编程”从专业领域的技术门槛转化为人类表达创意的通用语言。

这种转变的深层意义在于，它使得技术创新的主体从专业工程师扩展到所有领域的实践者。教师可以编程教育机器人，农民可以开发智能种植系统，艺术家可以构建交互装置，当技术工具变得足够自然流畅，人类创造力的释放将突破专业壁垒的限制，激发出难以估量的创新势能。

四、共生演进：技术与人性的辩证思考

通览全书案例，最发人深省的不是技术的强大能力，而是其与人类智慧碰撞产生的化学反应。在医疗领域的应用中，AI 诊断系统不是要取代医生，而是通过增强医生的认知能力，让诊疗过程既有 AI 的数据分析，又保留人类的经验和情感温度；在法律咨询场景中，智能助手通过解构海量判

例提炼规律，但最终的司法裁量权仍交还给人性化的价值判断。这些实践都在印证一个真理：人工智能的终极价值不在于超越人类，而在于帮助人类更好地成为自己。当我们看到残障人士通过脑机接口重获表达自由，目睹语言障碍者借助实时翻译技术突破交流壁垒，这些案例都在提醒我们：技术进化的本质是生命进化的延续。DeepSeek 展现的不仅是机器的智能，更是人类突破自身局限的永恒渴望。在这个过程中，技术与人性的关系不再是简单的工具使用，而是共同演进的共生关系。

五、通往未来的多棱镜

《一本书读懂 DeepSeek》的价值，在于它摒弃了技术至上主义的盲目乐观，也跳出了人文主义的技术恐慌，以冷静而富有洞察力的案例解剖，为我们呈现了人工智能落地应用的立体图景。这些案例就像多棱镜，折射出技术变革在不同维度的光谱：有的温暖如教育平权的曙光，有的震撼如艺术表达的裂变，有的深邃如科学发现的突破。

在可预见的未来，人工智能将继续改写人类文明的底层代码。但技术的终极命题永远不是技术本身，而是如何让技术进步服务于人的解放与升华。当我们跟随书中案例的指引，见证 DeepSeek 在不同领域的创造性实践时，实际上是在观察人类如何借助技术之翼，飞越认知的巴别塔，在机器智能与人类智慧的共振中，谱写文明演进的新篇章。这或许就是本书给予读者最珍贵的启示：在人工智能时代，真正的奇迹永远发生在技术与人文的交界处。

亦仁
生财有术社群创始人

CONTENTS | 目 录

第 5 章
AI 办公文档：DeepSeek 实战攻略

第 6 章
AI 写作辅助：DeepSeek 实战速成

第 7 章
AI 视频创作：DeepSeek 实战秘籍

第 8 章
AI 图片设计：DeepSeek 实战宝典

第 9 章
AI 自媒体创作：DeepSeek 实战大全

第 10 章
AI 辅助编程：DeepSeek 实战攻略

第 1 章

初识 DeepSeek：万能钥匙

CHAPTER 1

2025 年中文媒体圈的开年热词绝对少不了“DeepSeek”，其背后是一场技术突破与产业变革共振的全球性现象。这一由中国杭州深度求索人工智能基础技术研究有限公司推出的人工智能大模型不仅以颠覆性的技术路径改写了行业规则，更成为数字经济时代中国创新力的标志性符号。媒体评价指出，DeepSeek 的崛起标志着中国在 AI 领域从“追赶者”向“规则改写者”的转变，其通过颠覆性的系统性工程创新，改写了全球 AI 竞争格局。[①]

1.1

DeepSeek 是什么？

DeepSeek 是什么？对于这个问题，不同的人有不同的答案。对普通用户来说，DeepSeek 像是口袋里随时能掏出来的“百事通”：早上起床纠结穿什么时，它能根据天气预报推荐搭配；家里小孩做作业卡在数学题上，它不仅能一步步讲解解题方法，还可以联动其他 AI 工具用动画演示的方式让公式“活”起来；群聊突然争论“恐龙和鸡有没有亲缘关系”时，它可以用简单的比喻把进化论讲得明明白白；想写工作报告又没灵感时，它能帮忙整理思路、撰写初稿；甚至当我们无聊时，也能用大白话和它聊天，就像跟朋友聊天一样自然。

开发者眼中的 DeepSeek 则更像搭积木的工具箱。通过提示词让 DeepSeek 生成代码已经是 AI 时代程序员的基本操作了，此外开发者也能通过接口把 DeepSeek 的能力“装”进自己的 App，比如让购物软件更精准地理解和处理“帮我找个适合海边穿的连衣裙”之类的需求，或者帮文档处

① 方兴东，王奔，钟祥铭 .DeepSeek 时刻：技术 – 传播 – 社会（TCS）框架与主流化鸿沟的跨越 [J]. 新疆师范大学学报（哲学社会科学版），2025（04）.

理软件实现自动批改文章中的语法错误，又或者帮助游戏 NPC（非玩家角色）获得更真实自然的对话能力，让游戏里的虚拟角色能根据玩家性格切换聊天风格。开发者可对这些技术积木块随取随用，而他们拼出来的可能是下一个现象级应用。

对企业来说，DeepSeek 像是一位 24 小时在线的全能员工。商场能用它自动分析顾客评价里的情绪，医院可以让它快速整理电子病历，物流公司甚至能靠它优化送货路线——这些过去需要人工处理几小时的工作，现在点几下屏幕就能完成；餐厅老板可以用它实时监测外卖平台的三万条评价，自动生成“酸辣粉太咸”“服务员态度差”这些关键词报表；广告公司可以让它同时扮演 50 个不同年龄的虚拟顾客，提前测试广告文案会不会出问题。简单来说，DeepSeek 可以帮助企业降本增效。

对科研人员和创作者来说，DeepSeek 是撬动未知领域的杠杆。生物学家可以训练它从百万份基因数据中捕捉突变规律；环保组织可以教它识别卫星云图里非法捕捞船的踪迹；非遗传承人可以试着用它分析老艺人的雕刻手法，以求把濒临失传的技艺转化成数字模型。这些探索未必每次都能成功，但不可否认的是，AI 的加持在某种意义上降低了探索的成本和效率。

对学生来说，DeepSeek 像一位智能学伴：上课走神没听懂的物理公式，可以让它用“讲给小学生听”的模式重新拆解知识点；写历史小论文时，它能化身资料捕手，从秦始皇修长城讲到同时期罗马人在造什么；考前突击背单词，它能用谐音梗编出类似“abandon= 啊！板凳被 abandon（抛弃）了”这样的记忆口诀；在学术写作方面，它能够帮助学生进行论文的结构梳理、文献综述的初步整理，以及语言润色，提高写作效率和质量；在学习辅导上，它可以充当智能助教，为学生解答专业问题，提供课程总结，并生成习题解析，帮助他们更好地理解和掌握知识点；在职业规划和求职准备方面，它能够提供简历优化建议、模拟面试问题、撰写求职信，提高学生在就业市场的竞争力；在创新思维培养上，它可以激发创意，协助头脑风暴，帮助学生拓展思维，增强解决问题的能力。当传统教育还在讨论“该不该禁止 AI”时，这代学生早把 AI 揉进了学习流程的每个环节。

每个人都能从这个“智能瑞士军刀”里找到适合自己的工具，这才是 DeepSeek 最有趣的地方。DeepSeek 像水一样渗透进各个角落，每个人接一捧，都能解自己的渴。

1.1.1 DeepSeek 的创造者：深度求索

大众在提到“DeepSeek”时一般指的是其 AIGC 对话工具，同时这个词也指向推出这个产品的公司——深度求索，以及其推出的一系列大模型。

深度求索是一家成立于 2023 年、总部位于杭州的中国创新型科技公司，专注于人工智能及大语言模型研发。该公司聚焦大模型底层技术创新，核心技术涵盖长文本建模、多模态信息理解、智能体系统开发以及模型高效训练与推理优化。通过自主研发，深度求索公司已推出一系列具有行业影响力的产品，例如能够智能联网搜索、精准提炼关键信息并支持数万字长文本生成的内容创作模型 DeepSeek-R1，以及具备自然对话能力的交互系统 DeepSeek Chat。

作为国内人工智能技术创新的重要力量，深度求索公司坚持高效训练策略与优化算法，使其模型在性能和成本控制方面具有竞争优势。其发布的多个版本的语言模型，在国际评测中展现出较强的竞争力，与主流人工智能公司推出的产品相比，具有一定的技术特色。公司不仅关注模型能力的提升，也在探索如何将人工智能技术更广泛地应用于不同产业，以推动智能化转型。

1.1.2 DeepSeek 的模型家族及其性能

在 DeepSeek-R1 公布之前，DeepSeek 已经推出了 V3、V2.5、V2 等多版本模型。诚然，DeepSeek-R1 在全球范围内引发了巨大关注，但其实此前的版本 DeepSeek-V3 就已经在多种任务场景中表现出了对齐全球领先模型的性能。

根据官网数据，2024 年 12 月 26 日发布的 DeepSeek-V3 在推理速度上相较于之前的版本（如 DeepSeek-V2.5）和其他领先模型（比如 Qwen2.5-72B 和 Llama-3.1-405B 等）实现了显著提升。作为自研 MoE 模型，DeepSeek-V3 凭借 671B 参数在多个基准测试中表现优秀，在开源模型中稳居榜首；特别是在 MMLU、DROP 和 Codeforces 等任务中，DeepSeek-V3 的表现与世界顶尖的闭源模型 GPT-4o 以及 Claude-3.5-Sonnet 不相上下。

在知识处理领域，DeepSeek-V3 通过了 MMLU、MMLU-Pro、GPQA 及 SimpleQA 等基准测试的验证，相较于前代 DeepSeek-V2.5 版本呈现出显著的性能提升，其知识表征能力已逼近当前行业领先的 Claude-3.5-Sonnet-1022 模型，展现出了强大的语义理解与知识推理能力；针对长文本处理场景的评估结果显示，DeepSeek-V3 在 DROP、FRAMES 及 LongBench v2 等具有代表性的长文本基准测试中，综合表现超越了现有主流模型；在代码生成方面，DeepSeek-V3 在算法密集型场景（如 Codeforces 平台）下的性能表现大幅领先于所有非 o1 类模型，而在工程实践导向的 SWE-Bench Verified 评测中则与 Claude-3.5-Sonnet-1022 达到相近水平；在数学推理能力方面，通过 AIME 2024、MATH 及 CNMO 2024 等数学竞赛级测试的验证，DeepSeek-V3 在符号运算、逻辑推演和问题建模等维度均显著超越现有开源与闭源模型体系，显示出其在复杂数学问题求解方面的突破性进展；就中文语言处理能力而言，DeepSeek-V3 与 Qwen2.5-72B 模型在教育类评测 C-Eval 及语法层面的代词消歧任务中呈现可比性能，同时在涉及事实性知识处理的 C-SimpleQA 评测集上则展现出更优的准确性与可靠性[①]。

根据 DeepSeek 官方文档，2025 年 1 月 20 日发布的 DeepSeek-R1“在数学、代码、自然语言推理等任务上，性能比肩 OpenAI o1 正式版”，如图 1-1-1 所示；同时，官方为社区蒸馏了 6 个开源小模型，其中 32B 和 70B 模型“在多项能力上实现了对标 OpenAI o1-mini 的效果”，如图 1-1-2 所示。

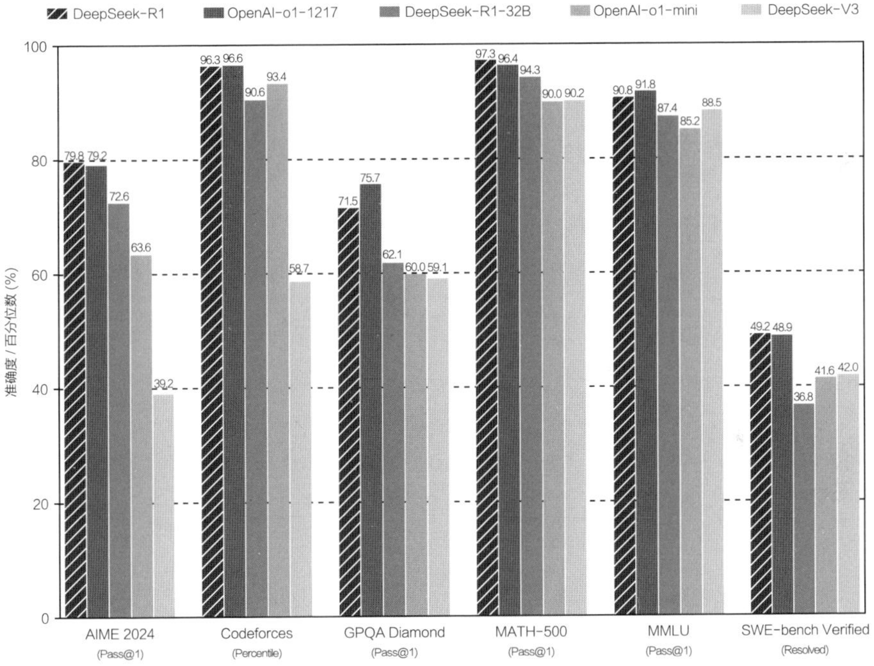

图 1-1-1　DeepSeek-R1 、OpenAI-o1-1217、DeepSeek-R1-32B、OpenAI-o1-mini 及 DeepSeek-V3 处理不同任务的表现（图片来自 DeepSeek 官网 2025 年 1 月 20 日发布的文章《DeepSeek-R1 发布，性能对标 OpenAI o1 正式版》）

① 此处数据来源于 DeepSeek 官网 2024 年 12 月 26 日发布的文章《DeepSeek-V3 正式发布》。

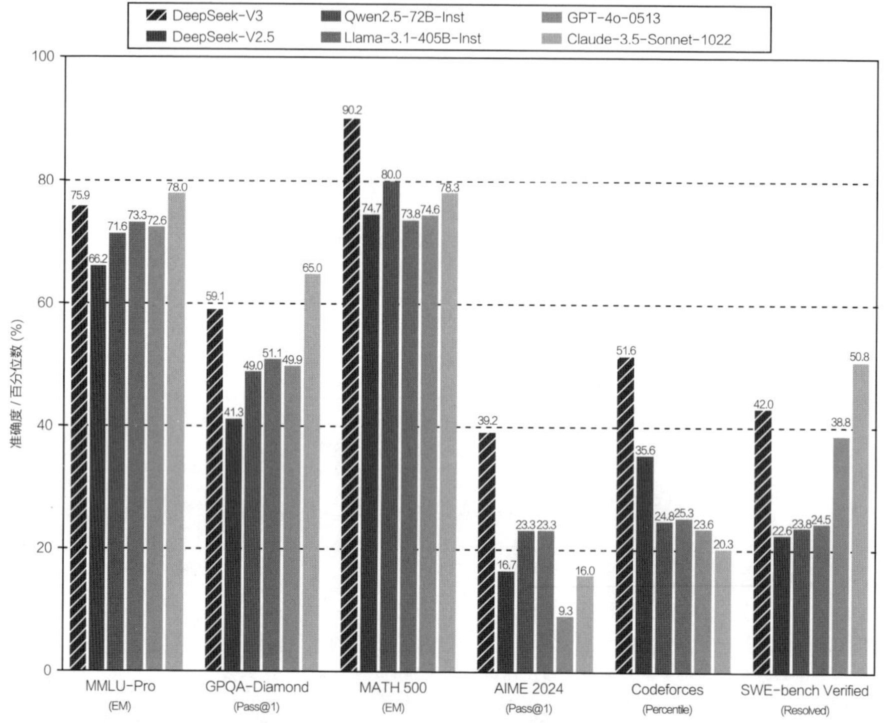

图 1-1-2 DeepSeek-V3 、Qwen2.5-72B-Inst、GPT-4o-0513、DeepSeek-V2.5、Llama-3.1-405B-Inst 及 Claude-3.5-Sonnet-1022 处理不同任务的表现(图片来自 DeepSeek 官网 2024 年 12 月 26 日发布的文章《DeepSeek-V3 正式发布》)

1.2

DeepSeek 发展和普及：从技术突围到国运重器

1.2.1 技术突破：低成本高效益的“中国式创新”

2025 年 1 月 20 日，深度求索公司发布了 DeepSeek-R1 模型。该模型基于混合专家（MoE）架构，拥有 6710 亿参数，但每次计算仅激活 370 亿参数，实现了计算效率的飞跃。其训练成本相较于国际领先同类模型有显著降低，却展现出比肩 OpenAI o1 正式版的性能①。更关键的是，其开创的无监督强化学习训练体系，可通过算法自我博弈激活推理潜能，减少了对人工标注数据的依赖，打破了传统 AI 研发的“数据饥渴症”。这种以算法优化替代算力堆砌的路径，被《人民网》评价为“非对称创新”的典范，颠覆了“算力垄断即竞争力”的行业迷信。

深度求索公司在以实际行动践行其“以开源精神和长期主义追求普惠 AGI”的理念。与某些领先模型的封闭策略不同，DeepSeek-R1 的架构与训练方法是全面开源的。这意味着，全球开发者都可以采用相对较低的成本部署该模型。据媒体报道，已有多家知名学术机构和人工智能公司用低成本完成复现②。开源的策略不仅为深度求索公司赢得了全球赞誉，亦推动了技术普惠化，促进 AI 技术的繁荣和发展。

中国技术公司正在用开放共赢的发展范式向世界证明：人工智能的真正进步不在于个别企业的技术壁垒，而在于能否构建起激发全球智慧的创新网络。DeepSeek-R1 的成功启示录正在为全球科技公司指明发展方向——唯有打破知识垄断，才能实现技术普惠的真正繁荣。

1.2.2 市场冲击：改写全球 AI 竞争格局

在 DeepSeek-R1 发布后的短短 30 天内，其产品全球注册用户便突破 1.19 亿，其中海外市场用户占比超过一半。这一惊人的增长速度不仅打破了以往大模型产品的推广纪录，也直接推动了全球 AI 市场格局的重构。更

① 该表述出自 DeepSeek 官网 2025 年 1 月 20 日发布的文章《DeepSeek-R1 发布，性能对标 OpenAI o1 正式版》。

② 引自《人民网》2025 年 1 月 29 日发布的文章《AI 观察 | 另辟蹊径的中国 AI，在除夕前夜“爆火”》。另，原文为“只用几十美元的成本就能完成复现”，但实际可能未计算人工、硬件、算力或其他成本，因此本处仅引用为“低成本”。

值得注意的是，多家国际巨头企业已经宣布接入 DeepSeek，这表明其不仅在国内站稳了脚跟，更在全球范围内找到了突破口，足以与 OpenAI、Anthropic、Google DeepMind 等国际知名 AI 公司同台竞技。过去，全球 AI 市场一直由 OpenAI 公司的 ChatGPT、Anthropic 公司的 Claude、Google 公司的 Gemini 等产品主导，而 DeepSeek 能够迅速吸引大量海外用户，意味着其产品在技术能力、用户体验、社区生态等方面已经具备了极强的竞争力。

与此同时，DeepSeek 的强势崛起也在国内市场掀起了一场大洗牌。在 DeepSeek-R1 发布之前，国内市场由豆包（字节跳动）、Kimi（月之暗面）、文心一言（百度）等国产大模型占据主导地位。然而，在短短 30 天内，DeepSeek 的日活用户已经超过了这些曾经的领军者，成为国内 AI 市场的新霸主①。面对这一强劲对手，豆包、Kimi、文心一言等背后的企业势必会加快自身产品的升级迭代，以保住自己的市场地位。未来，国内大模型市场的竞争将更加激烈，而 DeepSeek 的领先地位能否稳固，也将取决于其在产品迭代、生态建设以及市场策略上的持续创新。

DeepSeek 的崛起揭示了 AI 技术平权所带来的市场变革。过去，全球 AI 技术的领先者主要集中在欧美科技公司，而如今，DeepSeek 的成功表明，技术壁垒正在逐步消解，更多企业和国家正在共享这一科技红利。技术平权意味着 AI 不再是少数科技巨头的专利，而是可以普惠全球用户和企业。DeepSeek 的开放性和可扩展性，使得更多开发者和企业能够基于其模型构建自己的 AI 应用，从而加速 AI 技术的普及。这一趋势不仅有助于推动全球 AI 产业的发展，也将带来更多创新和商业机会，进一步重塑人工智能行业的竞争格局。

从全球扩张到国内市场洗牌，再到规模化落地和技术平权的实现，这一系列变化表明 AI 产业正在进入一个新的竞争周期。未来，DeepSeek 是否

① 引自虎嗅 2025 年 2 月 13 日发布的文章《数据揭露 DeepSeek 崛起的秘诀》。

能够持续保持领先地位，还有待市场的进一步检验。但可以确定的是，这场由 DeepSeek 引发的 AI 市场变革，正在重塑全球人工智能的竞争格局，并推动行业迈向更加开放、多元和公平的新阶段。

1.2.3 产业链重构：从硬件依赖到应用爆发

DeepSeek 的算法优化降低了硬件依赖度，促使产业重心向应用层迁移。一方面，预训练环节的算力需求呈现结构化调整，而推理侧需求持续攀升。长城基金的刘疆指出，DeepSeek 引发的应用爆发将推动推理算力增长，国产算力曾因国际限制而迎来发展机遇[①]。受国际上技术制裁的影响，国内企业不得不加速自主研发和技术迭代，通过打造高效能计算平台和数据中心来满足日益增长的推理需求。这不仅有助于打破国外技术垄断，还为整个产业链上游的芯片制造、服务器集群等环节带来了新的发展机遇。未来，随着国产算力技术的不断成熟和生态体系的完善，将有望在全球市场中占据更为重要的位置。

另一方面，开源生态的出现极大地降低了技术创新的门槛，催生了大量针对垂直领域的创新应用。在这种模式下，模型“平权”成为可能，中小开发者能够以低成本参与到前沿技术的研发中。以 DeepSeek 为代表的开源 AI 模型，不仅为各类创业者提供了强大的基础工具，也推动了跨领域、跨行业的深度融合，成为当下创业热点之一。从民生服务到工业制造，从社交传媒到智能教育，从金融风控到智慧农业，从交通运输到物流配送，从医疗健康到文化旅游，从环境监测到能源管理，AI 技术正以前所未有的速度渗透各个行业。这种渗透不仅体现为单一领域内技术的革新，更推动了整个产业链的数字化转型。各行业的企业在面临智能化升级的同时，也

① 引自搜狐财经 2025 年 3 月 5 日发布的文章《长城基金刘疆：DeepSeek 提振 AI 产业信心，“算力平权”时代有望到来》。

开始调整自身的技术路线，积极探索如何将 AI 应用到生产、管理、服务等各个环节中，力求通过技术革新来提升效率、降低成本并实现精准化运营。

与此同时，资本市场也开始重新评估各环节的长期价值。传统产业在数字化浪潮中逐渐被颠覆，新兴应用不断涌现，使得投资者对 AI 技术及其生态的关注度日益提升。越来越多的创业团队和投资机构将目光投向基于 DeepSeek 等开源平台开发的垂直应用，因为这种模式不仅技术门槛低、成本可控，而且具备快速迭代和可持续创新的优势。资本的不断注入，加速了技术与市场的双向反馈，进一步推动了整个 AI 产业链的升级。

在这种背景下，行业内的竞争也进入了一个新的阶段。大企业不得不面对来自中小型创新团队的挑战，而这些团队凭借灵活的组织形式和低成本优势，迅速推出具有竞争力的应用产品，逐步打破了原有的市场格局。与此同时，政府和监管机构也开始重视 AI 技术在各行各业中的广泛应用，逐步探索并完善相关法律法规，这既鼓励了技术创新，又确保了数据安全和隐私保护，从而为整个生态体系的健康发展提供制度保障。

总体来看，DeepSeek 的技术突破和开源生态不仅降低了创新的门槛，推动了“模型平权”，还催生了各个垂直领域内的应用创新。这种趋势将持续重塑产业链各环节的价值分布，引领未来社会在数字化、智能化方向迈出坚实脚步。

1.2.4 全球资本再平衡：中国科技资产的价值重估

当技术创新不再仅仅依赖于巨额算力投入，而是通过优化算法、提升资源利用率来实现性能突破时，全球资本市场的关注点自然会发生改变。DeepSeek-R1 模型开源后，其高效能、低成本的技术创新模式引发了全球资本市场的剧烈震荡。这一 AI 技术范式的转变直接冲击了以算力为核心的市场逻辑，引发了投资者对传统 AI 企业和算力垄断模式的信任危机。

在 DeepSeek-R1 发布后，美股市场遭遇了罕见的大幅波动。其中，全球芯片巨头英伟达（NVIDIA）的股价单日暴跌 18%，市值蒸发近 6000 亿美元，成为这一变革中最典型的受害者。英伟达长期以来被视为全球算力产业的核心支柱，其 GPU 芯片几乎垄断了高性能计算市场，而 AI 产业的繁荣更是其业绩持续增长的主要动力。此次股价暴跌，反映了金融市场对传统算力垄断模式信心的动摇，投资者开始重新评估算力产业链的价值分布，并重新考量技术创新与资本回报之间的关系。

与此同时，英伟达的暴跌并非个例，整个“算力驱动型”AI 生态链的企业均遭受不同程度的冲击。AMD、英特尔等芯片企业的股价亦出现下滑，而依赖高算力 AI 服务的云计算公司，如亚马逊 AWS、微软 Azure、谷歌 Cloud，也受到波及。这一连锁反应显示，全球资本市场对 AI 行业的投资逻辑正在经历深刻变化。

长期以来，全球资本市场的资金配置模式，主要围绕欧美科技巨头展开。美国企业依靠技术垄断、全球市场优势以及强大的资本运作能力，吸引了全球大量投资者的关注。AI 领域也不例外——欧美科技巨头凭借其雄厚的研发资金、领先的半导体技术和算力优势，构建了高门槛的技术护城河，使得 AI 产业长期由少数西方企业主导。在过去的 AI 竞争格局中，资本市场普遍认为，“高算力投入 = 更强 AI 能力”，这一逻辑主导了全球 AI 投资生态。国际投资者往往认为“高算力投入”是确保 AI 优势的唯一途径，因此美国等西方科技巨头凭借雄厚的研发资金和先进的芯片技术，在全球 AI 产业中占据了主导地位。

然而，DeepSeek 的崛起，使得资本市场开始对“AI 创新的地域性优势”重新进行评估。其模型在预训练、推理、链式思考等关键领域的算法优化，显著降低了算力需求，同时提升了模型的智能水平。这一突破打破了“算力决定 AI 水平”的路径依赖，使得技术创新的核心逐渐从硬件投入转向算法优化和资源利用率提升。这种改变使得整体算力投入与实际应用效果之间的关系重新被审视，促使资本市场开始重新评估技术创新的长期价值。

从经济学角度来看，当某项技术的边际成本降低时，资本市场必然会重新评估该行业的投资回报。DeepSeek 的崛起，使得全球投资者开始重新审视 AI 市场中的“核心资产”——如果高效能 AI 不再需要依赖昂贵的算力资源，那么过往对 GPU 芯片和高算力基础设施的投资逻辑，显然需要调整。这一趋势，正在推动全球科技资本进入“效率优先”的新时代。

DeepSeek 的技术突破不仅引发了美股市场的震荡，同时也推动了中国科技股的全面崛起。在 DeepSeek 发布后，中国 AI 概念股迎来一波强劲上涨，科技股板块的整体估值大幅提升，多个行业龙头企业市值飙升。大量国际机构投资者和基金经理开始调整投资策略，将资金从传统的“高算力驱动”企业，转向拥有自主核心技术和开放生态的中国企业。这一现象表明，国际资本正在加速向中国市场配置资金，并重新评估中国科技企业在全球 AI 行业领域中的地位。

中国科技股估值重构所引发的国际资本配置转向，实质上是全球市场对“新技术路径”的再认识和再定价。技术创新突破传统路径依赖，打破了“高算力投入 =AI 优势”的单一逻辑，推动了全球科技产业的话语权格局面临新的变量。这一趋势不仅重塑了资本市场的投资逻辑，也预示着全球科技竞争格局即将进入一个全新的发展阶段。随着 DeepSeek 等中国企业的崛起，单极主导的局面正在被打破。DeepSeek 的技术突破，不仅是个体企业的成功，还是中国 AI 产业整体崛起的象征。随着更多中国企业进入全球 AI 竞争舞台，全球科技产业的领导权将从单一中心化模式，逐步向多极化方向发展。

从美股市场的剧烈震荡，到中国科技股的强势崛起，再到全球资本配置的调整，AI 技术范式的转变，正在引发一场资本市场的深层次重构。未来，随着 AI 行业的进一步发展，全球科技产业的话语权格局也将迎来全新的变革。DeepSeek 的成功，或许只是这一巨大转变的开始。

1.3

DeepSeek 怎么用？

1.3.1 DeepSeek 使用方式

DeepSeek 的使用方式有很多种，其终端涵盖官方网页版、手机应用程序端、API 接入、第三方平台、本地部署模型五大类，DeepSeek 使用情况详细分为九种，本书的第 3 章节详细介绍了 DeepSeek 的多种使用方式，请读者详细阅读、按需选用。DeepSeek 的使用方式如图 1-3-1 所示。

1.3.2 DeepSeek 赋能多场景生产力革新

作为新一代人工智能技术平台，DeepSeek 的核心价值不仅在于其独立的智能推理能力，更体现在它与各类专业工具的深度融合中。通过跨领域协作，它正逐步成为提升效率与生产力的核心 AI 引擎，重塑现代的工作与创作模式。

在 AI 办公文档领域，DeepSeek 与主流办公软件的无缝对接，实现了从数据整理到报告生成的自动化流程。它能够快速分析海量信息，生成逻辑清晰的文档框架，甚至根据用户需求调整语言风格，显著降低重复性劳动的时间成本。对于创意工作者而言，DeepSeek 的写作辅助功能提供了多维度的灵感支持。无论是文学创作还是商业文案，它既能通过语义分析优化表达结构，又能基于历史数据预测热点趋势，成为内容创作者的“智能外脑”。

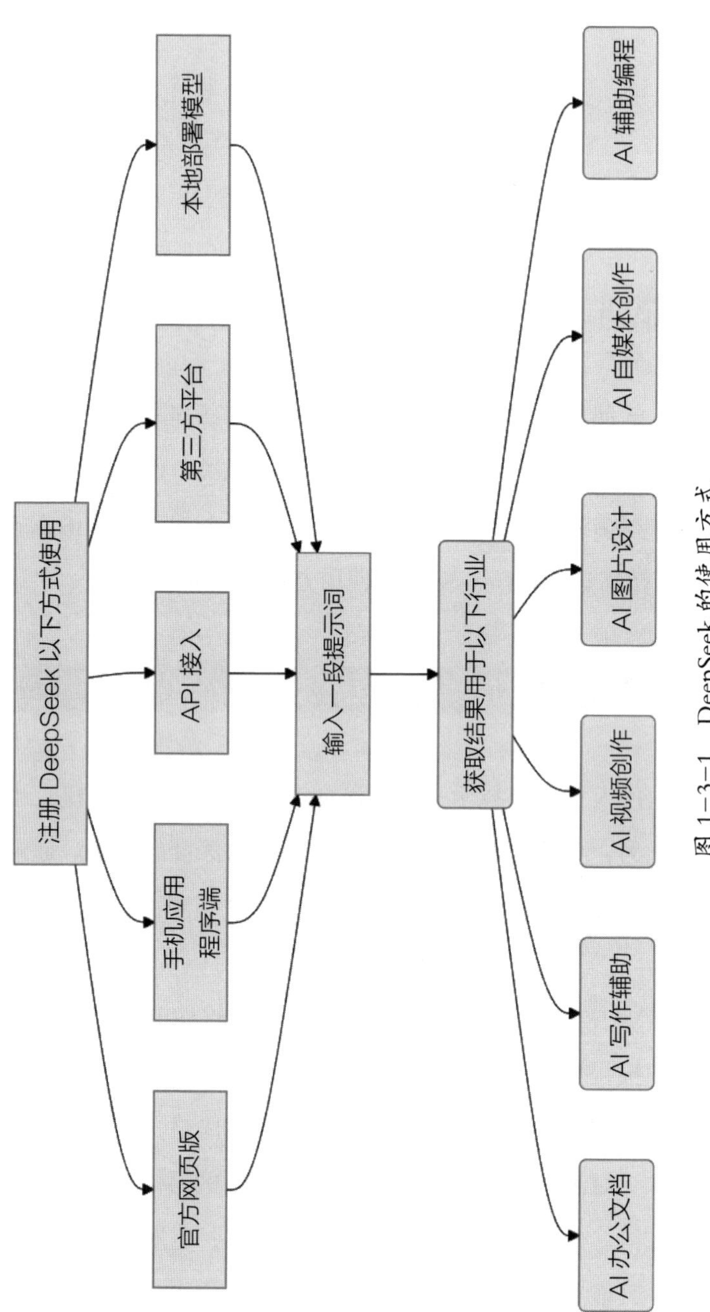

图 1-3-1　DeepSeek 的使用方式

AI 视频与 AI 图像创作场景中，DeepSeek 与专业设计工具的联动进一步释放了艺术潜能。在视频创作环节，DeepSeek 可以协作生成视频脚本或者电影剧本，方便其他专业 AI 视频软件根据视频脚本生成 AI 视频；在 AI 图片设计方面，通过理解用户输入的抽象概念，快速生成符合主题的视觉方案，并转化为专业 AI 绘画软件可用的提示词，大幅缩短从构思到落地的时间。对于自媒体从业者，DeepSeek 可根据智能推理和分析结合用户的发帖内容，推断出该账号的用户画像，优化内容传播策略，实现精准触达。DeepSeek 还能撰写各类自媒体平台的封面提示词，比如小红书图片封面、视频号视频封面、B 站视频封面、公众号图文封面等自媒体的封面提示词。使用专业 AI 绘画软件可以快速将提示词转化为实实在在的图片。

AI 编程开发领域同样迎来革新。DeepSeek 与代码编辑器的深度整合，使其能够实时解析开发者的编码意图，提供模块化代码建议，甚至自动检测潜在漏洞。这种协作模式不仅提升了开发效率，更降低了技术门槛，让复杂系统的构建过程更加流畅。

从文档到代码，从文字到影像，DeepSeek 正在重新定义人机协作边界。它并非替代人类的工具，而是通过智能化增强，将重复劳动转化为创造性思考的空间，推动各行业向更高效、更创新的方向演进。这种技术融合的背后，是人类与人工智能共同探索生产力新维度的时代图景。

1.3.3 DeepSeek 的使用成本

截至本书完稿时，DeepSeek 官网的对话服务完全免费，提供最新 R1 模型，并且深度思考和联网搜索功能均没有次数限制，这对于普通大众用户而言显然是一个福利。相比之下，其他领先的 AI 模型通常对高级模型的调用次数有限制，或按月收取订阅费用。例如，OpenAI 的 ChatGPT 提供 Plus 和 Pro 两种订阅方案，分别服务于收费为每月 20 美元的 Plus 用户和 200 美元的 Pro 用户。Plus 用户可在高峰期优先使用服务，并有限制地使用新工具；Pro 用户则可无限制地使用 OpenAI 的产品，并优先体验新功能。

企业用户更关注的通常是 API 服务费用。与其他模型类似，DeepSeek 的 API 服务则采用按使用量计费的模式。根据 DeepSeek 的 API 文档，标准时段（北京时间 08:30—00:30）下，调用 deepseek-chat（DeepSeek-V3）模型的费用为每百万 tokens 输入 2 元，输出 8 元；调用 deepseek-reasoner（DeepSeek-R1）模型的费用为每百万 tokens 输入 4 元，输出 16 元。在优惠时段（北京时间 0:30—08:30），上述费用还有额外优惠，如表 1-3-1 所示。

表 1-3-1 DeepSeek 与 ChatGPT 部分模型 API 服务价格对比

模型 / 服务	输入价格（缓存命中 / 未命中）	输出价格	其他成本优势
DeepSeek-V3	0.5 元 /2 元（人民币）	8 元（人民币）	夜间时段（00:30—08:30）输入 0.25 元 / 输出 4 元（5 折）
DeepSeek-R1	1 元 /4 元（人民币）	16 元（人民币）	夜间时段输入 0.25 元 / 输出 4 元（2.5 折）
ChatGPT GPT-4o	1.25 美元（≈ 8.9 元）/2.5 美元（≈ 17.75 元）	10 美元（≈ 71 元）	无额外折扣
ChatGPT GPT o1	7.5 美元（≈ 53.25 元）/15 美元（≈ 106.5 元）	60 美元（≈ 426 元）	无开源支持，闭源生态依赖

注：汇率换算按 1 美元≈ 7.1 元人民币，价格单位均为每百万 Token。

在应用场景适配方面，DeepSeek 通过差异化产品矩阵构建了多层次的性价比优势。针对智能客服、舆情监测等需要高并发处理的场景，DeepSeek-V3 模型展现出卓越的运营成本控制能力。其输入缓存命中价格低至每百万 tokens 0.5 元，在夜间错峰时段（00:30—08:30）更可降至 0.25 元，输出定价仅为每百万 tokens 8 元。相比同类服务，成本压缩超过 90%，展现了极致的性价比，尤其适合日均百万级请求的大规模商用场景。

对于实时交互场景的延迟敏感型需求，DeepSeek-R1 提供比 DeepSeek-V3 更高的性能，同时其优惠时段折扣率比 DeepSeek-V3 更低（DeepSeek-R1 是 2.5 折，而 DeepSeek-V3 是 5 折），可利用动态定价策略形成独特的成本 - 性能平衡方案。该机制特别适用于需持续在线但存在明显使用波峰波谷的场景，例如，跨时区企业的多语言客服系统，可通过智能调度在目标市场非活跃时段以 25% 的成本维持服务响应。

值得注意的是，大规模商用场景下的成本控制需要谨慎评估。例如，每日处理百万级请求时，基础 API 的年成本可能超过 50 万美元，此时企业需权衡自建开源模型与 API 服务的性价比。在这种情况下，开源的 DeepSeek 给用户提供了更多的选择。

第 2 章

用 DeepSeek 能做什么?

CHAPTER 2

2.1

增强自主学习能力　重塑认知与成长边界

在当今信息激增的时代，知识更新的速度远超传统认知模式的适应能力。我们正处于一个由海量信息构成的复杂系统中，而传统的学习方法和认知工具往往难以有效应对这种复杂性和动态性。DeepSeek 不仅仅是一个信息检索工具，更是一个学习工具，可以帮助我们打破固有认知模式，开展一场关于自我成长和知识系统重构的深度探索。

2.1.1　突破传统认知局限

传统的教育体系和过往经验虽然为我们构建了知识的基石，但它们也如同无形的枷锁，限制了我们对更广阔世界的好奇心与探索欲。DeepSeek 凭借其强大的知识整合与实时更新机制，犹如一把开启全新认知大门的钥匙，使我们能够突破传统认知框架的局限。

当你对某一新兴科技领域充满好奇但又苦于找不到系统的入门资料时，DeepSeek 可以充当专业导师的角色。它不仅能够依据用户现有的知识水平和兴趣特长定制个性化的学习路径，还能从基础理论到前沿进展层层递进地提供权威信息。与此同时，它将复杂抽象的概念用生动易懂的语言加以表达，使得跨学科知识的获取变得既高效又亲切，从而不断拓宽用户的认知边界。

在使用 DeepSeek 提升认知的过程中，你可以采取以下具体方法。首先，明确自己的学习目标，是在职人士为了职业发展，还是单纯对某个领域感兴趣。其次，利用 DeepSeek 的关键词搜索与拓展功能，输入与目标相关的关键词，如“模型参数”。它会为你提供一系列相关的搜索结果，并推荐更多相关的关键词。再次，对搜索结果进行多源信息整合，筛选出最有价值的内容进行深入学习，如图 2-1-1 所示。最后，根据所学知识，尝试在实际生活中进行应用和实践，让所学真正转化为自身的能力和素养。

帮我解释一下AIGC模型概念中的模型参数

1. 什么是模型参数？

- **模型参数（Model Parameters）**是机器学习或深度学习模型中通过训练数据自动学习得到的数值，它们决定了模型如何根据输入数据生成输出。
- 你可以把参数想象成模型的"记忆库"或"经验值"，模型通过这些参数对输入的信息进行处理、推理，最终生成结果（比如文本、图像、音乐等）。

---

2. 参数的作用是什么？

- **控制模型行为**：参数决定了模型对输入数据的响应方式。例如，在生成文本时，参数会影响模型选择哪些词、句子结构如何组织等。
- **存储知识**：参数中包含了模型从训练数据中学到的"知识"，比如语言规律、图像特征、音乐风格等。

---

3. AIGC模型的参数有什么特点？

- **数量庞大**：AIGC模型（如GPT-3、Stable Diffusion等）通常包含**数十亿到万亿级**的参数，例如：
  - **GPT-3**：1750亿参数
  - **GPT-4**：约1.8万亿参数
  - **Stable Diffusion**：约10亿参数

  参数越多，模型理论上能处理更复杂的任务，但训练和部署成本也更高。
- **通过训练学习**：参数不是人为设定的，而是通过大量数据训练（如梯度下降、反向传播）自动调整的。例如，训练时模型会不断调整参数，让生成的文本更接近人类写作。

---

4. 参数 vs. 超参数

- **参数（Parameters）**：模型内部自动学习的数值，如神经网络的权重（weights）和偏置（biases）。
- **超参数（Hyperparameters）**：人为设定的配置值，如学习率（learning rate）、模型层数、训练批次大小等。超参数影响参数的调整过程。

---

5. 参数如何影响AIGC的输出？

- **生成质量**：参数越多、训练越充分，模型生成的文本/图像通常更连贯、逼真。
- **多样性**：参数调整会影响结果的随机性，例如在生成文本时，参数可能控制"保守性"（重复已知内容）或"创造性"（尝试新表达）。
- **领域适应性**：通过调整参数（如微调），模型可以适应特定领域（如医学、法律）的生成需求。

---

6. 参数示例（以语言模型为例）

假设一个简单的神经网络模型有一个参数矩阵：

- 输入句子："今天天气很" → 模型通过参数计算 → 输出预测词"好"。
- 参数决定了模型如何将输入词（"今天""天气""很"）的向量映射到目标词（"好"）。

---

7. 参数的实际挑战

- **计算成本**：训练大参数模型需要海量算力（GPU/TPU集群）。
- **过拟合风险**：参数过多可能导致模型过度依赖训练数据，失去泛化能力。
- **部署难度**：大参数模型对硬件资源要求高，难以在普通设备上运行。

图 2-1-1　使用 DeepSeek-R1 的联网搜索功能快速学习知识点

2.1.2　反向学习逻辑思维

人工智能的发展不仅提升了答案的获取效率，更改变了人们的学习方式。相比于传统的直接给出答案，反向学习逻辑思维是一种更具启发性的认知模式，它能够帮助用户理解问题背后的推理过程，培养独立思考和解决问题的能力。

比如，在向 DeepSeek 提问"作为一位教学方法研究者，如何用实验法判断 AIGC 工具对大学生学习有积极的影响？（AIGC 工具指的是人工智能生成内容，比如 ChatGPT、MidJourney 这些工具）"时，它首先明确了实验法的基本框架和步骤，并进行实验设计、考虑设置变量、数据收集，以及可能存在的挑战等。参阅 DeepSeek 的推理过程可以帮助用户梳理自己的思维链条，补齐疏忽之处，逐渐形成更高效、完善的思考模式，如图 2-1-2 所示。

DeepSeek 在这方面表现尤为突出。它不仅提供答案，还能像一位耐心的导师，逐步展示推理路径。例如，在解答复杂的科学问题或逻辑谜题时，DeepSeek 会详细拆解每一步推导过程，使用户能够直观地看到问题的分解作为一位教学方法研究者，如何用实验法判断AIGC工具对大学生学习有积极的影响？（AIGC工具指的是人工智能生成内容，比如ChatGPT、MidJourney这些工具）

已深度思考（用时 24 秒）

嗯，用户是一位教学方法研究者，想要用实验法来判断AIGC工具对大学生的学习是否有积极影响。首先，我需要明确实验法的基本框架，包括研究问题、假设、变量、实验设计、数据收集和分析方法等。

用户可能已经对AIGC工具有一定了解，比如ChatGPT和MidJourney，但具体如何评估它们对学习的影响可能还不清楚。我需要考虑不同的学习维度，比如知识掌握、学习效率、参与度、创造力等。此外，还需要确定合适的实验组和对照组，确保实验设计的科学性和结果的可靠性。

接下来，实验设计是关键。可能采用随机对照试验（RCT），将学生随机分为使用AIGC工具的实验组和不使用的对照组。但需要考虑样本的代表性，以及如何控制其他变量，比如教师的教学方法、学生的先前知识水平等。或者采用准实验设计，如果随机分组不可行，可能需要通过前测来匹配组别。

然后，变量的操作化也很重要。自变量是是否使用AIGC工具，因变量可能包括学习成绩、任务完成时间、参与度调查结果等。需要确保测量工具的有效性和可靠性，比如使用标准化测试或经过验证的问卷。

数据收集方面，可能需要混合方法，既有量化数据（如测试成绩、时间记录）也有质性数据（如访谈、观察记录），以全面了解影响。分析时，使用统计方法如t检验、ANOVA，或者回归分析，同时质性数据需要进行编码和主题分析。

可能存在的挑战包括实验过程中的控制，比如确保对照组不使用AIGC工具，或者处理技术使用中的差异（如学生熟练度不同）。此外，伦理问题也需要考虑，比如学生隐私和知情同意。

用户可能还希望了解具体的实施步骤，比如如何选择工具，如何培训学生使用，以及实验的时间跨度。可能需要分阶段进行预实验，调整设计后再正式实验。另外，结果的应用和推广性也是需要考虑的，比如不同学科、不同AIGC工具的影响是否一致。

最后，需要明确研究的贡献，比如为教育技术整合提供实证支持，或者提出改进AIGC工具教学应用的建议。可能用户还希望了解如何将结果发表在学术期刊上，因此需要强调方法的严谨性和结果的显著性。

总之，我需要构建一个结构清晰、方法严谨的实验方案，涵盖各个关键环节，同时预见并解决潜在问题，确保研究结果的有效性和可靠性。

图 2-1-2　DeepSeek 的推理过程

与解决路径。通过这种方式，用户不仅能获得答案，还能深入理解问题的本质，甚至反向学习 AI 的思维模式，从而提升自身的逻辑思维能力。

这一反向学习机制的价值在于，它不仅让人工智能成为工具，更成为学习的引导者。用户在与 AI 互动的过程中，能够不断优化自身的思维模式，提高面对复杂问题的拆解能力。最终，这种学习方式将有助于培养更加严谨的逻辑思维，使 AI 成为人类智能提升的助推器，而不仅仅是信息的提供者。

2.1.3 培养创新思维与能力

在当今这个创新成为推动社会进步核心动力的时代，DeepSeek 作为一款前沿的 AIGC 工具，正逐渐成为培养创新思维与能力的重要助力。它凭借强大的功能和丰富的应用场景，为用户提供了激发创新灵感、提升创新能力的有效途径。

DeepSeek 可以为用户提供丰富多元的信息。当用户在探索新领域时，它能提供不同角度的资料，激发用户的联想和思考。比如，用户在构思一个跨领域项目时，DeepSeek 能给出相关领域的前沿动态，帮助用户拓宽思路。用户可以和 DeepSeek 进行多轮对话，不断细化。在这个过程中，用户能获得及时反馈，调整思维方向。比如，在设计产品时，用户可以反复和 DeepSeek 交流，优化产品概念。此外，DeepSeek 还能生成创意内容。无论是写文章还是做设计，它生成的内容都可以作为灵感起点，让用户在基础上发挥想象力，进一步完善创意。

2.1.4 AI Agent 激发终身学习热情

在当今技术迅猛发展的背景下，终身学习已经成为适应复杂环境、实现自我超越的重要途径。传统的“一次性教育”模式无法满足个体不断变化的职业需求与社会责任，而持续不断地学习和自我更新则是确保竞争力的根本保障。在这种大环境下，DeepSeek 开源的最新模型以其强大的推理和联网搜索能力为我们提供了构建个人 AI 学习 Agent 的全新可能，实现精准捕捉用户的学习习惯和兴趣，并动态构建个性化的知识网络，完善个人知识库。在本书完稿之时，已经有多家智慧教育平台宣布接入 DeepSeek，并提供学习 Agent 服务，为用户提供更智能的学习体验。同时，“AI+ 教育”也成为海内外高校探索的热点话题。

借助 AI Agent，我们可以打破传统学习模式的局限，将终身学习融入日常生活，使学习变得更加个性化、智能化和高效化。在 DeepSeek 的辅助下，每个人都可以构建自己的学习 Agent，按照最适合自己的节奏，持续进步，在快速变化的世界中始终保持领先，实现个人成长与社会价值的双重提升。

2.2

提升个人生产力 打造 AI 工作流

数字化转型正在深刻改变我们的工作方式，人工智能不仅提升了工作效率，更推动了思维模式的革新。DeepSeek 作为新一代 AI 工具，它不仅是一个辅助工具，还在引领我们重新审视工作的本质，优化工作流程，并塑造全新的智能化办公方式。

许多用户在初次接触 DeepSeek 时，往往仅将其视为信息检索或内容生成的工具，用于撰写报告、整理笔记或回答问题。然而，随着使用的深入，他们逐渐发现 DeepSeek 的功能远不止于此。它不仅能够帮助处理烦琐的重复性任务，更能充当智能助手，在信息归纳、决策支持、数据分析、自动化执行等方面发挥核心作用，促使我们跳出传统的工作模式，建立更高效、更智能的 AI 工作流[①]。

要使用 DeepSeek 建立 AI 工作流，首先需要理解工作流的基本逻辑。一个简单的工作流通常包括数据输入、数据处理和结果输出三个部分。你可以将数据输入部分设计为使用 DeepSeek 从各种渠道收集到的信息，如文档、邮件、表单等。然后，人们在数据处理部分时，利用 DeepSeek 的自然语言处理和生成能力，对输入的数据进行分析、理解和生成。例如，你可以让

① AI 工作流是指将人工智能技术应用于工作流程中，以自动化和智能化的方式完成特定任务的流程。

DeepSeek 自动生成报告、总结邮件内容或从文档中提取关键信息。最后，在结果输出部分，将 DeepSeek 生成的内容发送到指定位置，如存储到文件系统、发送到邮箱或推送到消息平台。

随着人工智能技术的不断迭代，DeepSeek 在 AI 工作流中的应用将更加广泛和深入。未来，AI 不仅是一个辅助工具，还是人类智能的一种延伸。通过与其他 AI 工具的联动，如 RPA（机器人流程自动化）、智能分析系统、大数据平台等，DeepSeek 将构建更加全面的智能办公生态，让企业和个人能够更精准、更高效地完成复杂任务。

在本书的第 5 至第 10 章，我们将深入探讨如何利用 DeepSeek 和其他 AI 工具构建高效的 AI 工作流，帮助你在数字化时代保持领先地位，释放更多创造力，实现前所未有的生产力飞跃。

2.3 塑造未来公民素养　融入社会发展的广阔格局

DeepSeek 作为一款前沿的 AIGC 工具，在智能技术迅猛发展的背景下，正日益成为塑造未来公民素养的重要平台。

利用其先进的数据分析与智能推荐功能，DeepSeek 不仅为用户提供了丰富的学习资源和案例解析，更引导他们在技术应用过程中深入思考科技伦理问题。通过对隐私保护、算法偏见等现实困境的讨论与实践，DeepSeek 正在帮助用户建立正确的伦理判断，确保在追求技术创新的同时，始终坚守道德底线，从而实现技术与人文精神的和谐统一。

面对海量信息的冲击，AI 的幻觉现象倒逼人类必须具备更强的信息甄别能力，以确保获取的内容真实、可靠且具有价值。在智能技术的辅助下，我们需要培养批判性思维，学会从多个权威渠道交叉验证信息，而不是被表面上看似合理的内容所误导。同时，理解 AI 的工作机制、局限性以及可能带来的偏差，也是应对信息污染的关键。在与 DeepSeek 对话的过程中，用户可以要求它提供不同来源的信息对比，揭示观点分歧，整理来自不同立场的引用文献，帮助用户进行理性分析，从而形成独立见解，而非被偏见驱动的算法推送所左右。通过精准筛选、智能分析、多角度比较和个性化训练，它帮助用户在信息洪流中保持理性，确保获取的知识经得起推敲，从而真正做到“借助 AI，超越 AI”。

此外，通过整合来自全球的新闻资讯、文化解读和多语言资源，DeepSeek 为用户提供了高效了解全球文化的机会，帮助用户拓展开放、包容的国际视野，使用户能够站在全球化的高度审视问题，理解不同文化背景下的价值观和行为模式，从而更好地参与到国际事务和跨文化对话中。

总之，DeepSeek 通过科技伦理的引导、信息辨别能力的培养、全球视野的拓展，为用户塑造了一种全新的公民素养，帮助使用者都能在享受智能技术带来的便捷与高效时，保持理性与责任，成为推动社会持续进步的重要力量，并为引领未来社会的发展奠定坚实的基础。

第 3 章 DeepSeek 入门实操：轻松上手

CHAPTER 3

DeepSeek 使用途径

DeepSeek 使用分别有两大途径和九种不同情况。使用途径分为基础使用途径和进阶使用途径两大类。基础使用途径包括官方网页端、官方手机端（安卓用户或苹果用户）两种情况。进阶使用途径包括使用 API（官方 API 或第三方 API）、使用第三方平台（国内软件或国外软件）、使用本地部署模型（满血版模型或蒸馏版模型）三种情况，如图 3-1-1 所示。

3.1.1 基础使用途径

官方网页端 DeepSeek

官方网页端使用 DeepSeek 是最简单的使用 DeepSeek 方式，适用于各种设备，几乎没有使用门槛，如图 3-1-2 所示。

网页端使用 DeepSeek 精简三步

①打开浏览器，推荐 Chrome 浏览器。
②在地址栏输入官方网址，www.deepseek.com。
③单击“开始对话”注册账号即可直接使用（无须下载软件）。

读者还可以在移动端下载 DeepSeek 应用程序，在移动设备上随时随地使用。

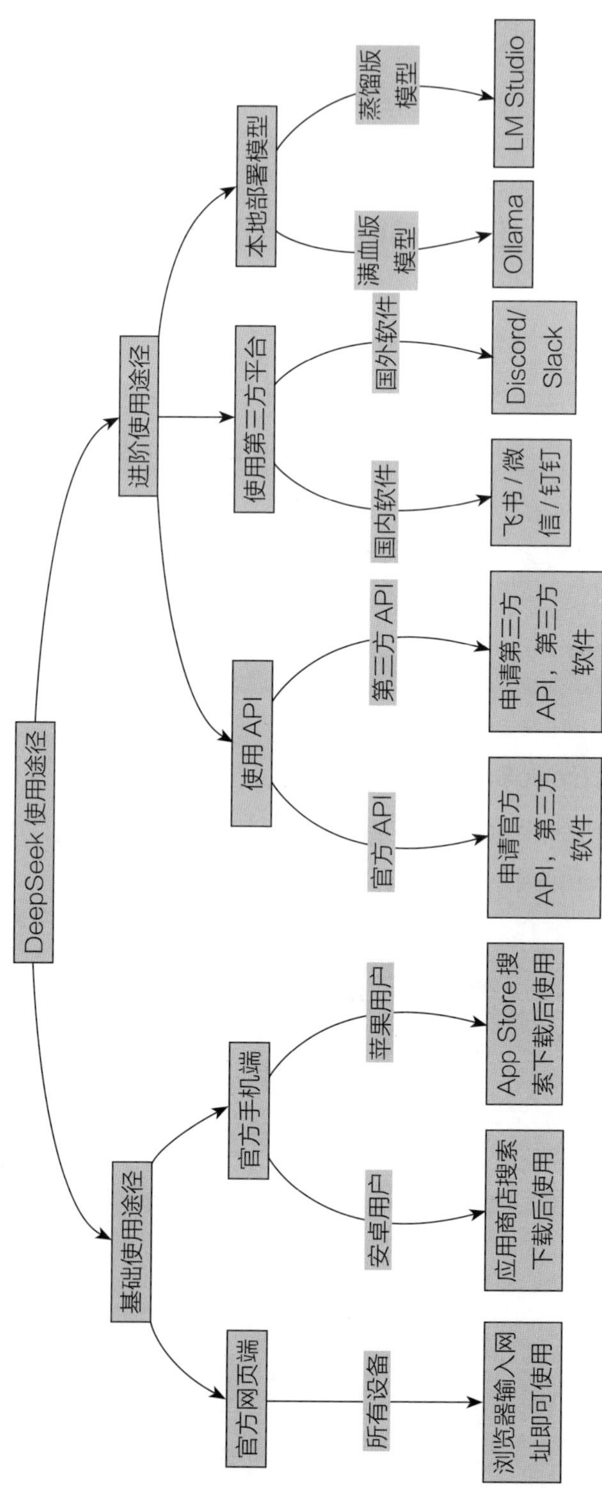

图 3-1-1 使用 DeepSeek 的九种途径

图 3-1-2　DeepSeek 官方网页端

3.1.2　进阶使用途径

以上两种使用方式虽然方便，但亦有一些弊端。随着 DeepSeek 访问量的激增，网页端和 App 端经常出现服务器繁忙的情况。

1. 使用 API

用户使用 DeepSeek API 有两种方式，分别是官方 API 和第三方 API。在 DeepSeek 网页端或手机端无法正常使用的情形下，用户可借助 DeepSeek 官方 API 和第三方 DeepSeek API 来快速使用 DeepSeek。但是，这种方式较为复杂，需要多个软件配合使用。

使用 API 接口使用 DeepSeek 精简三步

官方 API

①登录 DeepSeek 官网，申请 DeepSeek 官方 API，如图 3-1-3 所示。
②下载第三方软件并配置 DeepSeek 官方 API。
③使用第三方软件可视化使用 DeepSeek。

第三方 API

①登录第三方网站，申请 DeepSeek 第三方 API，如图 3-1-4 所示。
②下载第三方软件并配置 DeepSeek 第三方 API。
③使用第三方软件可视化使用 DeepSeek。

图 3-1-3　DeepSeek 官方 API

图 3-1-4　在硅基流动中配置 DeepSeek 官方 API

2. 使用第三方平台

使用第三方平台使用 DeepSeek 又有两种情况，分别是国内软件和国外软件。

使用第三方平台使用方式接入 DeepSeek 虽然步骤上较为简单，但缺点是功能可能有一定限制，并要按照第三方软件的使用习惯来使用 DeepSeek。

使用第三方平台使用 DeepSeek 精简三步

国外软件

①登录各类 DeepSeek 第三方国外软件官网，如图 3-1-5 所示。
②注册第三方软件账号，下载国外的第三方软件。
③通过第三方软件 App 或官网使用 DeepSeek 部分功能。

国内软件

①登录各类 DeepSeek 第三方国内软件官网，如图 3-1-6 所示。
②注册第三方软件账号，下载国内的第三方软件。
③通过第三方软件 App 或官网使用 DeepSeek 部分功能。

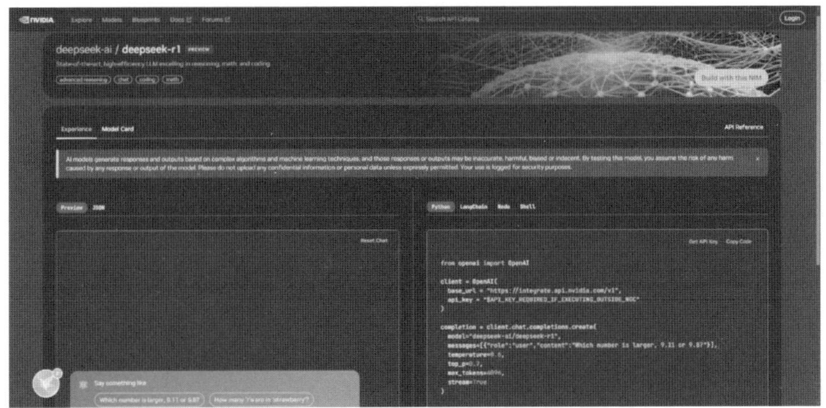

图 3-1-5　DeepSeek 第三方国外软件案例（NVIDIA）

图 3-1-6　DeepSeek 第三方国内软件案例（知乎直答）

3. 使用本地部署模型

本地部署 DeepSeek 模型可分为两种情况，分别是满血版模型和蒸馏版模型。

本地部署 DeepSeek 模型虽然操作复杂，但具备诸多优势。

一是数据安全性强。本地部署模型后敏感数据无须上传云端，完全存储于本地服务器，可满足金融、政府等高保密性场景需求。

二是定制化程度高。本地部署模型可针对企业业务需求调整模型参数，如添加专属知识库、优化特定领域专业术语响应。

三是离线环境可用。本地部署模型不受网络波动影响，可在金融、实验室等受限网络环境中稳定运行。

四是合法性保障。本地部署符合《数据安全法》《个人信息保护法》等数据本地化存储法律法规要求。

五是长期稳定服务。本地部署可以持续保障业务不中断，提高业务流程的稳定性。

本地部署 DeepSeek 模型虽然在数据隐私和安全性上有一定优势，但也存在一些明显的局限性。首先，本地部署的成本较高，企业不仅需要采购高性能的服务器硬件，还需承担持续的维护和升级费用。其次，随着模型的更新和性能监控的需求增加，维护的复杂度也相应提高，这要求企业的 IT 团队提供持续支持，涉及模型更新、故障排查等多个方面。

部署 DeepSeek 模型对硬件资源的要求非常高，尤其是 GPU 算力，因此在部署前必须仔细评估现有硬件资源的性能匹配度，避免因算力不足导致性能瓶颈。由于 DeepSeek 涉及的技术较为复杂，企业需要具备一定的 AI 开发能力和系统运维支持，技术门槛相对较高，这也为非技术型企业增加了额外的挑战。

使用本地部署模型使用 DeepSeek 精简三步

满血版模型

①准备适配满血版 DeepSeek 模型的硬件。
②下载 Ollama 或 LM Studio 本地部署大模型软件。
③下载满血版 DeepSeek 模型，运行本地部署软件。

蒸馏版模型

①准备适配蒸馏版 DeepSeek 模型的硬件。
②下载 Ollama 或 LM Studio 本地部署大模型软件。
③下载蒸馏版 DeepSeek 模型，运行本地部署软件。

3.1.3 常见问题

问：没有网络的情况下可以使用 DeepSeek 吗？

答：如果使用的是本地部署 DeepSeek，那么在没有互联网的情况下也能使用。如果通过官方 API、第三方 API 以及第三方平台使用 DeepSeek，就必须连接互联网才能使用。

问：使用 DeepSeek 时，数据是否安全？

答：如果你选择本地部署 DeepSeek，数据不会上传到云端，非常安全。如果通过官方 API、第三方 API 以及第三方平台使用 DeepSeek，数据是会上传到云端的，请确保选择可信的平台，保护数据安全。

问：我能在普通的电脑上本地部署 DeepSeek 吗？

答：DeepSeek 满血版模型对电脑要求较高，普通电脑是无法运行的。但是你可以选择一些 DeepSeek 蒸馏版模型，它们的体积不算太大，硬件要求也还可以接受，不过仍需量力而行选择适合你硬件的蒸馏模型。

问：什么是 DeepSeek-R1 的蒸馏版模型？

答：蒸馏版模型是 DeepSeek-R1 的简化版本，硬件要求更低，运行起来速度更快。

3.2

官方网页端使用 DeepSeek 实战

3.2.1 使用 DeepSeek 网站

登录 DeepSeek 账号后，会出现 DeepSeek 使用页面，如图 3-2-1 所示。

图 3-2-1 DeepSeek 使用页面

DeepSeek 界面一共有九个区域，各区域的功能，如图 3-2-2 所示。

①收起边栏：单击可以快速地收起和打开侧边框。
②开启新对话：可以开始不同的话题对话，方便管理对话。
③下载 App：下载 DeepSeek 官方客户端。
④深度思考（R1）：使用 DeepSeek-R1 模型，解决用户需要深度思考或者推理的问题。
⑤联网搜索：使 DeepSeek 可以联网获得最新搜索结果，帮助用户得到最新联网数据的支持。
⑥上传附件：上传的附件仅能识别文字，最多 50 个文件，每个最大不超过 100MB，支持各类文档和图片。
⑦发送按钮：输入提示词后单击“提交”按钮。
⑧提问区域：将希望 DeepSeek 解答的问题填写在提问区域，这里也叫作提示词区域。
⑨个人信息：实现系统设置、删除所有对话、联系 DeepSeek，以及退出登录。

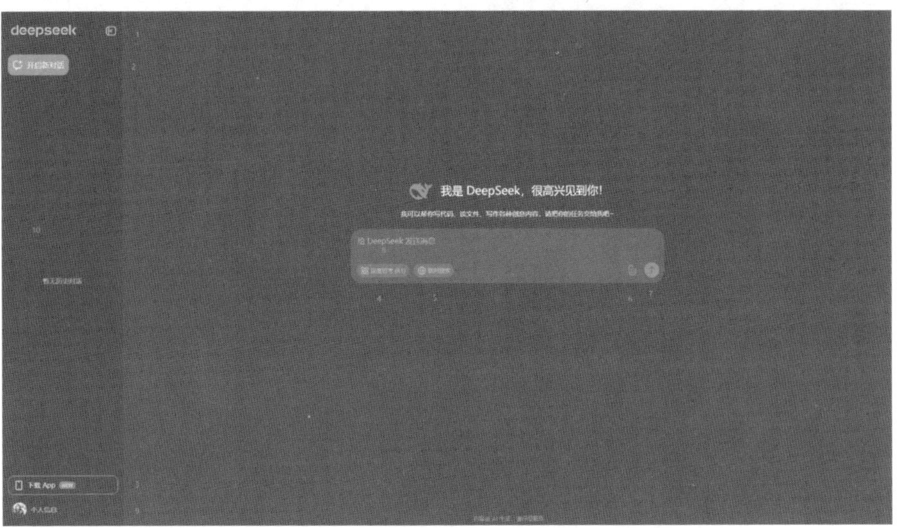

图 3-2-2　DeepSeek 使用页面的九个区域分布

3.2.2　体验 DeepSeek 功能

DeepSeek 有四个强大的 AI 功能（AI 智能对话、AI 深度思考、AI 联网搜索、AI 文件分析），作者将带领用户逐一体验。网页端和手机端功能类似，作者不再赘述 DeepSeek 手机版的使用方法。

1.AI 智能对话

首先，用户可在提问区域输入问题，比如“如何有效地学习 AI”，然后单击“发送”按钮或按回车键，等待 DeepSeek 生成回答，如图 3-2-3 所示。

这种方式时，DeepSeek 的回答非常迅速，因为 DeepSeek 忽略了深度思考的步骤，可以得到一个比较好的答案。

简单问题推荐使用这种方式（DeepSeek 的回答速度非常快）。

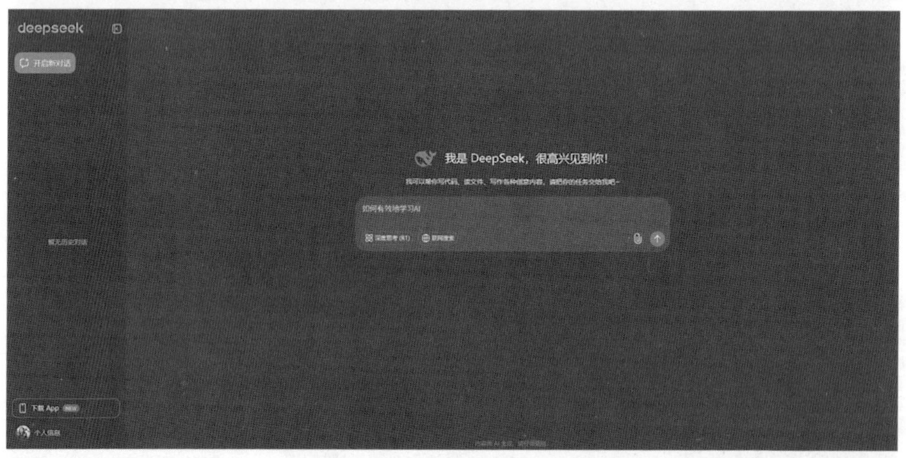

图 3-2-3 DeepSeek 的提问案例

DeepSeek 的回答结果，如图 3-2-4 和图 3-2-5 所示。

DeepSeek 的回答结束位置有四个按钮，分别是“复制文本”“重新回答”“喜欢回答”和“不喜欢回答”。如果 DeepSeek 的回答符合预期，用户可单击“喜欢回答”；如果 DeepSeek 的回答不符合预期，用户可单击“不喜欢回答”并单击“重新回答”，让 DeepSeek 再重新回答同一个问题，如图 3-2-6 所示。

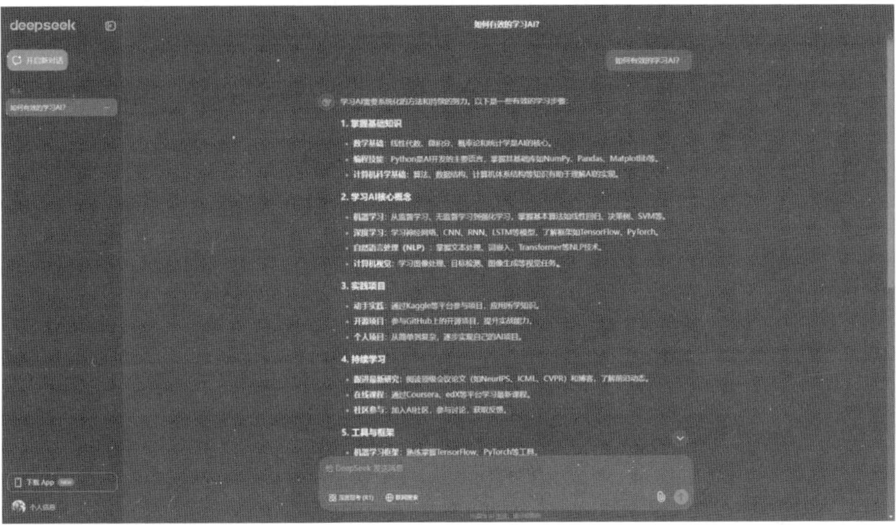

图 3-2-4　DeepSeek 交互反馈（例 1）

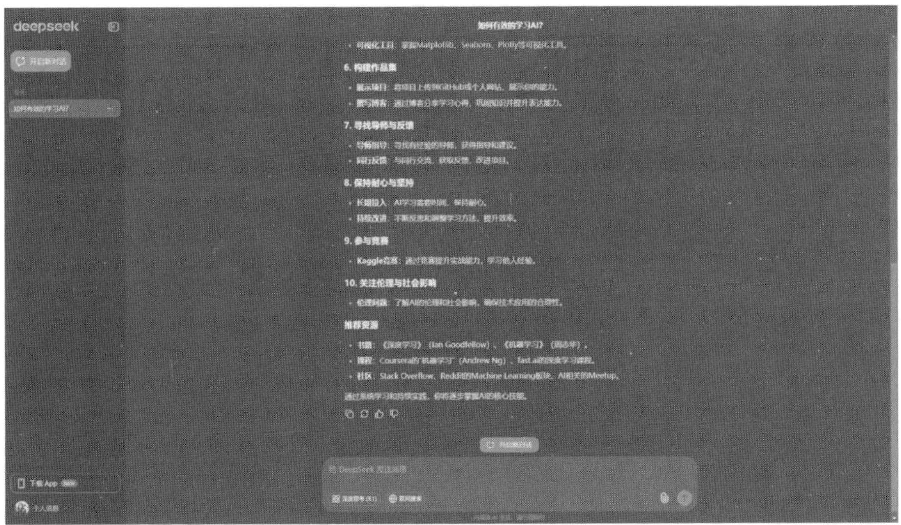

图 3-2-5　DeepSeek 交互反馈（例 2）

图 3-2-6　DeepSeek 交互按钮介绍

2.AI 深度思考

用户再次在提问区域输入相同问题，“如何有效地学习 AI”，然后单击“深度思考”按钮，最后再单击“发送”按钮或按回车键，等待 DeepSeek 生成回答，如图 3-2-7 所示。

使用这种方式时，DeepSeek 的回答稍慢，因为 DeepSeek 加入了深度思考的步骤。经过 DeepSeek 的深度思考推理过程，用户会得到一个更有深度的、相对更全面的答案。

对于需要深度思考的问题推荐使用这种方式，DeepSeek 会加入深度思考，让你的答案更全面。

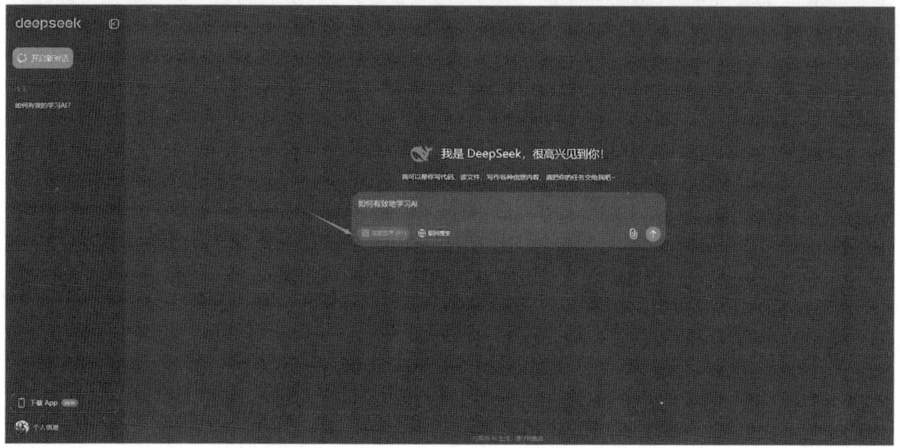

图 3-2-7　DeepSeek 深度思考应用

3.AI 联网搜索

用户再次在提问区域输入相同问题，“如何有效地学习 AI”，然后单击“深度思考”按钮和“联网搜索”按钮，最后再单击“发送”按钮或按回车键，等待 DeepSeek 生成回答，如图 3-2-8 所示。

使用这种方式时，DeepSeek 的回答最慢，因为 DeepSeek 加入了深度思考和联网搜索最新资料的步骤，经过深度思考以及联网搜索资料的过程，用户会得到一个资料全面且更有深度的答案。**需要注意，联网搜索方式不支持上传文件分析。**对于需要深度思考的问题，且在 DeepSeek 数据库中没有最新资料的情况下，推荐使用这种方式。DeepSeek 这种方式的回答虽然最慢，但它是获得最全、最新资料的方式。

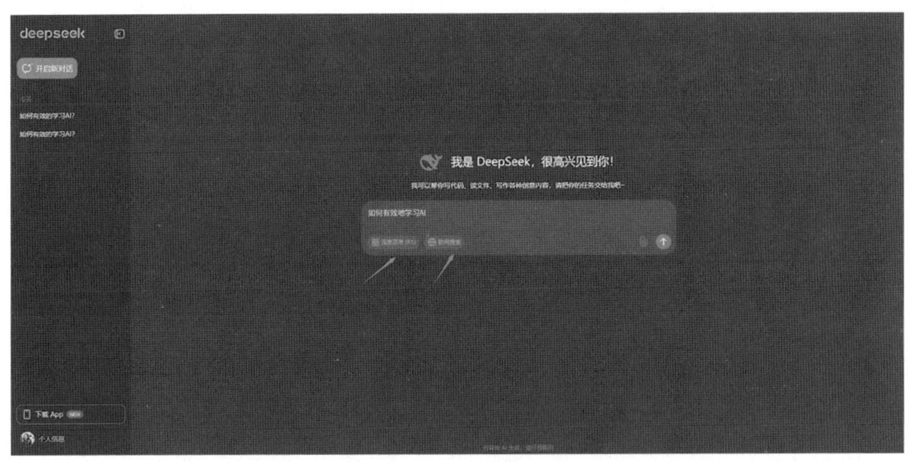

图 3-2-8　DeepSeek 深度思考与联网搜索

DeepSeek 的回答结果如图 3-2-9 至图 3-2-12 所示。该回答已经可以看到添加了深度思考的过程，而且经过了联网搜索，同时提供了资源整合，并给出了长期规划。这次 DeepSeek 的回答是三种方式中最为全面的。

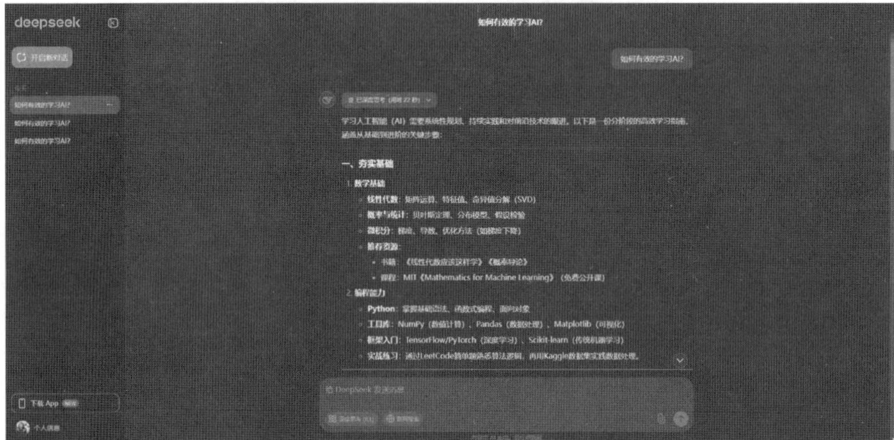

图 3-2-9　DeepSeek 综合回答（例 1）

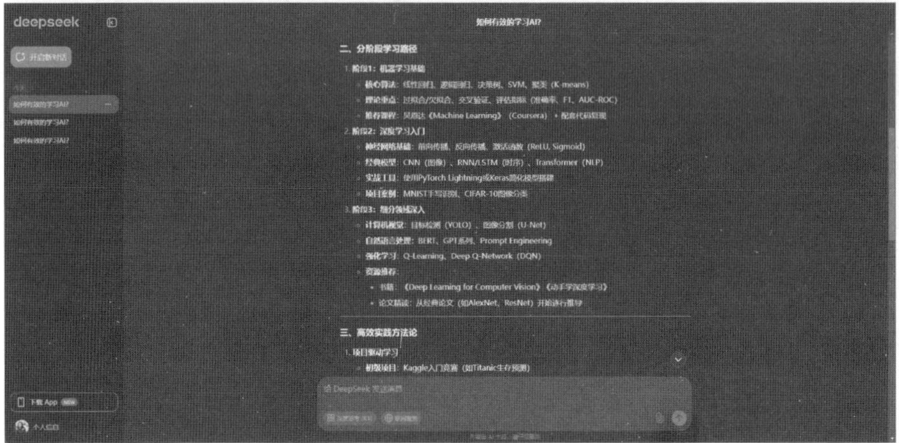

图 3-2-10　DeepSeek 综合回答（例 2）

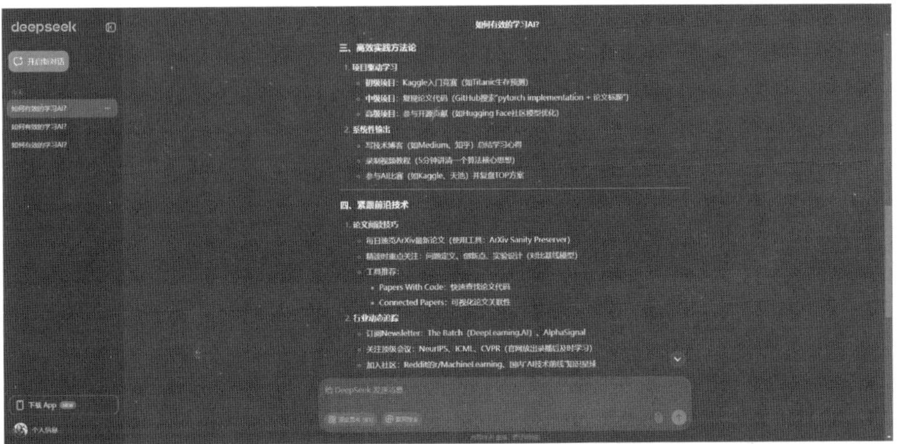

图 3-2-11 DeepSeek 综合回答（例 3）

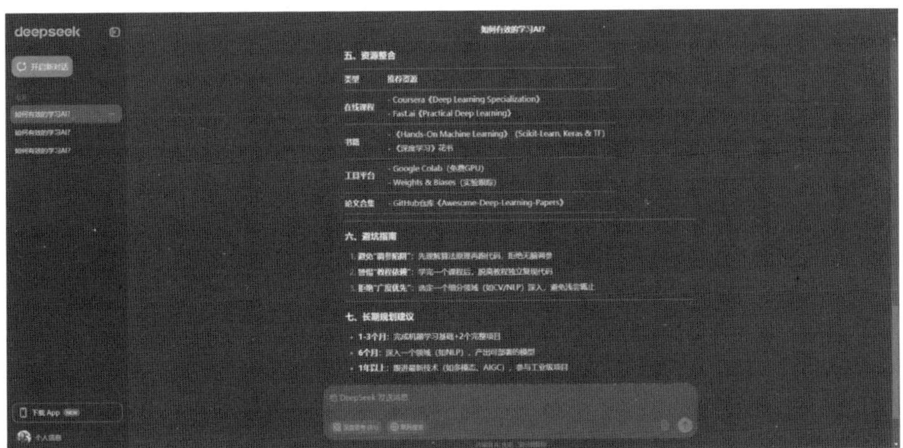

图 3-2-12 DeepSeek 综合回答（例 4）

4.AI 文件分析

用户单击“上传文件”，选择本地各类文档和图片均可。需要注意的是，上传的附件仅能识别文字，最多 50 个文件，每个文件最大不超过 100MB（截至本书完稿前的数据）。

我们以一个表格文件为例。表格中含有标题、点赞数和帖子链接三列，如图 3-2-13 所示。在输入区域输入“分析表格中热门点赞标题的共同特点”这一指令，等待 DeepSeek 的回答，如图 3-2-14 所示。**需要注意，联网搜索方式不支持上传文件分析。**

> 对于需要深度思考的问题，且在 DeepSeek 数据库中没有最新资料的情况下，推荐使用这种方式。DeepSeek 这种方式的回答虽然最慢，但它可以针对用户提供的内容进行深度思考，从而获得更精准的答案。

	A	B	C
1	标题	点赞数	链接
2	DeepSeek官方信	57000	https://www.xiaohc
3	用DeepSeek抽盲	53000	https://www.xiaohc
4	我没有想到有一天	39000	https://www.xiaohc
5	DeepSeek有太极	29000	https://www.xiaohc
6	码一下DeepSeek	26000	https://www.xiaohc
7	达到什么条件才能	18000	https://www.xiaohc
8	DeepSeek不好用,	18000	https://www.xiaohc
9	我的天 DeepSeek	16000	https://www.xiaohc
10	还得是清华！ 名校	15000	https://www.xiaohc
11	DeekSeek教师指	15000	https://www.xiaohc
12	💥果粉狂喜！ De	14000	https://www.xiaohc
13	DeepSeek真的好	10000	https://www.xiaohc
14	教师版DeepSeek,	10000	https://www.xiaohc
15	第一次深刻感受到	8146	https://www.xiaohc
16	给我妈装完DeepS	8560	https://www.xiaohc
17	【教程】两段话	8118	https://www.xiaohc
18	DeepSeek大半夜	8643	https://www.xiaohc
19	不要去官网挤着	7397	https://www.xiaohc
20	关于我和DeepSee	6839	https://www.xiaohc
21	人类对于未来的	7105	https://www.xiaohc
22	人们还在热议 De	6694	https://www.xiaohc
23	如题	6877	https://www.xiaohc
24	DeepSeek让美国	6620	https://www.xiaohc
25	问DeepSeek异地	6514	https://www.xiaohc
26	DeepSeek喂饭级	6364	https://www.xiaohc
27	帮大家总结了超	6872	https://www.xiaohc
28	突然发现清华Dee	6400	https://www.xiaohc
29	DeepSeek好用的	6000	https://www.xiaohc
30	DS告诉我的人生	5960	https://www.xiaohc

图 3-2-13 上传文件

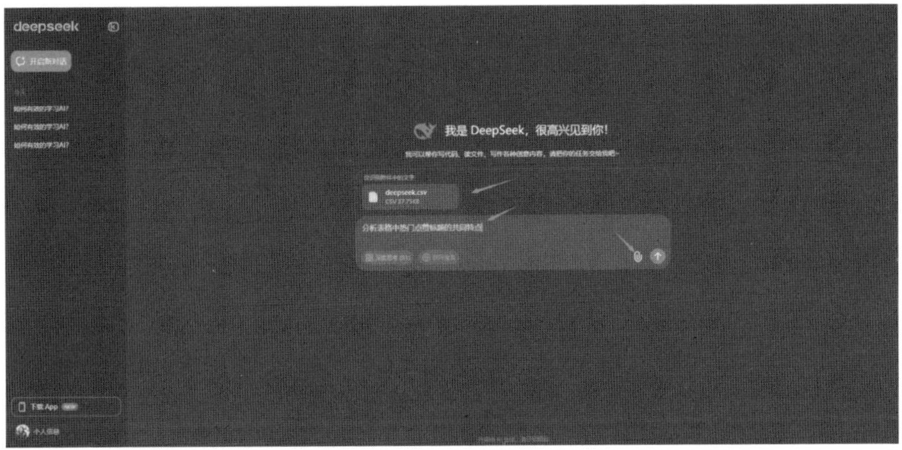

图 3-2-14　DeepSeek 文件分析案例

DeepSeek 的回答结果如图 3-2-15 所示，它不仅添加了深度思考的过程，而且认真分析了上传文件的内容，基于文件分析和用户问题综合得出答案。

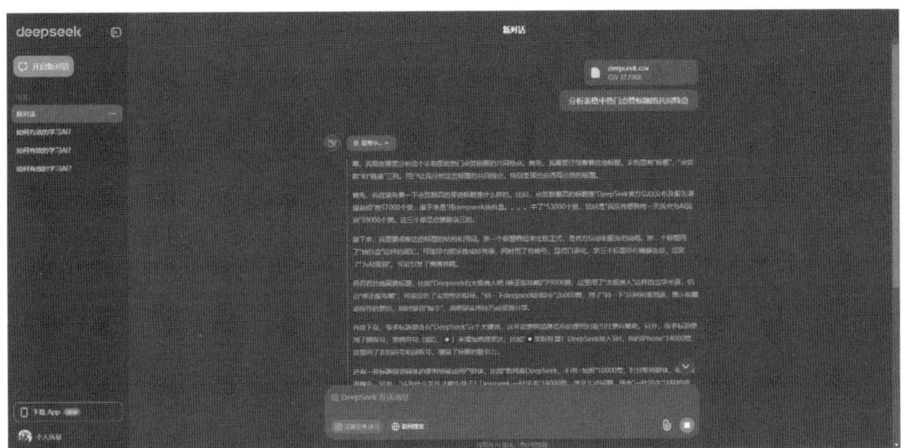

图 3-2-15　DeepSeek 深度思考与文件分析结果

DeepSeek 已经分析了热门点赞标题的特点，用户可以接着提出自己的需求，如图 3-2-16 所示。

图 3-2-16　用户需求定制示例

3.3

官方 API 使用 DeepSeek——Cherry Studio

3.3.1　获取 DeepSeek 官方 API

进入 DeepSeek 官方网站，然后单击如图 3-3-1 所示的页面右侧“API 开放平台”按钮，获取 DeepSeek 官方 API。

图 3-3-1　获取 DeepSeek 官方 API 操作

单击左侧的“API keys”导航，单击创建“API key”按钮，如图 3-3-2

所示。列表内是你的全部 API key，API key 仅在创建时可见可复制，请妥善保存。不要与他人共享你的 API key，或将其暴露在浏览器或其他客户端代码中。为了保护你的账户安全，DeepSeek 官方可能会自动禁用发现已公开泄露的 API key。而且由于 DeepSeek 当前服务器资源紧张，为避免对你造成业务影响，DeepSeek 已暂停 API 服务充值。存量充值金额可继续调用，API 默认会赠送 10 元的余额。API 可以理解为代码或者其他软件调用 DeepSeek 能力的一串字符。使用 API 是因为 DeepSeek 官网最近资源紧张，可能有无法使用的情况，这时候可以通过其他软件使用 DeepSeek 的能力。DeepSeek 的 API 唯一缺陷是没有联网搜索功能。

图 3-3-2　DeepSeek API key 管理界面

3.3.2　下载 Cherry Studio

Cherry Studio 是一款支持多模型服务的桌面客户端，适用于 Windows、Mac 和 Linux 系统，无须复杂设置即可使用。内置了超过 30 个行业的智能助手，旨在帮助用户在多种场景下提升工作效率。Cherry Studio 集成了众多主流大模型的 API 服务，同时支持本地 AI 大模型运行。Cherry Studio 是一款集多模型对话、知识库管理、AI 绘画、翻译等功能于一体的全能 AI 助手平台。Cherry Studio 的高度自定义的设计、强大的扩展能力和友好的用户体验，使其成为专业用户和 AI 爱好者的理想选择。无论是零基础用户还是开发者，都能在 Cherry Studio 中找到适合自己的 AI 功能，提升工作效率和创造力。用户请打开 Cherry Studio 官网（https://cherry-ai.com/），单击“下载客户端”，如图 3-3-3 所示。

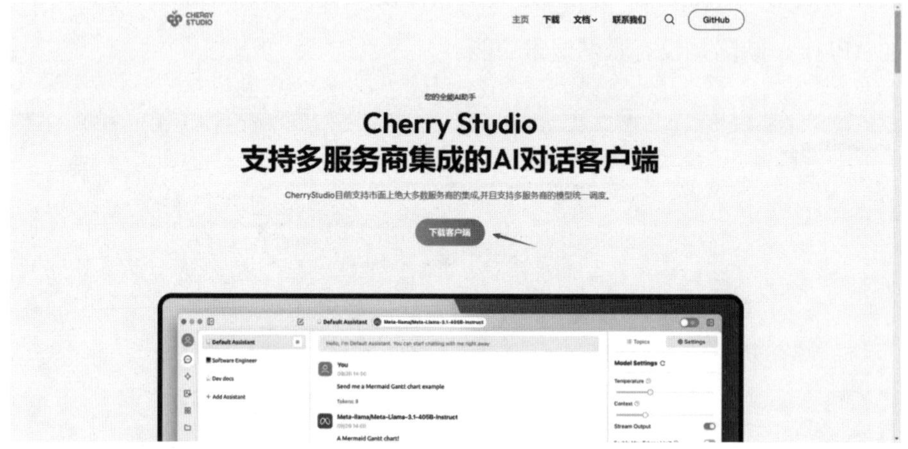

图 3-3-3　Cherry Studio 下载页面

3.3.3　安装 Cherry Studio

用户请打开下载好的 Cherry Studio 安装包，双击运行，一直单击“下一步”即可完成安装，如图 3-3-4 所示。

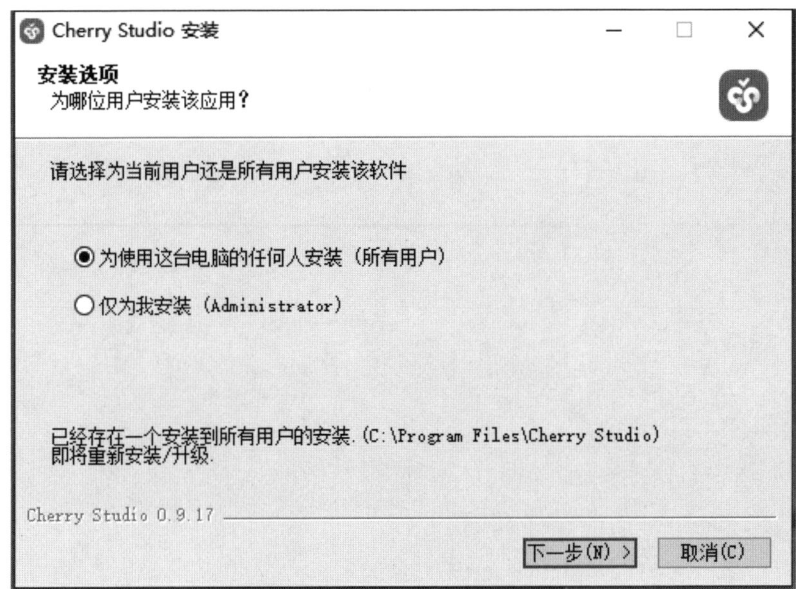

图 3-3-4　Cherry Studio 安装页面

3.3.4　配置 Cherry Studio

打开 Cherry Studio，单击左下角“设置”按钮，单击左侧“模型服务”，选中“深度求索”，单击右上角的绿色启动按钮并填入刚刚第一个步骤获得的 DeepSeek 官方 API，并单击“检查”，确保 API 可以正常使用，如图 3-3-5 所示。

3.3.5　在 Cherry Studio 中使用 DeepSeek

打开 Cherry Studio，选择左上角“助手”按钮，使用“默认助手”，在提问区域输入问题或者提示词即可使用 DeepSeek，如图 3-3-6 所示。

图 3-3-5　Cherry Studio 配置步骤详情

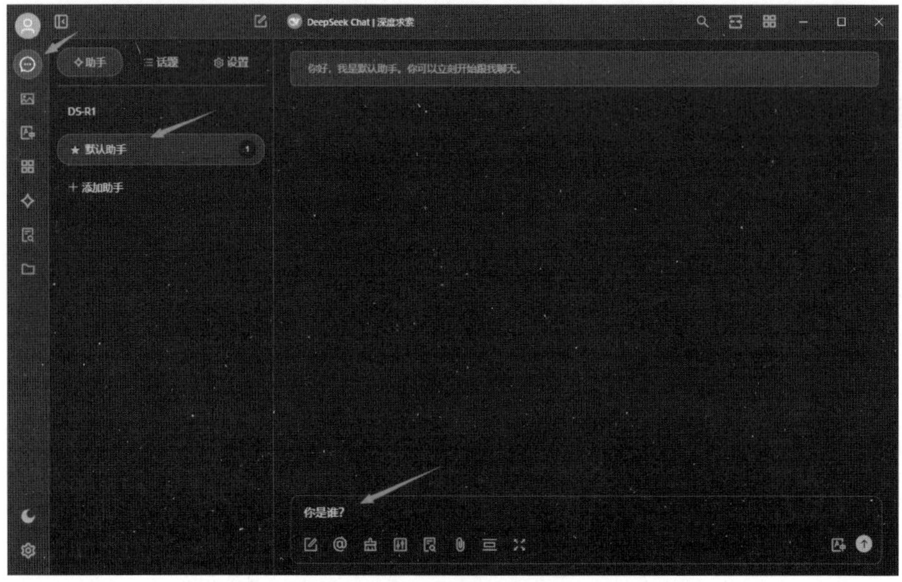

图 3-3-6　在 Cherry Studio 中使用 DeepSeek

单击顶部可以切换 DeepSeek 模型，如图 3-3-7 所示。

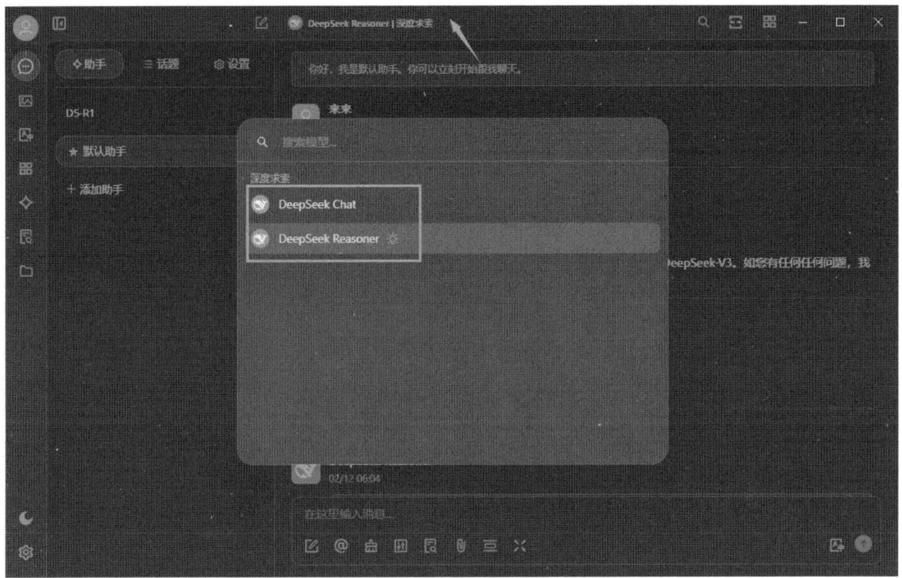

图 3-3-7　切换 DeepSeek 模型

DeepSeek Chat 是没有深度思考能力的 DeepSeek-V3 模型，如图 3-3-8 所示。

图 3-3-8　切换至 DeepSeek Chat

DeepSeek Reasoner 是带有深度思考的 DeepSeek-R1 模型，如图 3-3-9 所示。

图 3-3-9　切换至 DeepSeek-R1 模型

Cherry Studio 单击左侧“智能体”按钮，分行业有很多种 AI 智能体可以供用户使用，如图 3-3-10 所示。

图 3-3-10　Cherry Studio AI 智能体选择界面

3.3.6　获取 DeepSeek 官方 API 使用情况

在使用 API 接入 DeepSeek 时，用户需要经常性关注 API 的使用情况。

打开网址 https://cloud.siliconflow.cn/bills，可以查看 DeepSeek-V3 模型和 DeepSeek-R1 模型的使用情况以及 API 余额，如图 3-3-11 所示。

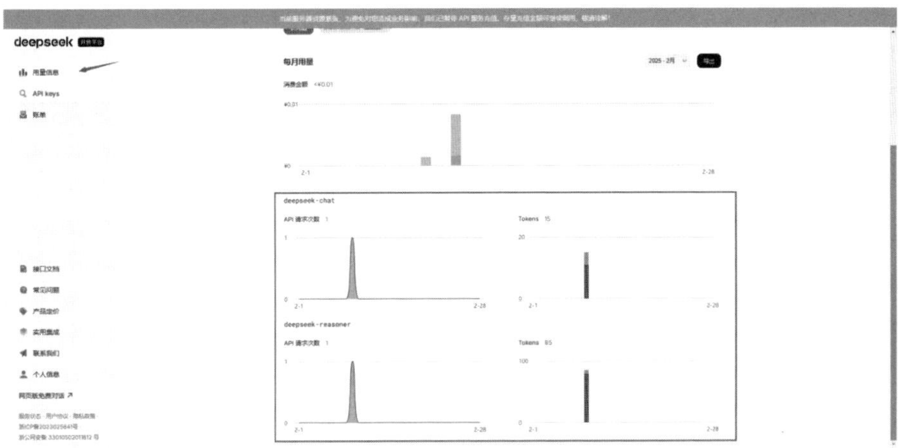

图 3-3-11　DeepSeek API 用量和消费分析

注：在本书完稿之时，DeepSeek 暂停了 API 服务充值，但存量充值金额可继续调用，默认赠送的 10 元金额估计很快就会消耗完毕，所以不建议直接使用 DeepSeek 官方 API，这个官方 API 仅仅作为应急用途。建议用户选择第三方的 DeepSeek API，可以畅快充值使用，不用担心消费总额用完。

第三方 API 使用 DeepSeek——硅基流动 +Chatbox

3.4.1　获取 DeepSeek 第三方硅基流动 API

截至 2025 年 2 月 14 日，据作者统计，已有 34 家云平台已经上线了 DeepSeek 第三方 API，可作为 DeepSeek 官方 API 的“平替”进行使用。其中硅基流动有多种 DeepSeek 模型可供用户选择，使用操作简便。建议零基础的用户读者使用硅基流动的 DeepSeek 第三方 API，有一定基础的用户可根据本书的章节 3.4.7 “DeepSeek 第三方 API 汇总”，选择适合自己的 DeepSeek 第三方 API。

首先登录 https://www.siliconflow.cn/，若未注册，首次登录时会自动注册账号，如图 3-4-1 所示。

图 3-4-1 硅基流动网站界面

然后访问 API 密钥页面，https://cloud.siliconflow.cn/account/ak，新建或复制已有密钥，如图 3-4-2 所示。

最后适当充值一些金额以方便使用 DeepSeek，如图 3-4-3 所示，硅基流动默认赠送 14 元的 API 费用。

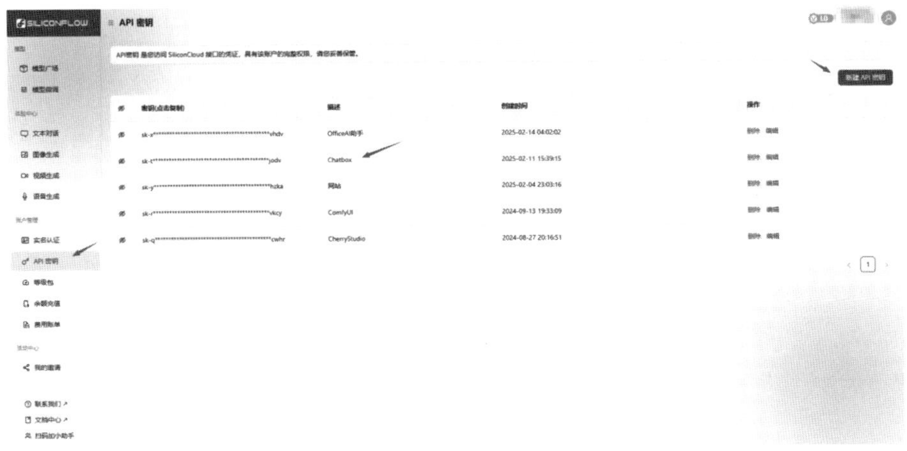

图 3-4-2 硅基流动的 API 密钥页面

图 3-4-3 硅基流动的余额充值页面

3.4.2 下载 Chatbox

Chatbox AI 是一款 AI 客户端应用和智能助手，支持众多先进的 AI 模型和 API，可在 Windows、MacOS、Android、iOS、Linux 和网页版上使用。这个软件相比于 Cherry Studio 而言，支持的平台更多，可以网页端直接使用或手机端使用，如图 3–4–4 所示。

图 3–4–4　Chatbox 多平台智能助手介绍

3.4.3　安装 Chatbox

用户可选择适合自己的平台进行安装，如图 3–4–5 所示。下面作者以 Windows 为例进行安装。

图 3–4–5　Chatbox 多平台安装页面

双击安装程序，单击“下一步”即可安装 Chatbox，如图 3-4-6 所示。

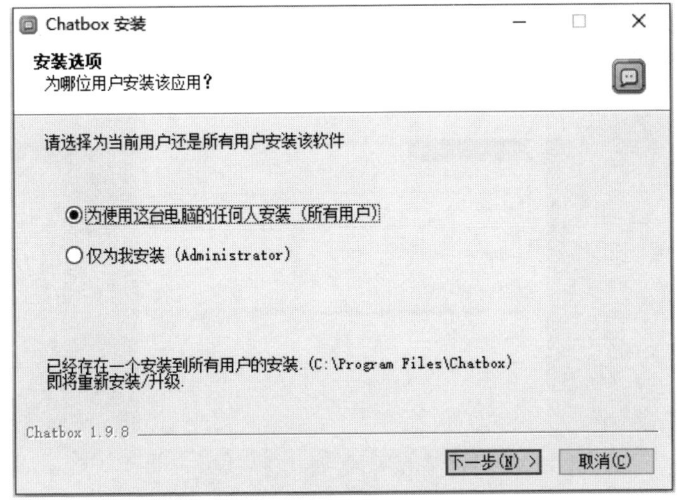

图 3-4-6　Chatbox 的 Windows 安装界面

3.4.4　配置 Chatbox

打开 Chatbox，选择左下角的“设置”按钮，打开“模型”选项卡，选择模型提供方为硅基流动“siliconflow API”，输入 API，选择模型为“DeepSeek-R1”，单击保存，如图 3-4-7 所示。

3.4.5　在 Chatbox 中使用 DeepSeek

打开 Chatbox，选择左上角“对话”功能，在提问区域输入问题或提示词即可使用 DeepSeek，如图 3-4-8 所示。

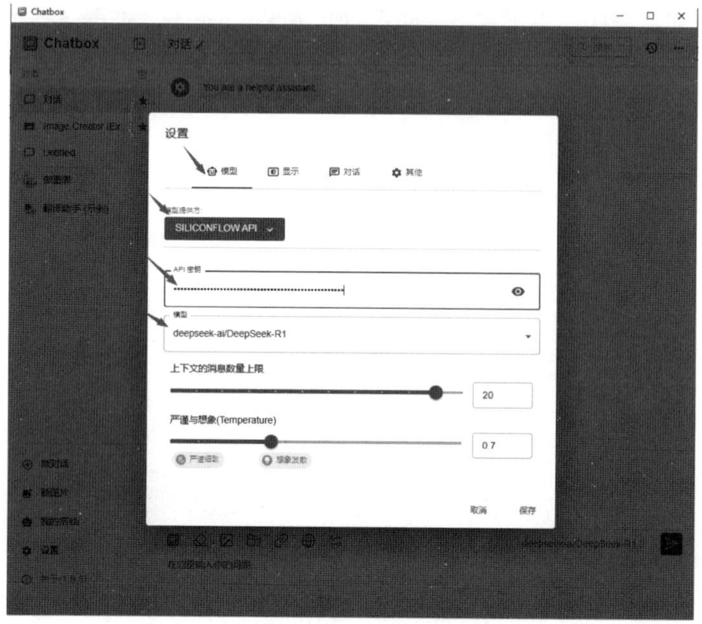

图 3-4-7　修改 Chatbox 配置界面

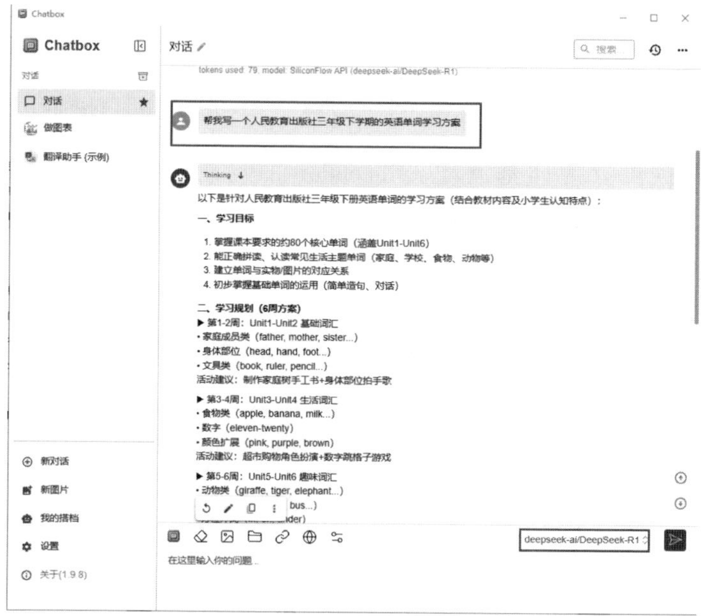

图 3-4-8　在 Chatbox 中使用 DeepSeek 的操作

需要注意，DeepSeek–R1 模型的 API 暂时不支持联网搜索，如图 3–4–9 所示（截至本书完稿时）。

图 3–4–9　DeepSeek–R1 模型的 API 暂时不支持联网搜索

Chatbox 的“做图表” AI 智能体可以生成各种图表，如图 3–4–10 所示，在聊天中可以更方便地让你理解一些数据。

Chatbox 的“翻译助手” AI 智能体可以翻译中文和英文，如图 3–4–11 所示，方便用户使用。

在 Chatbox 中单击“我的搭档”，可以选择各种 AI 智能体为自己服务，如图 3–4–12 所示。

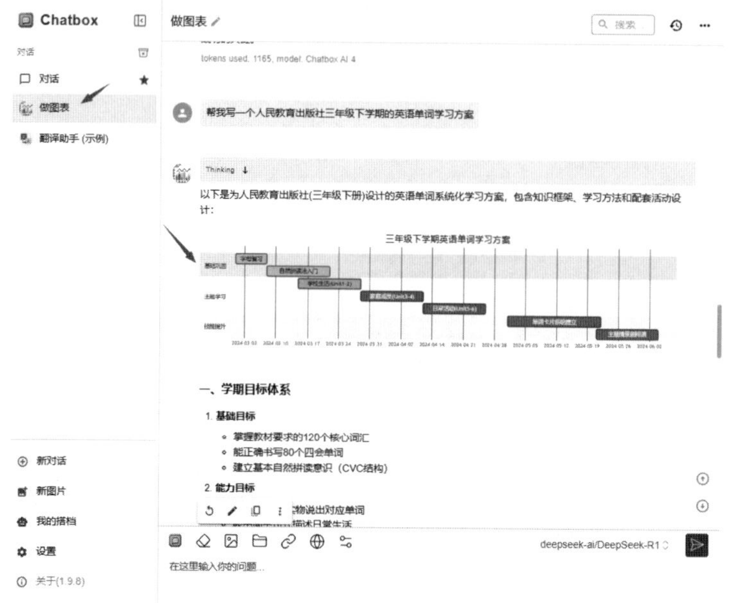

图 3-4-10　Chatbox 生成图表功能展示

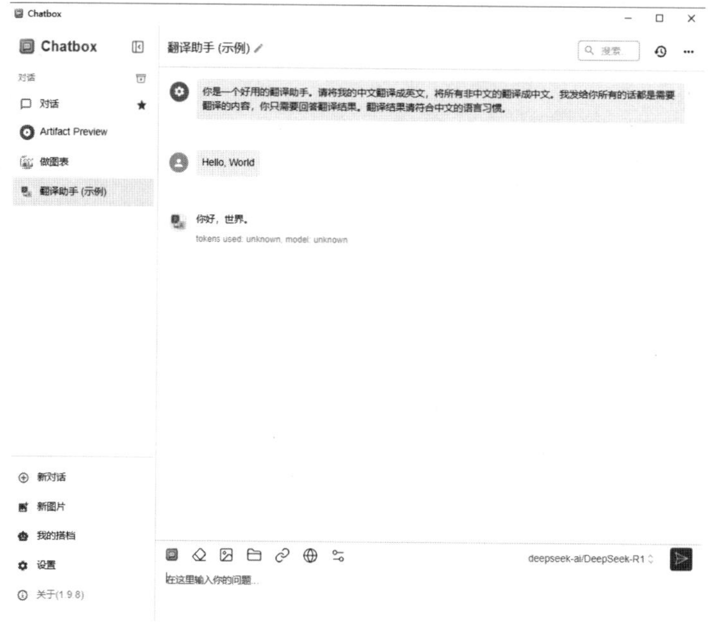

图 3-4-11　Chatbox 翻译助手功能展示

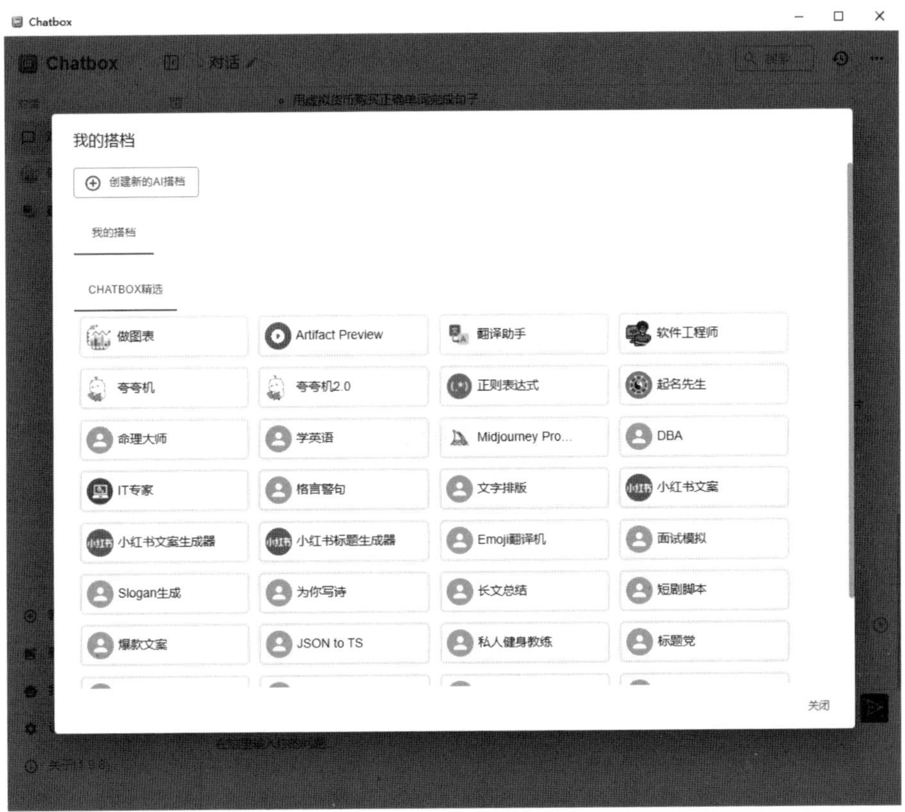

图 3-4-12　Chatbox AI 智能体选择界面

3.4.6　获取 DeepSeek 第三方 API 使用情况

为了保障使用的稳定性，使用第三方 API 同样需要经常性关注消耗使用情况。打开硅基流动官网的账单页面（https://cloud.siliconflow.cn/bills），单击“查看详情”，可以查看每月的 API 消费总额，如图 3-4-13 所示。

单击“查看详情”后，可以看到不同 API 的使用情况，以及不同大模型的消耗情况，如图 3-4-14 所示。

图 3-4-13　硅基流动账单界面示例

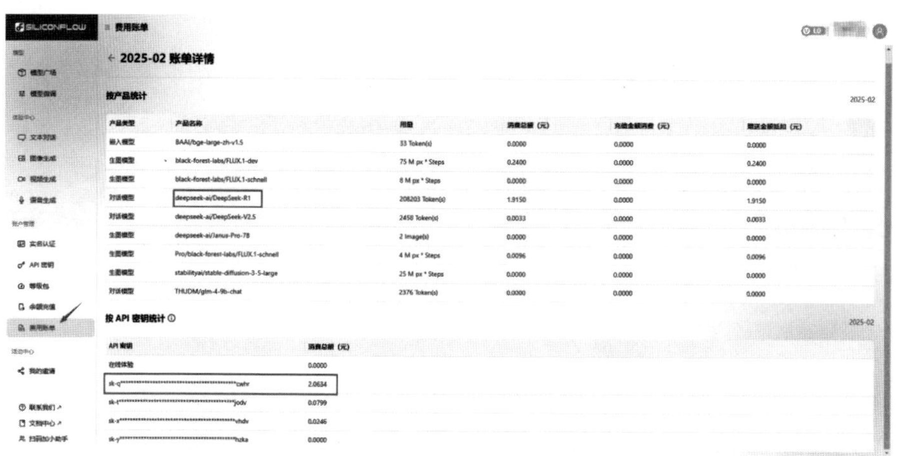

图 3-4-14　不同 API 和模型的消耗详情

3.4.7　DeepSeek 第三方 API 汇总

作者将会按照上线 DeepSeek 第三方 API 的时间顺序来介绍其中的 10 家云平台，方便用户选择合适自己的 DeepSeek 第三方 API。

1. 无问苍穹

时间：2025 年 1 月 28 日。

网址：https://cloud.infini-ai.com/genstudio/model。

使用：注册账号后登录账号，获取 DeepSeek-R1 模型的 API 即可。

2. 派欧算力云

时间：2025 年 1 月 28 日。

网址：https://ppinfra.com/llm。

使用：注册账号后登录账号，获取 DeepSeek-R1 模型的 API 即可。

3. 硅基流动 & 华为云

时间：2025 年 2 月 1 日。

网址：https://cloud.siliconflow.cn/models。

使用：注册账号后登录账号，在模型广场找到 DeepSeek-R1 模型后获取 API 即可。

4. 青椒云

时间：2025 年 2 月 2 日。

网址：https://www.qingjiaocloud.com/。

使用：进入青椒云软件，添加云桌面，选中 AIGC 标准版，单击“立即购买”，将镜像切换为 DeepSeek 即可使用。

5. 腾讯云

时间：2025 年 2 月 2 日。

网址：https://cloud.tencent.com/product/hai。

使用：注册账号后登录账号，单击一键部署 DeepSeek 即可使用。

6. 云轴科技 ZStack

时间：2025 年 2 月 2 日。

网址：https://www.zstack.io/。

使用：注册账号后登录账号，在 AI 模型平台找到 DeepSeek-R1 模型后获取 API 即可。

7. 百度智能云

时间：2025 年 2 月 3 日。

网址：https://cloud.baidu.com/product-s/qianfan_modelbuilder。

使用：注册账号后登录账号，单击 DeepSeek-R1 模型获取 API 即可。

8. 超算互联网

时间：2025 年 2 月 3 日。

网址：https://www.scnet.cn/。

使用：注册账号后登录账号，在模型社区中选择 DeepSeek-R1 模型后获取 API 即可。

9. 算力互联

时间：2025 年 2 月 3 日。

网址：https://console.casdao.com/console。

使用：注册账号后登录账号，选择 DeepSeek-R1 模型获取 API 即可。

10. 华为昇腾大模型平台

时间：2025 年 2 月 4 日。

网址：https://www.hiascend.com/software/modelzoo/big-models。

使用：注册账号后登录账号，选择 DeepSeek-R1 模型获取 API 即可。

3.5 本地部署 DeepSeek 蒸馏版模型——LM Studio

3.5.1 准备硬件

DeepSeek-R1 模型版本较多，除了 671B 为满血版模型，其他模型是基于 Llama 和 Qwen 从 DeepSeek-R1 提炼出的蒸馏模型，如图 3-5-1 所示。另外，针对 1.5B、7B、8B、14B、32B、70B 参数规模的本地大模型硬件配置参考表，如表 3-5-1 所示。

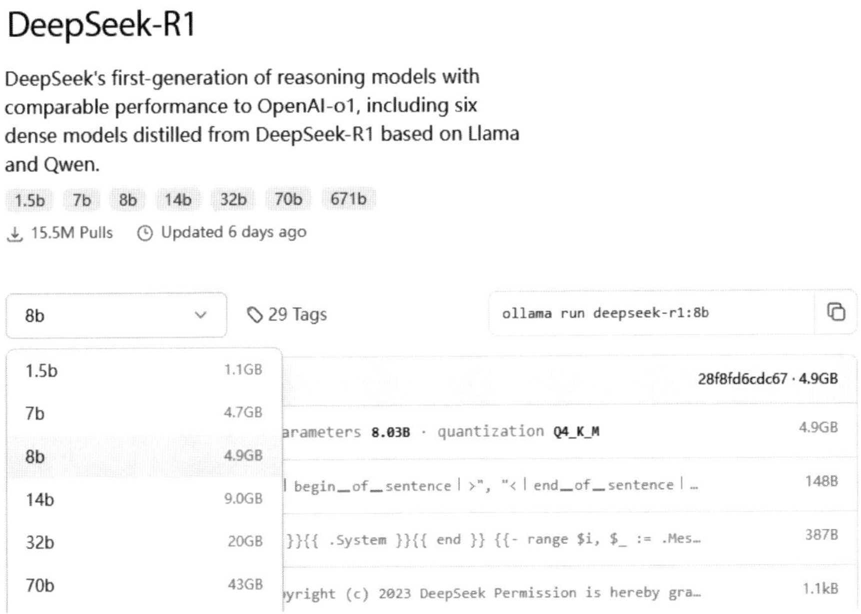

图 3-5-1 DeepSeek-R1 模型版本

3.5.2 下载 LM Studio

打开浏览器（建议使用 Chrome、Firefox、Safari 等主流浏览器），输入网址 https://lmstudio.ai/，单击“Download”下载 LM Studio，如图 3-5-2 所示。

表 3-5-1　DeepSeek-R1 模型配置及适用场景一览表

模型版本	模型种类	参数量	模型大小	硬盘需求	显卡最低配置	建议显存	多卡需求	内存需求	适用场景
DeepSeek-R1-1.5B	蒸馏版	15 亿	1.1GB	512GB	GTX 1650（4GB 显存）	6GB	无须	16GB	适合简单任务（文本生成），低资源设备部署（树莓派、旧款笔记本，嵌入式系统）
DeepSeek-R1-7B	蒸馏版	70 亿	4.7GB	512GB	RTX 3070/4060（8GB 显存）	10GB	无须	16GB	中等复杂度任务（文本摘要、翻译），轻量级多轮对话系统
DeepSeek-R1-8B	蒸馏版	80 亿	4.9GB	512GB	RTX 4070（12GB 显存）	16GB	无须	24GB	需更高精度的轻量级任务（代码生成、逻辑推理）
DeepSeek-R1-14B	蒸馏版	140 亿	9GB	1TB	RTX 4090/A5000（16GB 显存）	24GB	可选	32GB	企业级复杂任务（长文本理解与生成、合同分析、报告生成）
DeepSeek-R1-32B	蒸馏版	320 亿	20GB	1TB	A100 40GB（24GB 显存）	32GB	可选	64GB	高精度专业领域任务（多模态任务预处理、医疗诊断、法律咨询）

续表

模型版本	模型种类	参数量	模型大小	硬盘需求	显卡最低配置	建议显存	多卡需求	内存需求	适用场景
DeepSeek-R1-70B	蒸馏版	700 亿	140GB	2TB	2 张 A100 80GB/4 张 RTX 4090	140GB	必需	128GB	科研机构 / 大型企业（高复杂度生成任务、金融预测、大规模数据分析）
DeepSeek-671B	满血版	6710 亿	404GB	2TB	8 张 A100/H100	512GB	必需	512GB	国家级 / 超大规模 AI 研究（气候建模、基因组分析、科研推理）以及通用人工智能（AGI）探索

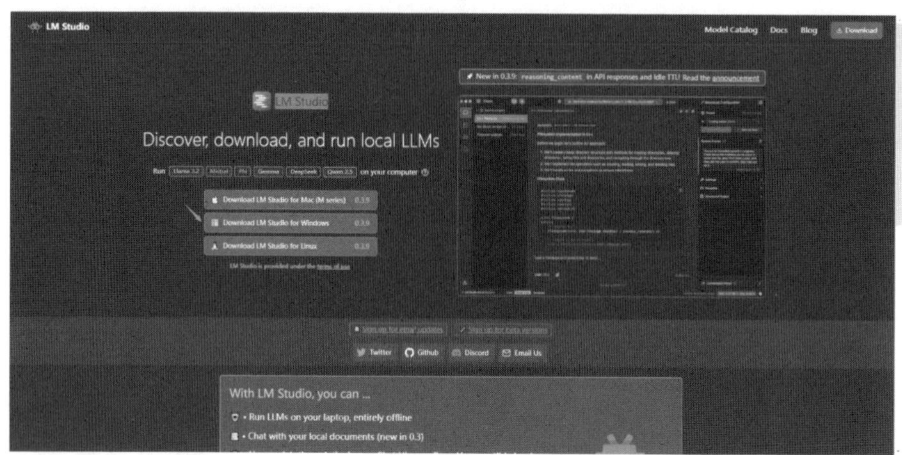

图 3-5-2　LM Studio 的下载界面

3.5.3　安装 LM Studio

双击 LM Studio 安装包，单击“下一步”安装，如图 3-5-3 所示。

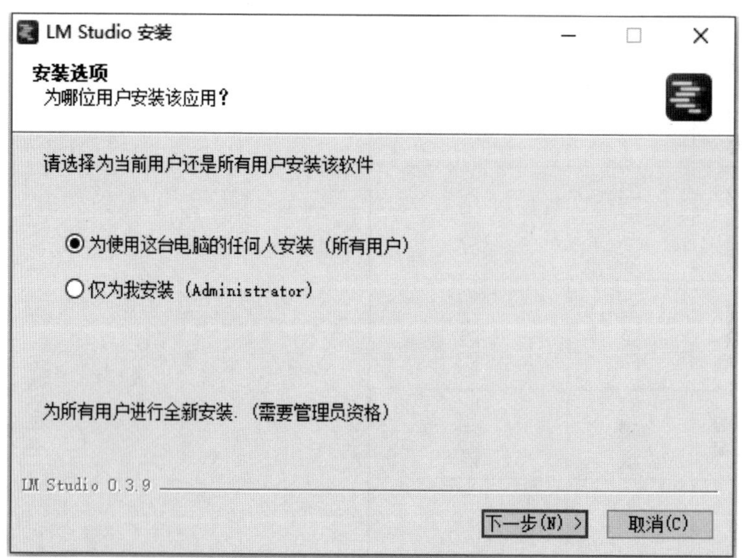

图 3-5-3　LM Studio 的安装界面

3.5.4 使用 LM Studio 下载蒸馏版模型

打开 LM Studio 软件，单击“Get your first LLM”，意为“获取你的第一个大模型”，如图 3-5-4 所示。

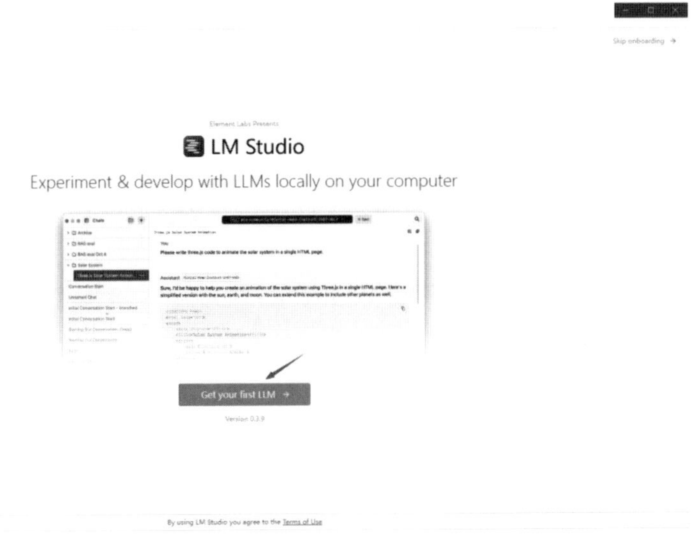

图 3-5-4 LM Studio“获取你的第一个大模型”界面

单击“App Setting”进行应用设置，将语言改为简体中文，并勾选“Use LM Studio’s Hugging Face Proxy”，如图 3-5-5 所示。

单击界面底部选择“Power User”模式，单击左侧放大镜图标的发现按钮，如图 3-5-6 所示。

在 Model search 模型搜索栏中输入“deepseek”，建议用户选择 1.5B 版本的模型（其下载速度较快），如果用户有更高的推理需求可下载 7B 或者 8B 模型。单击“Download”按钮下载模型，如图 3-5-7 所示。

LM Studio 软件左侧会出现下载弹窗，耐心等待模型下载完成，如图 3-5-8 所示。

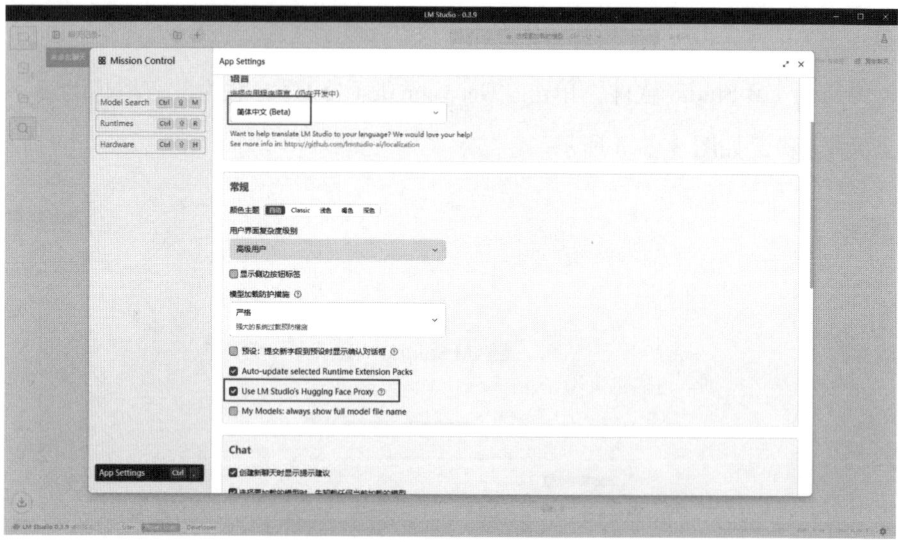

图 3-5-5 语言设置界面

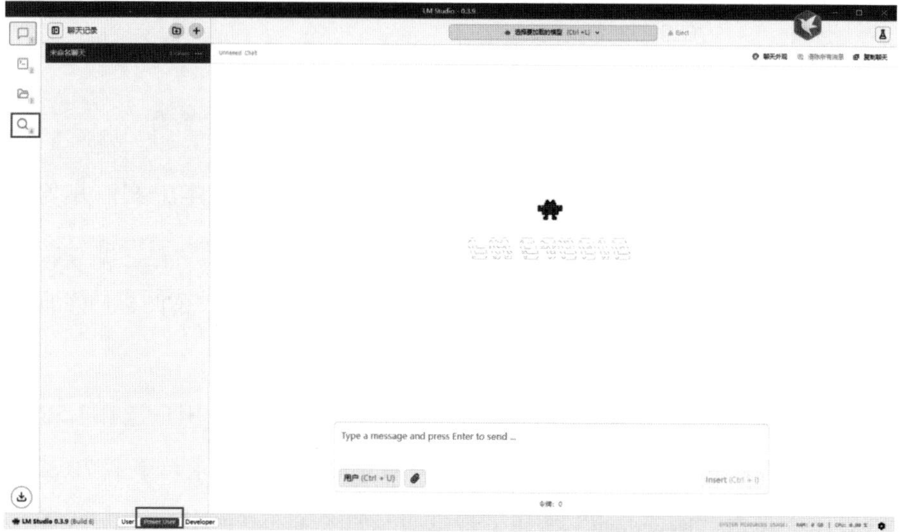

图 3-5-6 Power User 模式和 Developer 开发模式设置界面

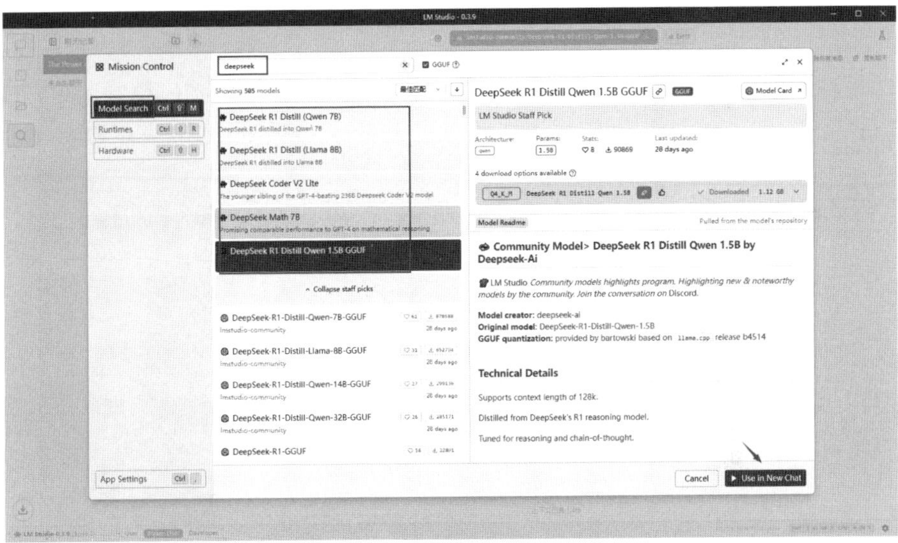

图 3-5-7 模型搜索和下载界面

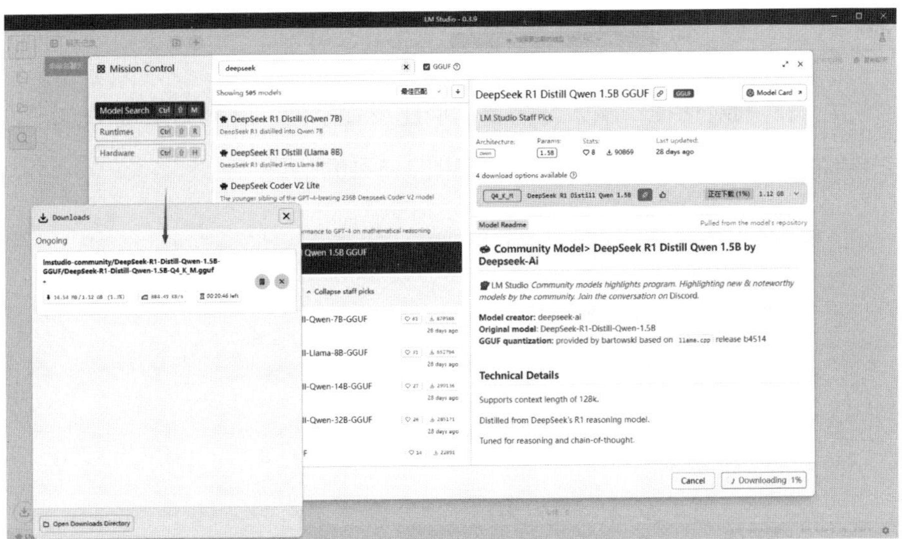

图 3-5-8 模型下载进度界面

3.5.5 LM Studio 使用 DeepSeek 蒸馏版模型

模型下载完毕后，右下角会出现“下载完成”，单击“Load Model”即可加载模型，如图 3-5-9 所示。

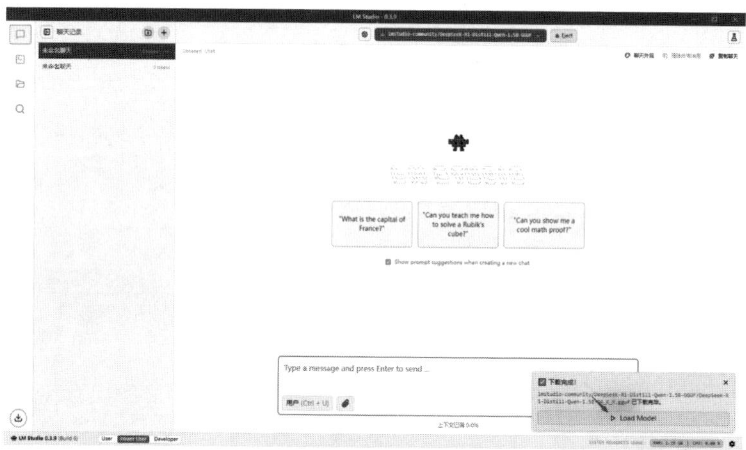

图 3-5-9　模型加载界面

在底部的对话框中输入你需要的问题或提示词，看到结果说明你已经正常加载了 DeepSeek 蒸馏版模型，如图 3-5-10 所示。

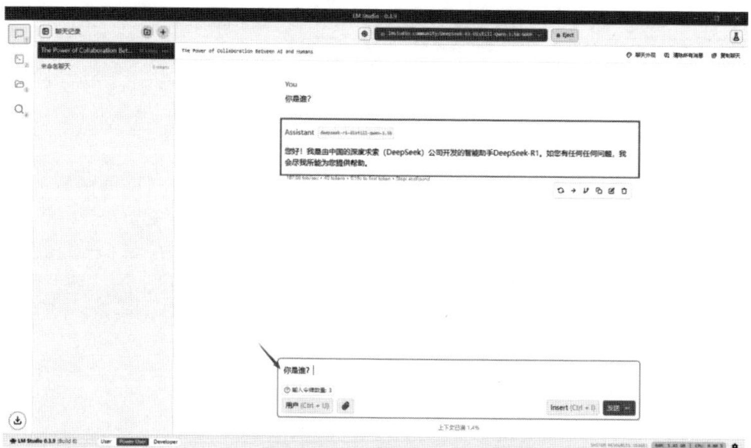

图 3-5-10　模型使用界面

3.6

本地部署 DeepSeek 满血版模型——Ollama

3.6.1 准备硬件

DeepSeek-R1 模型的版本较多，其中 671B 为满血版模型，约 6710 亿参数，404GB 大小，需要一定的硬件基础。以下为 DeepSeek-R1 671B 模型最低硬件配置要求，如表 3-6-1 所示。

表 3-6-1 DeepSeek-R1 671B 模型最低硬件配置要求

配置项	最低配置
显存（GPU）	480GB
显卡型号	6~8 张 NVIDIA H100 80GB/A100 80GB
内存（RAM）	512GB+ DDR5 ECC
CPU	八路 CPU（256 核以上）
存储	8TB 企业级 SSD 阵列
适用场景	云端服务、AlaaS 平台

3.6.2 下载 Ollama

打开浏览器（建议使用 Chrome、Firefox、Safari 等主流浏览器），输入网址 https://ollama.com/，单击“Download”下载 Ollama，如图 3-6-1 所示。

图 3-6-1 Ollama 的下载界面

Ollama 是一款功能强大的开源 AI 工具，它不仅可以帮助用户在本地运行各种 AI 模型，还提供了灵活的跨平台支持和高性能的计算能力。它非常适合需要本地部署、关心数据隐私，以及需要高效计算的应用场景。作为一个开源工具，Ollama 为用户提供了更大的自由度和可扩展性，推动了 AI 技术的普及和应用。下面作者以 Windows 安装包为例进行讲解，如图 3-6-2 所示。

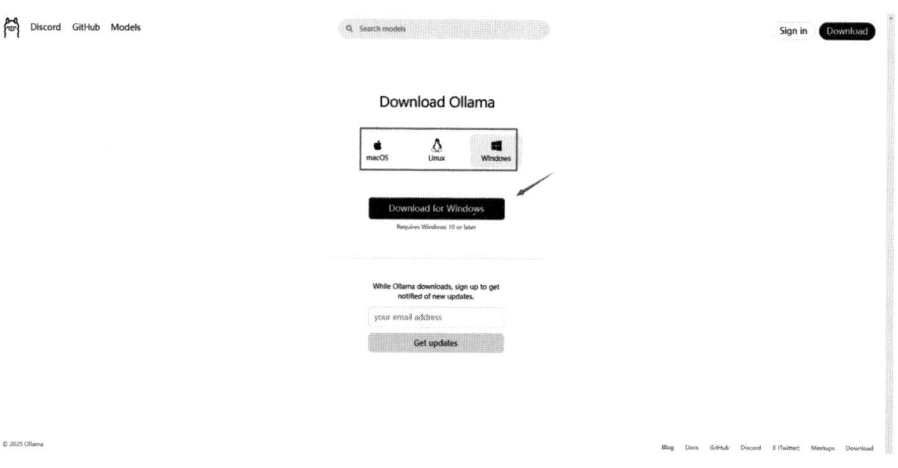

图 3-6-2 Windows 版本 Ollama 的下载界面

3.6.3 安装 Ollama

双击 Ollama 安装包，单击“Install”开始安装，如图 3-6-3 所示。

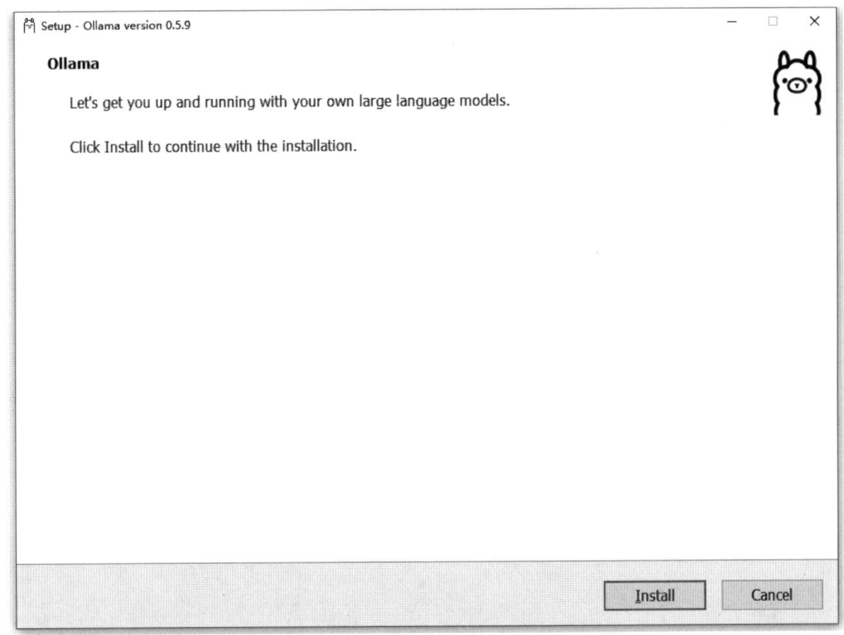

图 3-6-3 Ollama 的安装界面

安装完成 Ollama 后，使用快捷键“win+R”打开运行窗口，输入“CMD”，单击“确认”，如图 3-6-4 所示。

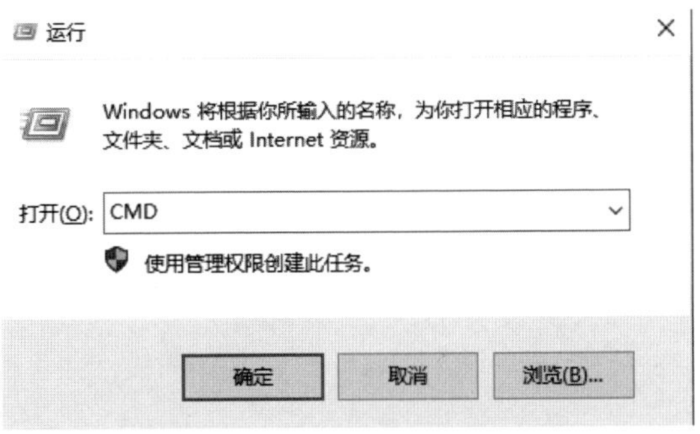

图 3-6-4 运行 CMD 窗口

此时会打开命令行界面，输入命令“ollama -v”，查看 Ollama 是否安装成功，正确显示版本则说明安装成功，如图 3-6-5 所示。

```
C:\Users\Administrator>ollama
Usage:
  ollama [flags]
  ollama [command]

Available Commands:
  serve       Start ollama
  create      Create a model from a Modelfile
  show        Show information for a model
  run         Run a model
  stop        Stop a running model
  pull        Pull a model from a registry
  push        Push a model to a registry
  list        List models
  ps          List running models
  cp          Copy a model
  rm          Remove a model
  help        Help about any command

Flags:
  -h, --help      help for ollama
  -v, --version   Show version information

Use "ollama [command] --help" for more information about a command.

C:\Users\Administrator>ollama -v
ollama version is 0.5.9
```

图 3-6-5　Ollama 命令行工具安装成功示例

3.6.4 下载 DeepSeek-R1 满血版模型

打开 DeepSeek-R1 模型下载网址 https://ollama.com/library/deepseek-r1，如图 3-6-6 所示。

下载 DeepSeek 满血版模型时需要在命令行中输入“ollama pull deepseek-r1:671b”，执行这个命令的时候请确保你的硬件准备妥当，如图 3-6-7 所示。

图 3-6-6　DeepSeek-R1 模型下载界面

图 3-6-7　DeepSeek 模型下载命令执行示例

在命令行中输入“ollama list”查看模型是否下载成功，如果显示“deepseek-r1：671b”代表满血版下载成功（作者的硬件没法支持该模型本地运行，所以并没有下载完成 DeepSeek 满血版模型），如图 3-6-8 所示。

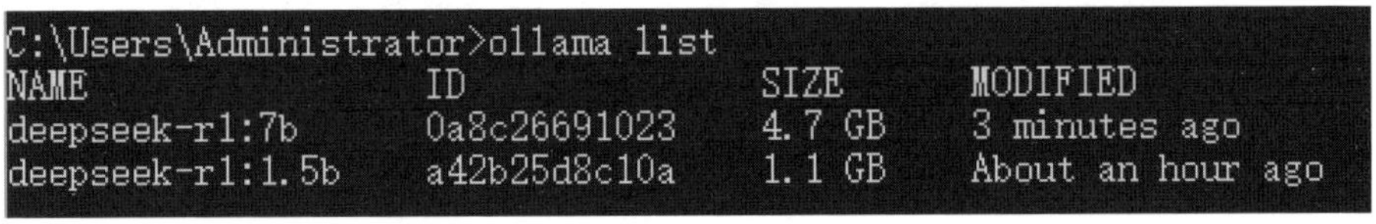

```
C:\Users\Administrator>ollama list
NAME                ID              SIZE      MODIFIED
deepseek-r1:7b      0a8c26691023    4.7 GB    3 minutes ago
deepseek-r1:1.5b    a42b25d8c10a    1.1 GB    About an hour ago
```

图 3-6-8　模型下载状态查看示例

在命令行中输入“ollama run deepseek-r1：671b”即可运行模型（有相应硬件条件的用户可以尝试执行此命令）。

3.6.5 使用 Ollama 技巧

1.Ollama 命令大全

在命令行中 Ollama 有多个命令可供用户使用，命令使用格式是 Ollama 命令，如图 3-6-9 和表 3-6-2 所示。

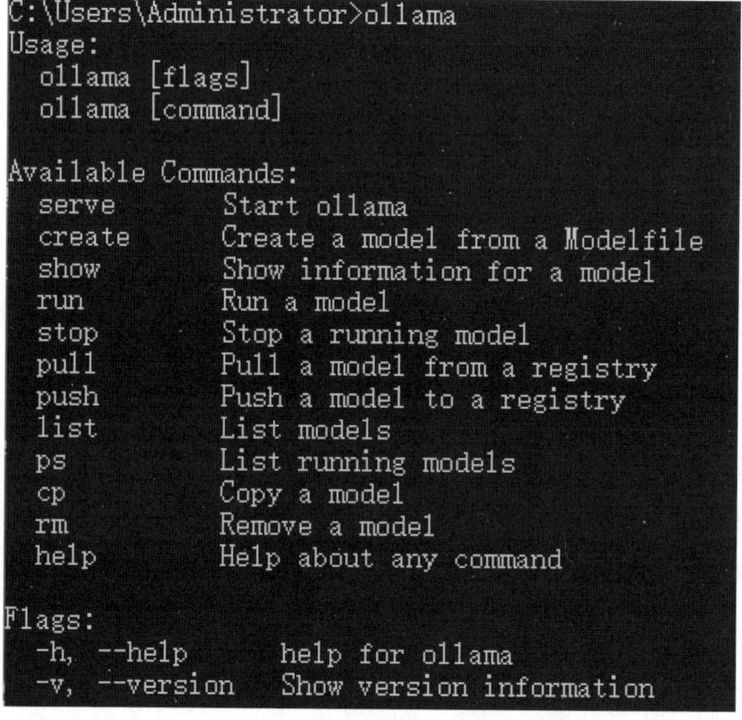

图 3-6-9 Ollama 命令行工具使用说明

表 3-6-2 Ollama 命令参考表

类型	命令 / 参数	功能描述	使用范例
基础类命令	ollama create < 名称 >	基于 Modelfile 创建自定义模型	ollama create mymodel -f modelfile
	ollama show < 模型名 >	显示模型的详细信息（参数、系统提示等）	ollama show deepseek-r1:7b

续表

类型	命令 / 参数	功能描述	使用范例
基础类命令	ollama run < 模型名 >	运行指定模型并进入交互模式	ollama run Gemma3:12b
	ollama pull < 模型名 >	下载模型（支持 FP16 模型或量化模型）	ollama pull deepseek-r1:7b
	ollama push < 模型名 >	将自定义模型推送至仓库（需私有仓库权限）	ollama push mymodel
	ollama list	列出本地已下载的模型	ollama list
	ollama cp < 源模型名 > < 目标模型名 >	复制一个模型并重命名	ollama cp llama2 myllama2
	ollama rm < 模型名 >	删除本地模型	ollama rm llama2
服务管理类命令	ollama serve	启动 API 服务（默认端口 11434）	ollama serve
	ollama stop	停止 API 服务或当前运行的模型	ollama stop
	ollama ps	查看当前运行的 Ollama 进程和模型信息	ollama ps
全局参数类命令	ollama -v 或 --version	查看 Ollama 版本	ollama -v
	ollama -h 或 --help	查看命令帮助	ollama -h

2. Ollama 修改模型默认位置

用户可以通过以下步骤将 Ollama 的模型存储路径迁移到其他盘符，比如从 C 盘迁移到 D 盘，从而避免占用 C 盘空间。要实现这一目的，有以下两种方法。

方法一是通过环境变量修改存储路径。首先，创建目标文件夹在目标盘，例如 D:\ollama\models。然后设置环境变量，使用 Windows 10/11 电脑，右键单击“此电脑”选择“属性”进入“高级系统设置”。再单击“环境变量”选择“用户变量”或“系统变量”中新建变量名“OLLAMA_MODELS”，变量值“D:\ollama\models”，重启电脑使环境变量生效。如此一来，运行 Ollama 命令“ollama pull deepseek-r1:8b”时，模型会自动下载到新路径，如图 3-6-10 所示。

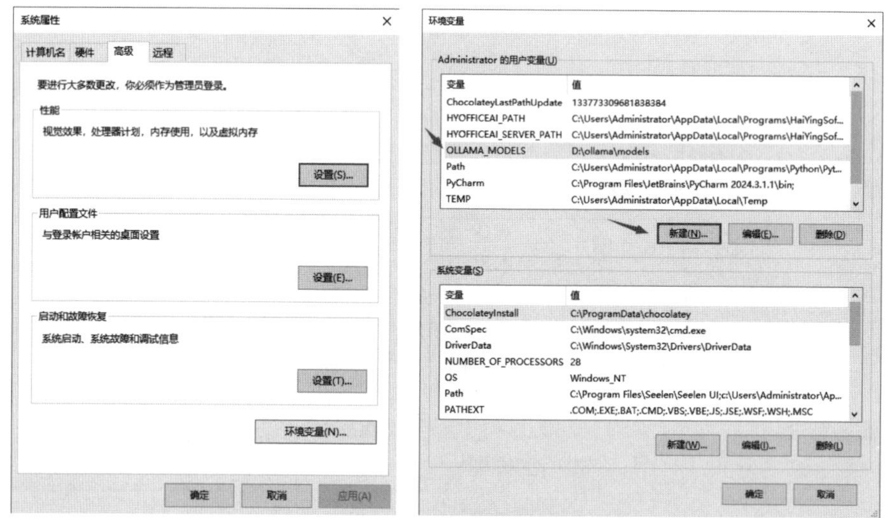

图 3-6-10　环境变量修改存储路径

方法二是使用符号链接迁移默认文件夹。首先，移动原有模型文件夹，模型默认路径为“C:\Users\< 用户名 >\.ollama”，将其剪切到目标位置，如 D:\ollama。切记要删除原模型文件夹。然后以管理员身份打开命令提示符创建符号链接，执行命令“mklink /J ‘C:\Users\< 用户名 >\.ollama’”“D:\ollama”，其中切记替换“用户名”为你的实际用户名。最后运行 Ollama 命令“ ollama pull deepseek-r1:8b”时，模型将存储到新位置，如图 3-6-11 所示。

```
C:\Users\Administrator>mklink /j "C:\Users\administrator\.ollama" "D:\ollama"
为 C:\Users\administrator\.ollama <<===>> D:\ollama 创建的联接
```

图 3-6-11　使用符号链接迁移默认文件夹

3.6.6　配置 Cherry Studio

用户请下载 Cherry Studio，安装 Cherry Studio 完成后，打开 Cherry Studio，单击左下角“设置”按钮，单击左侧“模型服务”，选择“Ollama”，单击右上角绿色“启动”按钮，API 密钥留空，API 地址无须修改，单击“检查”，确保 API 可以正常使用，如图 3-6-12 所示。

图 3-6-12　修改 Cherry Studio 配置页面

需要注意，DeepSeek 满血版模型需要手工添加，用户请添加模型 ID，而分组名称和模型名称则会自动识别，如图 3-6-13 所示。

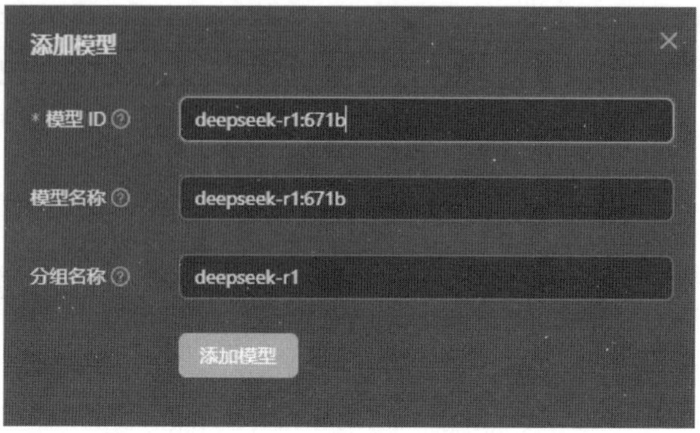

图 3-6-13　添加模型界面

本地部署好 DeepSeek 满血版模型后，选择“API 密钥”，单击“检查”，选择检查的模型为“deepseek-r1:671b”模型，如图 3-6-14 所示。

图 3-6-14　检查模型界面

因为作者的硬件条件有限，这里会提示模型没有找到。有相应硬件条件的用户可以尝试部署 DeepSeek 满血版模型，如图 3-6-15 所示。

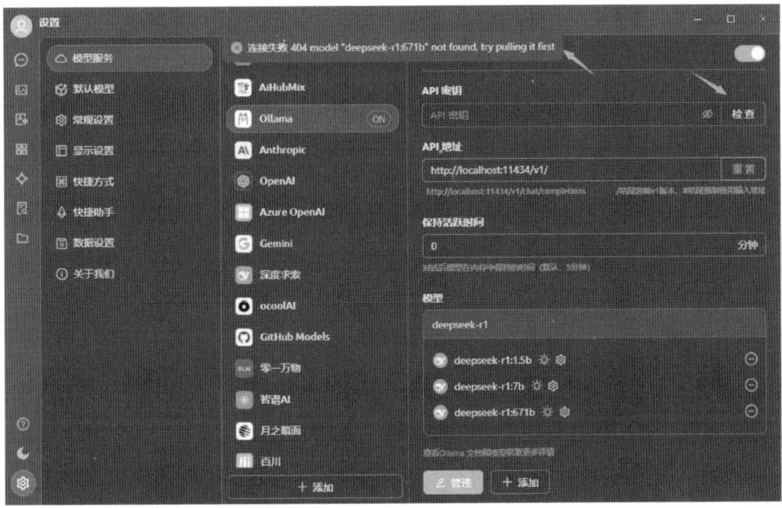

图 3-6-15　部署 DeepSeek 满血版模型界面

3.6.7　Cherry Studio 使用 DeepSeek 满血版模型

打开 Cherry Studio，选择左上角“助手”按钮，使用“默认助手”，在提问区域输入问题或者提示词即可使用 DeepSeek 本地部署模型，如图 3-6-16 所示。

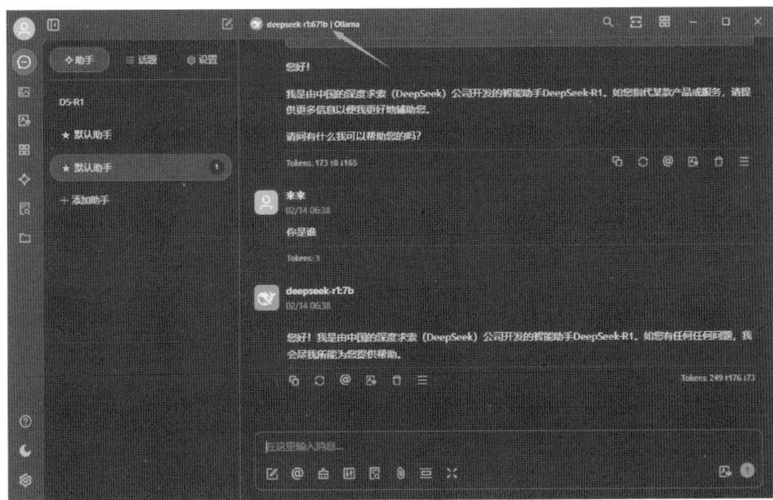

图 3-6-16　Cherry Studio 使用本地部署 DeepSeek 满血版模型的操作

单击顶部可以切换本地部署，选择不同参数量的 DeepSeek 蒸馏版模型或 DeepSeek 满血版模型，如图 3-6-17 所示。

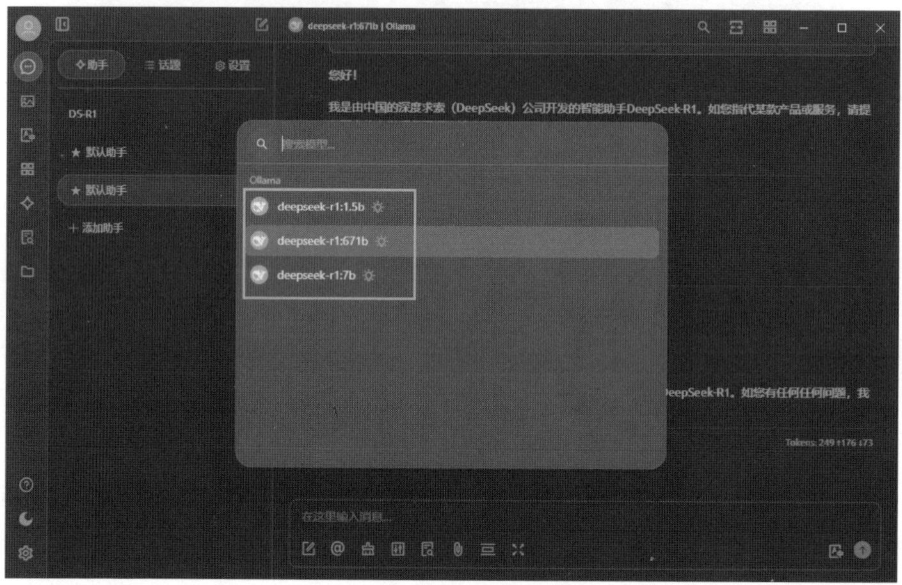

图 3-6-17　切换不同参数量的 DeepSeek 模型

第 4 章

进阶实战 DeepSeek：提示词宝典

CHAPTER 4

DeepSeek 提示词核心逻辑与基础原则

人工智能技术的飞速发展正在重塑人类与机器交互的边界，而提示词（Prompt）作为连接两者的核心媒介，其重要性日益凸显。DeepSeek 作为国内领先的通用人工智能模型，凭借其强大的语义理解与生成能力，已在科研、教育、商业等领域展现出广泛的应用潜力。然而，如何通过精准的提示词设计充分释放其能力，仍是许多用户面临的挑战。本章旨在系统性地解析提示词设计的底层逻辑，结合实战案例与高阶技巧，为读者构建一套完整的 DeepSeek 操作指南，助力用户从“基础使用者”进阶为“深度驾驭者”。

提示词的本质是向模型传递清晰的指令与上下文信息，其设计需遵循“目标导向”与“结构化表达”两大原则。以 DeepSeek 为例，用户需明确区分任务类型（如文本生成、数据分析、代码编写），并基于任务特点调整提示词的结构。例如，针对开放式的文字生成任务，提示词应包含背景信息与风格限定；而对于用于数据分析的逻辑推理任务，则需强调步骤分解与验证机制；对于代码编写任务，需要详尽地表述产品需求和限制规范，以及代码的编程语言需求以及上线平台的需求等这些细节描述。

一个典型的提示词优化案例是“学术论文摘要生成”。若用户仅输入“请生成一篇关于量子计算的摘要”，模型可能输出泛泛而谈的内容。而通过结构化设计，优化提示词为“基于 2020 年后发表的文献，总结量子计算在密码学领域的最新突破，重点对比量子密钥分发与后量子加密算法的优劣，语言风格需符合《自然》期刊的学术规范”，DeepSeek 将生成更具专业性与深度的内容，如图 4-1-1 所示。

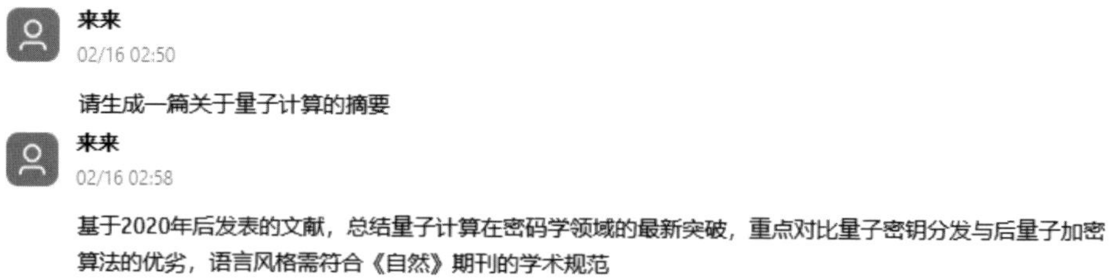

来来
02/16 02:50
请生成一篇关于量子计算的摘要

来来
02/16 02:58
基于2020年后发表的文献，总结量子计算在密码学领域的最新突破，重点对比量子密钥分发与后量子加密算法的优劣，语言风格需符合《自然》期刊的学术规范

图 4-1-1 DeepSeek 学术类提示词

作者上面的提示词可能过于学术和专业，现在我们以高中生的视角来理解一个专业术语——暗物质。作者撰写的提示词示例如下：请以科普作家的视角，为高中生撰写一篇关于暗物质探测技术的文章。要求如下，从历史背景切入，简述 1933 年兹维基的发现；解释引力透镜效应的基本原理；对比欧洲核子研究中心与中国锦屏实验室的技术路径差异；语言生动有趣，每段插入一个生活化类比，如图 4-1-2 所示。补充几句 AI 回答的结果分析。

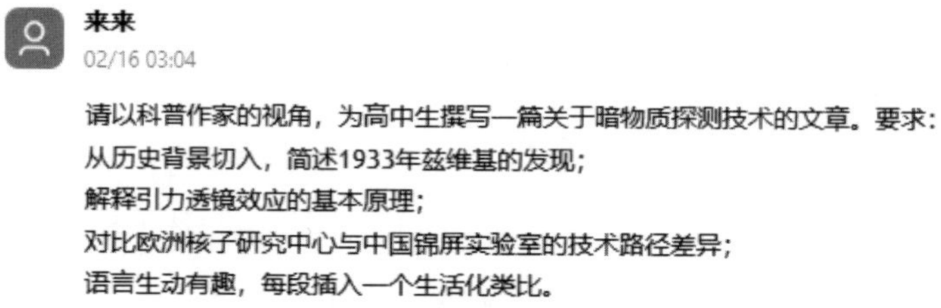

来来
02/16 03:04
请以科普作家的视角，为高中生撰写一篇关于暗物质探测技术的文章。要求：
从历史背景切入，简述1933年兹维基的发现；
解释引力透镜效应的基本原理；
对比欧洲核子研究中心与中国锦屏实验室的技术路径差异；
语言生动有趣，每段插入一个生活化类比。

图 4-1-2 DeepSeek 科普类提示词

4.2

DeepSeek 复杂场景下提示词进阶策略

面对多轮对话、跨模态任务或需长期记忆的场景，提示词设计需引入“思维链”与“上下文锚点”技术。例如在医疗诊断辅助场景中，用户可通过分阶段提问构建逻辑链条："第一步，根据患者主诉（胸痛、呼吸困难）列出可能的疾病范围；第二步，结合心电图和 CT 检测特征缩小鉴别诊断；第三步，推荐对应的实验室检查方案。"这种分步引导可显著提升模型推理的准确性，如图 4-2-1 所示。

来来
02/16 03:11

第一步，根据患者主诉（胸痛、呼吸困难）列出可能的疾病范围；第二步，结合心电图和CT检测特征缩小鉴别诊断；第三步，推荐对应的实验室检查方案。

图 4-2-1 DeepSeek 医疗鉴定类提示词

在跨模态任务中，提示词需明确输入输出格式的关联性。例如图像描述生成任务，可设计如下提示词："分析附件中的胸部 X 光片，用三段式结构输出诊断报告：第一段描述影像特征（如渗出影位置、肺纹理变化），第二段列举三种可能的临床诊断，第三段提出进一步检查建议（如 CT 扫描、痰培养）。"同样简析一下这里的提示词撰写思路，如图 4-2-2 所示。

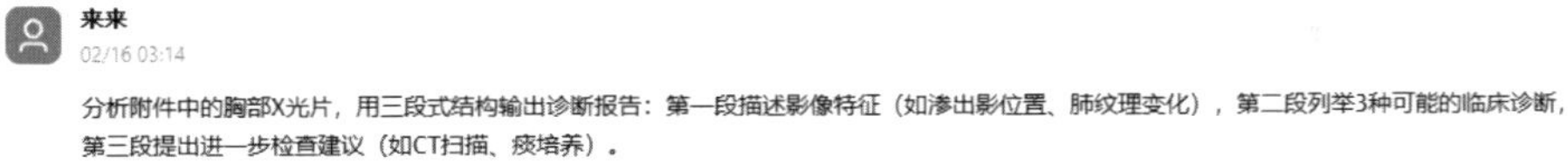

来来
02/16 03:14

分析附件中的胸部X光片，用三段式结构输出诊断报告：第一段描述影像特征（如渗出影位置、肺纹理变化），第二段列举3种可能的临床诊断，第三段提出进一步检查建议（如CT扫描、痰培养）。

图 4-2-2 DeepSeek 医疗类详细提示词

作者上面列举的两个医疗领域的提示词过于专业，现在我们以编剧的视角来构思一个电影剧本大纲。作者撰写的提示词示例如下。你是一位资深编剧，请根据以下要素创作电影剧本大纲，核心冲突：火星殖民背景下，生态学家与矿业公司的资源争夺；关键角色：女科学家（理想主义）、公司 CEO（实用主义）、AI 机器人（道德困境）；结构要求：三幕式结构，第二幕结尾出现重大技术故障危机；风格参考：《星际穿越》的硬科幻质感 +《黑镜》的社会批判色彩；需在剧本中嵌入关于技术伦理的隐喻性对话，并在最终幕设计开放式结局。同样简析一下这里提示词撰写思路、逻辑是什么，如图 4-2-3 所示。

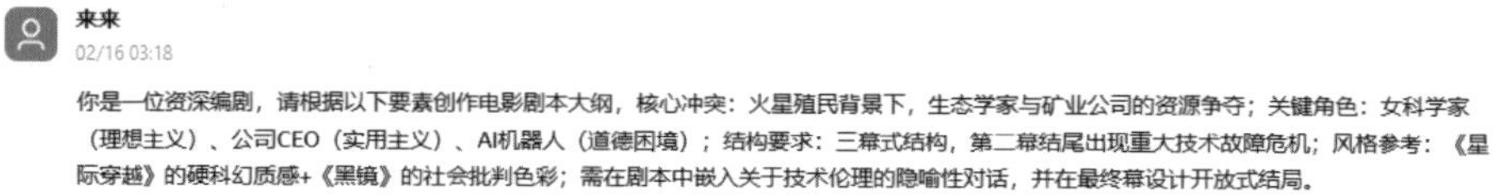

你是一位资深编剧，请根据以下要素创作电影剧本大纲，核心冲突：火星殖民背景下，生态学家与矿业公司的资源争夺；关键角色：女科学家（理想主义）、公司CEO（实用主义）、AI机器人（道德困境）；结构要求：三幕式结构，第二幕结尾出现重大技术故障危机；风格参考：《星际穿越》的硬科幻质感+《黑镜》的社会批判色彩；需在剧本中嵌入关于技术伦理的隐喻性对话，并在最终幕设计开放式结局。

图 4-2-3　DeepSeek 影视脚本提示词

行业应用场景的定制化提示词设计

写一段提示词撰写方法论，有哪些技巧等，网上有总结，AI 写一段，然后下面都是举例，这样逻辑上更顺畅。

不同行业对 AI 输出的需求存在显著差异，需通过领域知识注入与术语规范实现精准适配。在教育领域，教师可设计如下提示词：“设计一套高中数学函数专题的差异化练习题库，包含基础题（反比例函数图像绘制）、提高题（复合函数单调性证明）与拓展题（经济学生产函数建模应用），每题需附解题思路与易错点提示。”如图 4-3-1 所示。

来来
02/16 03:27

设计一套高中数学函数专题的差异化练习题库，包含基础题（反比例函数图像绘制）、提高题（复合函数单调性证明）与拓展题（经济学生产函数建模应用），每题需附解题思路与易错点提示。

图 4-3-1　DeepSeek 数学题提示词

金融领域则更强调数据关联与合规性，例如：“分析近五年沪深 300 指数与美联储利率决议的关联性，使用 ARIMA 模型预测未来两季度走势，输出结论需包含置信区间说明，并标注‘本分析不构成投资建议’的免责声明。”如图 4-3-2 所示。

来来
02/16 03:31
分析近五年沪深300指数与美联储利率决议的关联性，使用ARIMA模型预测未来两季度走势，输出结论需包含置信区间说明，并标注“本分析不构成投资建议”的免责声明。

图 4-3-2 DeepSeek 在金融领域中的提示词

作者提供一个法律方面的 DeepSeek 提示词示例：作为智能法律顾问，请完成以下任务，对比《民法典》第一千一百六十五条与《消费者权益保护法》第五十五条关于惩罚性赔偿的适用条件；结合 2023 年最高人民法院第 23 号指导案例，说明电商平台“秒杀活动标价错误”案件中的过错认定规则；用表格形式整理北京、上海、广州三地法院近三年类似案件的赔偿金额中位数；最后给出商家预防法律风险的 5 条实操建议，如图 4–3–3 所示。

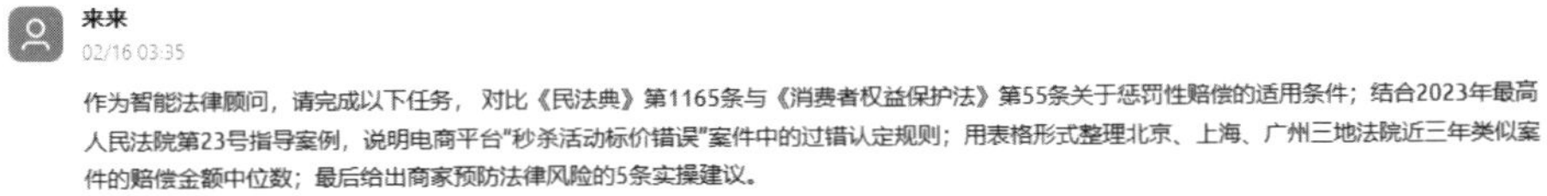

来来
02/16 03:35
作为智能法律顾问，请完成以下任务，对比《民法典》第1165条与《消费者权益保护法》第55条关于惩罚性赔偿的适用条件；结合2023年最高人民法院第23号指导案例，说明电商平台"秒杀活动标价错误"案件中的过错认定规则；用表格形式整理北京、上海、广州三地法院近三年类似案件的赔偿金额中位数；最后给出商家预防法律风险的5条实操建议。

图 4-3-3 DeepSeek 在法律中的提示词

4.4

面向未来的提示词工程创新

随着多模态大模型与具身智能的发展，提示词设计正在向“全感官交互”演进。例如在工业质检场景中，可构建多模态提示词：“同步分析上传的发动机异响音频（频率范围 1500 ~ 2000Hz）、热成像视频（重点关注第三缸体温度变化）及历史维修记录，输出故障概率评估与零件更换优先级列表。”

另一前沿方向是“动态提示词优化系统”，通过实时监测用户反馈自动调整指令结构。例如在心理咨询场景中，系统可基于对话情绪分析动态切换提问策略："检测到用户提及'失眠'频次增加，自动嵌入 PHQ-9 抑郁量表问题，并调整语言风格至更具支持性。"

DeepSeek 提示词示例：构建一个城市交通治理的数字孪生系统，要求：整合实时交通流量数据、地铁客流热力图及气象局降水预报；建立突发拥堵模拟模型（如暴雨导致三个主干道瘫痪）；生成包含绕行路线优化、公交班次动态调整、应急响应等级的处置方案；输出可视化驾驶舱界面，用颜色梯度标注区域风险等级。

提示词工程绝非简单的"技巧堆砌"，而是融合了领域知识、认知心理学与计算机科学的交叉学科。随着 DeepSeek 等模型的持续进化，用户需建立"协同进化"思维——既要深入理解模型的技术边界，也要持续创新交互范式。本文揭示的方法论体系，既是驾驭 DeepSeek 现有能力的利器，更是探索其未知领域的罗盘。当人类智慧与机器智能通过精心设计的提示词达成共振时，必将催生出超越想象的生产力变革。

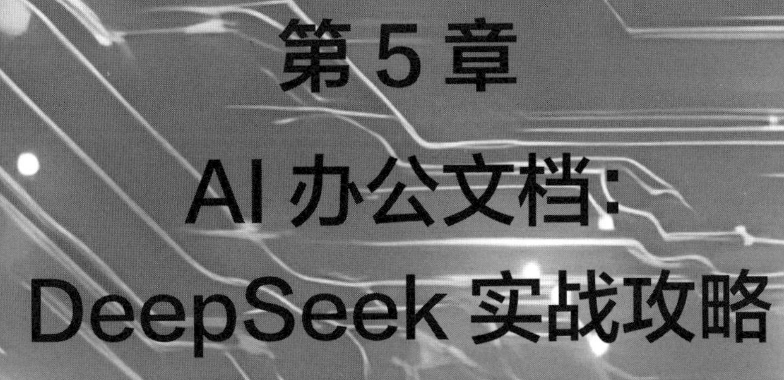

第 5 章

AI 办公文档：DeepSeek 实战攻略

CHAPTER 5

5.1

PPT 一键制作（DeepSeek+Kimi）

5.1.1　新手必学：快速完成一个演示文稿（PPT）

1. 辅助软件准备

制作 PPT 是每个职场人士必备的技能，无论是日常的工作汇报、项目总结，还是向客户展示和团队讨论，PPT 都扮演着至关重要的角色。然而，传统制作 PPT 的方式不仅耗时费力，还容易因时间紧迫而影响效果。因此，学会高效制作 PPT，尤其是利用生成式人工智能（AIGC）工具，已经成为提升工作效率的一个重要手段。

AIGC 工具可以通过自动化的方式，帮助我们快速生成高质量的 PPT 内容。无论是自动排版、智能配色，还是根据关键字自动生成演示文稿的结构和图表，AIGC 工具都能大大缩短制作时间，减少重复劳动，让我们能把更多的精力投入到创意和对内容的深度打磨中。此外，AIGC 工具还可以根据演示的主题、风格和受众群体，智能推荐合适的模板和设计，使 PPT 更具专业性和视觉吸引力。

利用 AIGC 工具制作 PPT，不仅提高了工作效率，还能提升 PPT 的质量，帮助打工人在工作中更加高效。无论是小型会议，还是重要的项目路演，若借助 AIGC 工具的强大功能，大家都能轻松制作出更具视觉冲击力的 PPT，助力职场发展。

使用 Kimi 和 DeepSeek 联动制作 PPT 之前，我们首先需要完成 Kimi 账号注册（App/ 网页版均可），输入手机号码接收手机验证码完成 Kimi 账号注册，也可以使用微信扫码登录。未注册的手机号码会自动注册 Kimi 账户。

最后完成 Kimi 登录。至此我们完成了辅助工具的准备工作。

2. 实战操作流程

回到 DeepSeek 界面后，我们需要开始提示词的撰写。

（1）首先构思 PPT 主题描述的一段提示词，提示词示例如下所示。

```
Plain Text
[ 用途 ] 科技公司年终总结 PPT 文案
[ 页数 ]12 页以内
[ 内容 ] 销售数据 / 团队成长 / 明年目标为主，可以自由发挥添加
[ 风格 ] 蓝色科技风，要有动态图表
```

（2）接着选择 DeepSeek 任意使用方式的一种，作者以 Cherry Studio 使用硅基流动第三方 DeepSeek API 方式为例介绍，输入示例提示词，如图 5-1-1 所示。DeepSeek 会自动输出 PPT 文案。

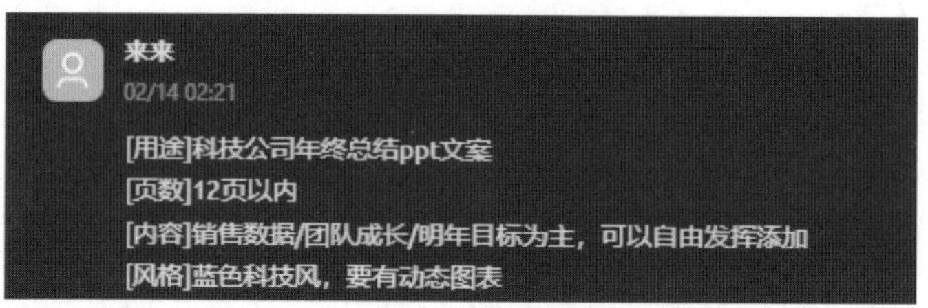

图 5-1-1 利用 DeepSeek 第三方输入 PPT 提示词

（3）Cherry Studio 中复制 DeepSeek 生成的 PPT 文案，如图 5-1-2 所示。

（4）然后在浏览器中输入网址 https://kimi.moonshot.cn/ 打开 Kimi，选中左侧 Kimi+，选择官方推荐“PPT 助手”这个 AI 工具，如图 5-1-3 所示。

（5）粘贴文案到 Kimi+ 下的“PPT 助手”这个 AI 工具，如图 5-1-4 所示。

（6）文案在“PPT 助手”这个 AI 工具粘贴完成后，单击一键生成 PPT，如图 5-1-5 所示。

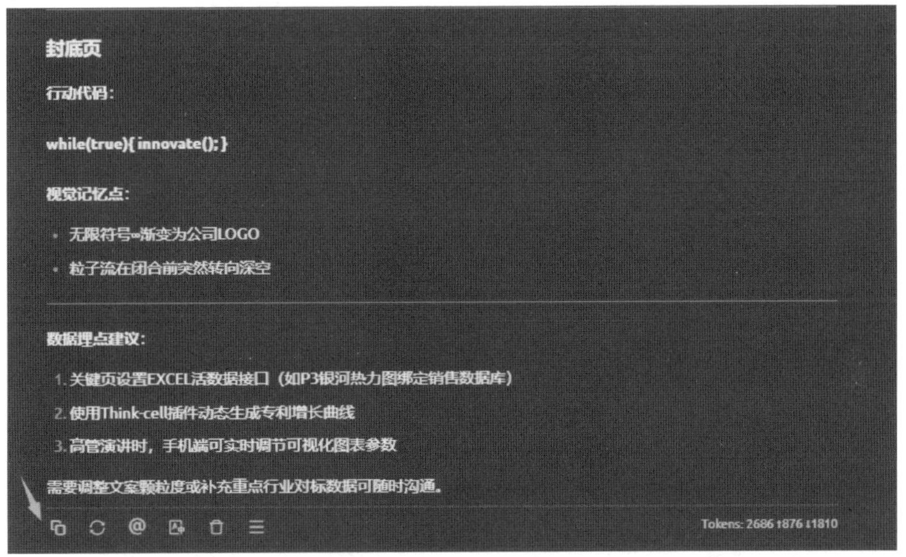

图 5-1-2　Cherry Studio 中复制 DeepSeek 生成的 PPT 文案

图 5-1-3　打开 Kimi 中 PPT 助手

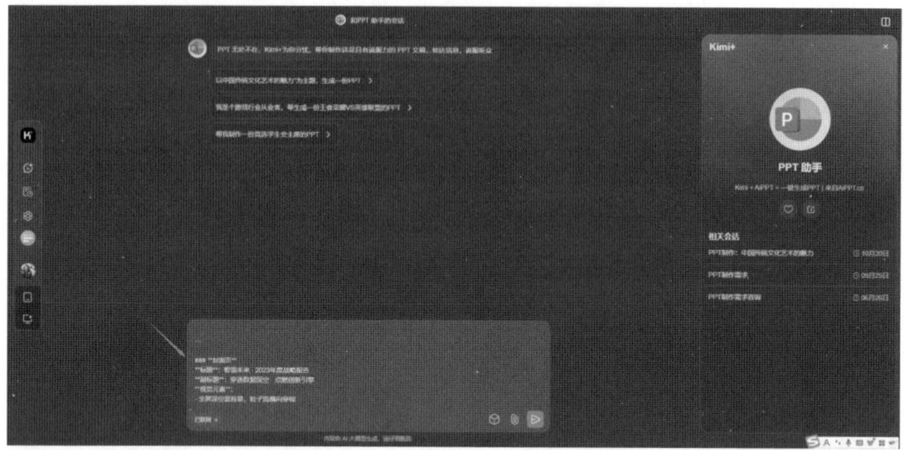

图 5-1-4 粘贴文案至 PPT 助手

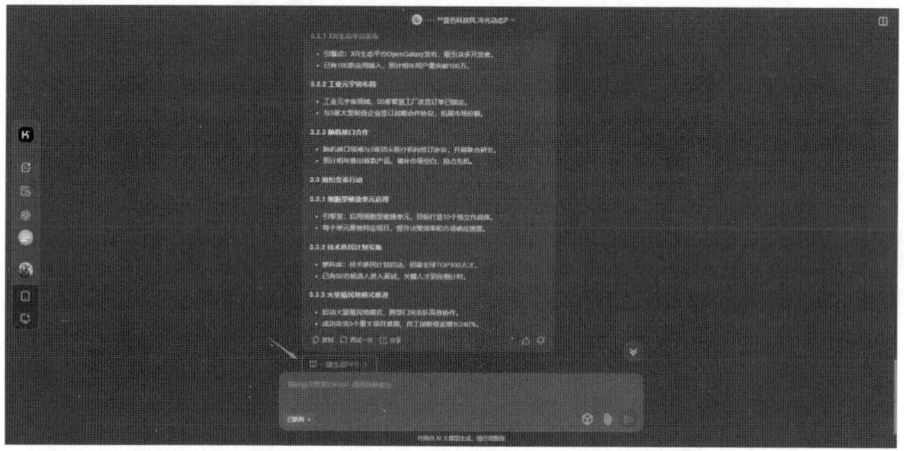

图 5-1-5 选择一键生成 PPT 操作

（7）在弹窗中选择模板场景，设计风格，主题颜色等。比如，此处笔者选中的是一个深蓝色的模板，随后单击生成 PPT，如图 5-1-6 所示。

（8）接着出现 PPT 预览界面，并提示 PPT 制作已完成，单击编辑按钮编辑 PPT 页面，如图 5-1-7 所示。

（9）进入 PPT 编辑页面，界面分为四个区域，右上角是 PPT 保存、PPT 放映、PPT 拼图、PPT 下载四个功能按钮；左侧是大纲编辑、模板替换和插入元素三个功能按钮；如图 5-1-8 所示是选择不同页面 PPT 的功能，包括右侧的文字设置、形状设置、背景设置、图片设置、表格设置和图表设置六个功能按钮。当然，如果读者认为 AI 制作的 PPT 无须修改，那么直接选择下载 PPT 即可。

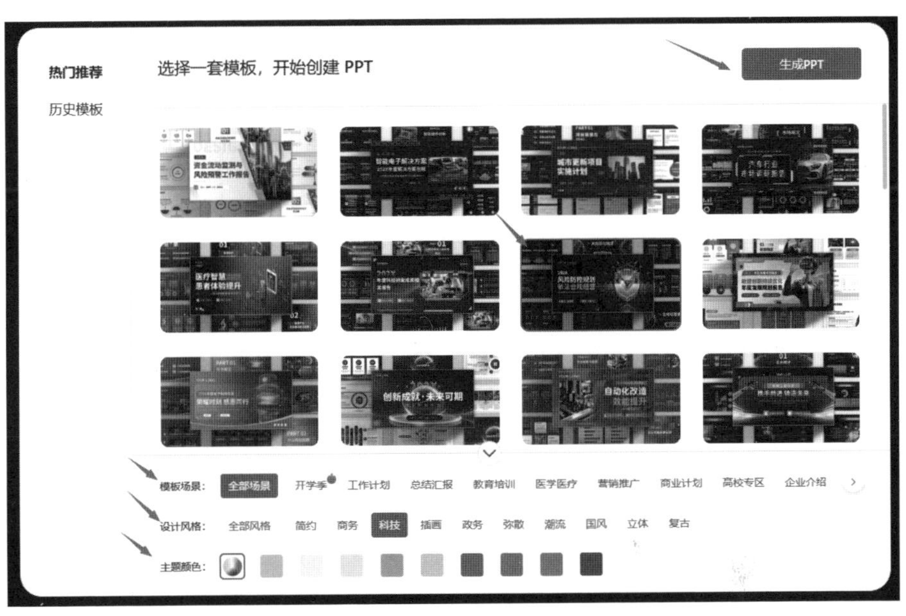

图 5-1-6 选择模板并生成 PPT

图 5-1-7 编辑 PPT 页面

图 5-1-8 PPT 编辑界面的四个区域

5.1.2 注意事项：雷区千万别踩

1. 风险提醒

用户在使用 AIGC 工具制作 PPT 时需要注意不能添加未授权的网络图片，PPT 助手生产的图片都是 AI 生产的图片；同时转载数据需标明来源。

2. 数据安全

推荐用户在使用以上功能时开启三道防护，首先是文件加密，上传内容敏感 PPT 时必须设置密码；其次是云端备份，设定每天固定时间将每日 PPT 保存到企业网盘；最后是痕迹清理，关闭“历史记录保存”功能。

3. 自检清单

在 PPT 文件制作完毕后，用户需要按照以下清单进行自查：首先，所有链接是否可单击；其次，颜色对比度是否足够；再次，准备好备用方案，切记保存好备用的 PDF 版 +U 盘备份；最后，检查现场播放 PPT 的电脑有没有相关字体，请提前开启字体嵌入。如果动画播放卡顿，单击优化性能；如果内容需要保密，记得添加密码。

5.1.3 新手任务

（1）使用 DeepSeek 制作一份 5 页的自我介绍 PPT 文案。

（2）使用 Kimi 的 PPT 助手，选择合适 PPT 模板，制作一份 PPT。

（3）对任意至少 2 张 PPT 页面，执行 3 项编辑操作并对比前后效果。

5.2 办公文档速成（DeepSeek+ 海鹦 OfficeAI 助手）

5.2.1 新手必学：快速撰写文档

你是不是曾经也被日总结、周汇报、月报、各类工作文档折磨得痛不欲生？每当到了汇报的时刻，面对一堆凌乱的数据、需要梳理的内容，脑袋里就一片空白，思维像是被一团雾霾笼罩，焦虑和疲惫几乎要把你压垮。而最让人崩溃的，不是内容的编写本身，而是需要花费大量时间在格式调整、数据统计、PPT 排版等琐碎的工作上。每次熬夜整理这些文档，最后的成果却依然不尽如人意，这种心累的感觉，想必你再熟悉不过了。

AIGC 工具的出现，彻底改变了这一切。它不仅可以帮助你智能化地整理数据、自动生成汇报内容，还能根据你的要求快速进行排版和设计，甚至根据你的工作目标自动推荐内容的呈现方式。你再也不需要一个字一个字地输入、整理，或者无数次修改 PPT 的颜色和布局。通过 DeepSeek 强大的 AI 处理能力和海鹦 OfficeAI 助手的无缝结合，你可以轻松摆脱以往日复一日的文档写作困境。只需要输入简单的关键词，AI 助手就能根据你的需求自动生成报告框架，智能整理数据，并自动生成精确且高效的分析内容，不仅精准，还能自动优化排版和图表，让你省下大量的时间和精力。无论是日总结、周汇报，还是大型项目报告，DeepSeek+ 海鹦 OfficeAI 助手都能在几分钟内完成初步草稿，甚至根据上下文语境优化表达，使得文档更具逻辑性和专业感。

1. 辅助软件准备

首先在浏览器中输入网址 https://www.office-ai.cn/，下载 OfficeAI 助手。接着单击安装海鹦 OfficeAI 助手，并确保你的电脑上已经安装了 Microsoft Office 软件。然后打开 Word 软件，选中 OfficeAI 选项卡，单击右侧面板，使用微信登录。最后单击 OfficeAI 选项卡下的设置，选中大模型设置，开启本地模型 /api-key，模型平台选择硅基流动，填入硅基流动的 API，模型名选择 DeepSeek-R1 模型，如图 5-2-1 所示。

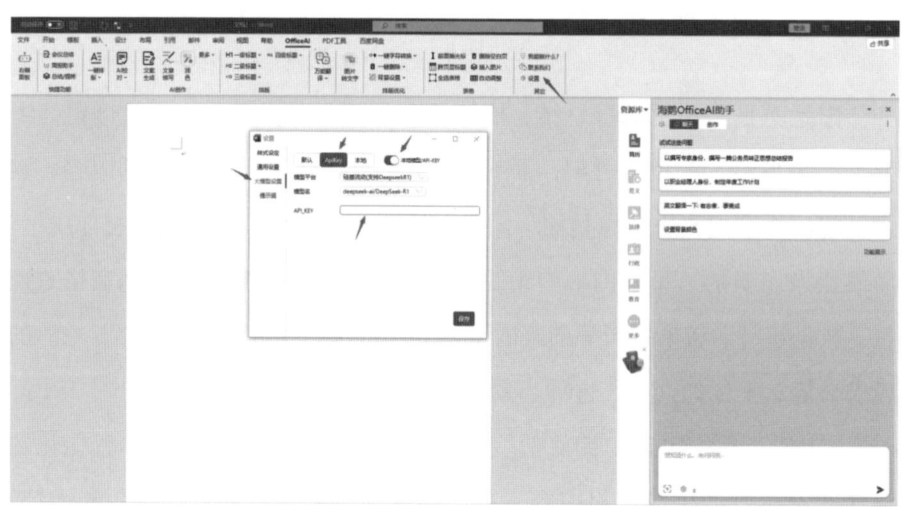

图 5-2-1 OfficeAI 助手设置指南

2. 与 AI 对话

（1）设置完毕海鹦 OfficeAI 助手后，可以在右侧直接使用聊天功能，用户可以和 DeepSeek 直接对话完成日常办公文档的撰写。笔者输入以下提示词：你是一位职业经理人，擅长资源规划和目标设定，请根据要求制订年度工作计划。计划重点：市场拓展、产品创新、团队建设；关键目标：提升市场占有率 10%、发布 3 款新产品、提高团队满意度；要求：确保计划既具有挑战性又可实现，明确每个阶段的具体目标和预期成果；计划书详细写明总体目标制定背景、关键目标、具体措施、实施步骤、总结与反馈。DeepSeek 可能不会一次性输出完整文案，这时候在对话框输入继续即可。文字输出完毕后，可以单击导出到左侧，文章就会自动同步到 Word 中，如图 5-2-2 和图 5-2-3 所示。

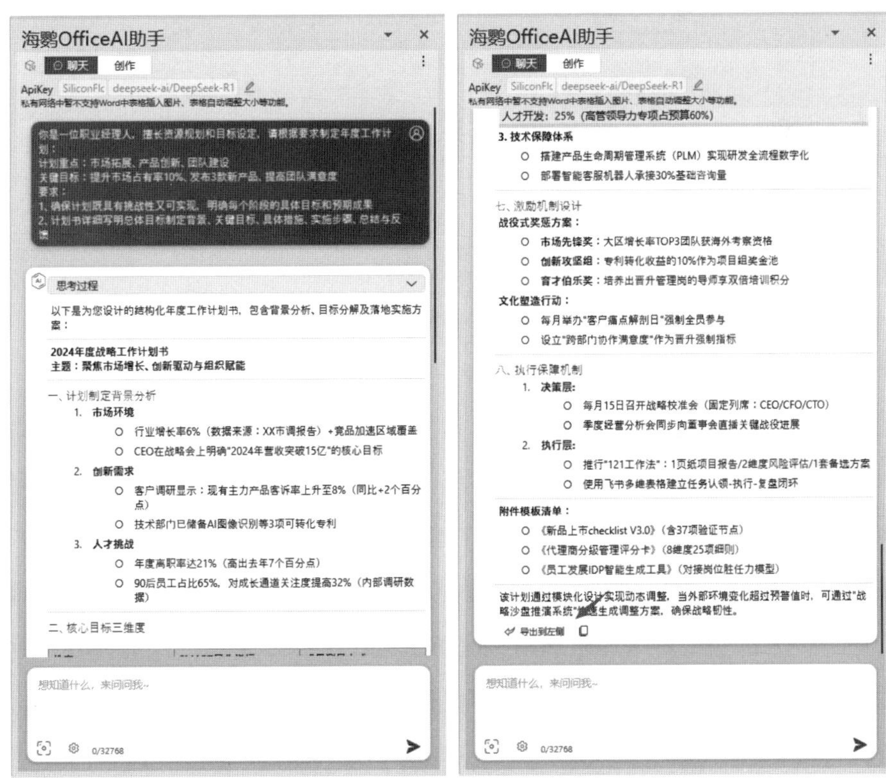

图 5-2-2　OfficeAI 助手结合 DeepSeek 智能撰写导出年度工作计划（例 1）

图 5-2-3　OfficeAI 助手结合 DeepSeek 智能撰写导出年度工作计划（例 2）

（2）Word 软件左侧已经同步了 DeepSeek 生成的文档。笔者尝试了使用 DeepSeek 控制和编辑文档，经过验证文档无法被 DeepSeek 修改和编辑，我们可以手动修改和编辑文档，如图 5-2-4 所示。

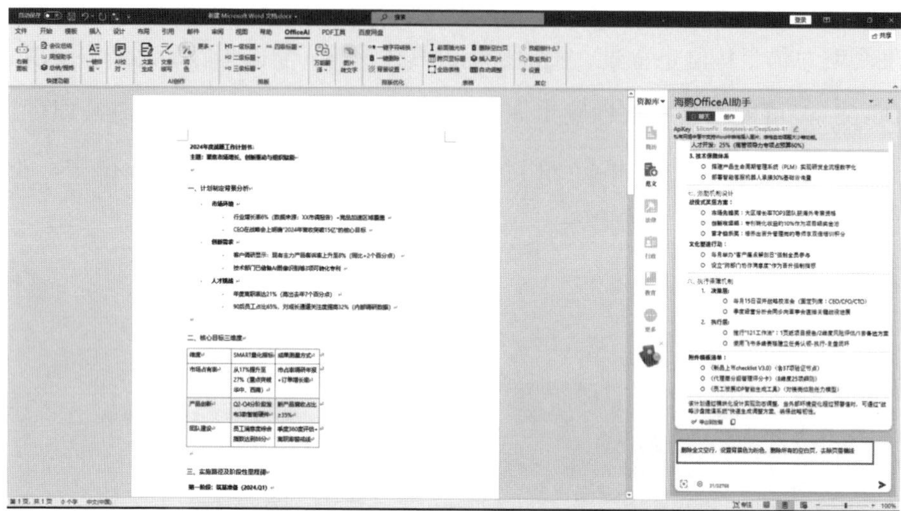

图 5-2-4　Word 编辑 DeepSeek 同步文档指南

3. 使用 AI 写作

（1）用户可以单击 OfficeAI 选项卡选择文案生成，或者切换海鹦 OfficeAI 助手右侧面板的“创作”标签，进行更为专业的写作。这才是海鹦 OfficeAI 助手的核心功能。用户能够在职场、媒体、教育、广告营销四大领域中，选择您需要的文档助您一臂之力，OfficeAI 具备创作多种类型的文章的能力。无论您需要编写市场营销文案、技术文档还是内部沟通内容，这款插件都能轻松胜任。OfficeAI 能够根据个性化需求，有效提升文案质量，确保每篇文档都达到您的预期水准，如图 5-2-5 所示。

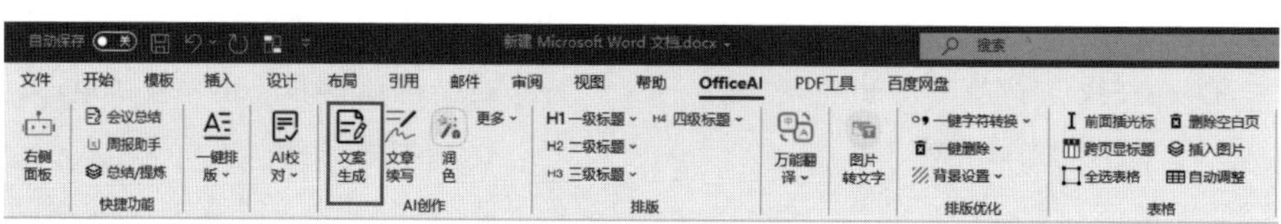

图 5-2-5　使用 OfficeAI 助手进行 AI 写作操作

（2）作者选择培训心得体会来测试其功能，选择职场类的“培训心得体会”，会出现设置界面。用户可以根据自身需求设置，设置完毕，单击确定按钮，即可自动生成培训心得体会，如图 5-2-6 和图 5-2-7 所示。

图 5-2-6　OfficeAI 助手生成培训心得体会功能演示（例 1）

图 5-2-7　OfficeAI 助手生成培训心得体会功能演示（例 2）

（3）DeepSeek 开始思考文档内容，经过几秒的思考过程，DeepSeek 已经生成培训心得体会，这时可以单击复制按钮，将内容复制到 Word 文档中，如图 5-2-8 所示。

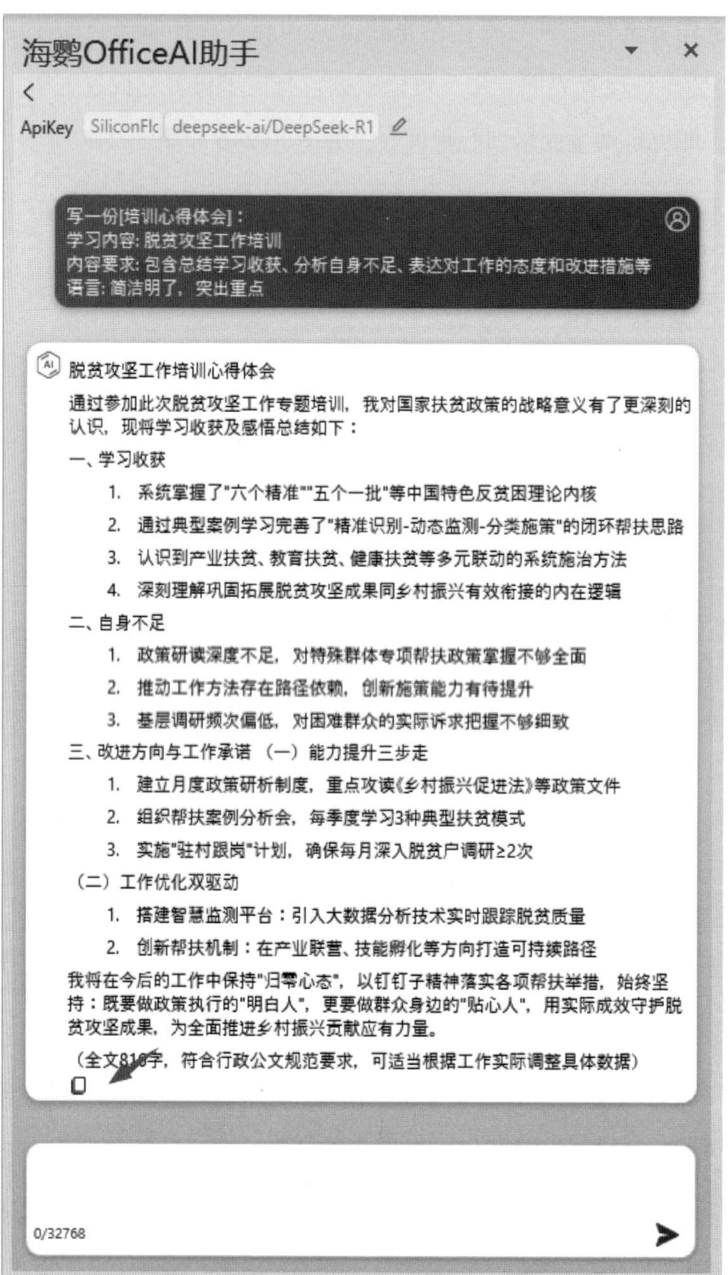

图 5-2-8 利用 DeepSeek 生成心得体会

5.2.2 专业技巧：文档 AI 自动优化

1. 使用 AI 润色

用户单击顶部的润色按钮，根据您的需求和偏好，对文章进行改善和优化，以提升其质量。无论是在语言表达、逻辑连贯性还是内容流畅度方面，AI 助手都能够根据您的指导进行调整，使得文章更符合您的期望和风格，确保最终产出的文稿质量更高，如图 5-2-9 所示。

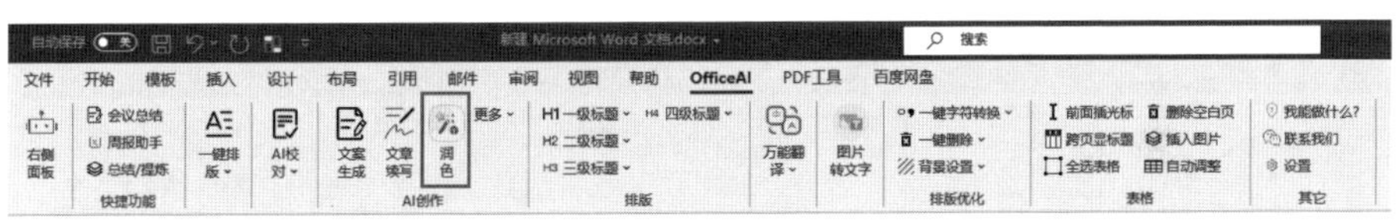

图 5-2-9 使用 OfficeAI 助手进行写作润色操作

2. 使用 AI 续写

用户单击顶部的文章续写按钮，AI 技术能够理解文本的语境，并在您需要进一步拓展内容时，为您提供新的想法、补充资料或发掘更深层次的见解，从而丰富文档内容。这项功能使得文稿编写更为高效和全面，帮助您更快地完成内容的拓展和完善，如图 5-2-10 所示。

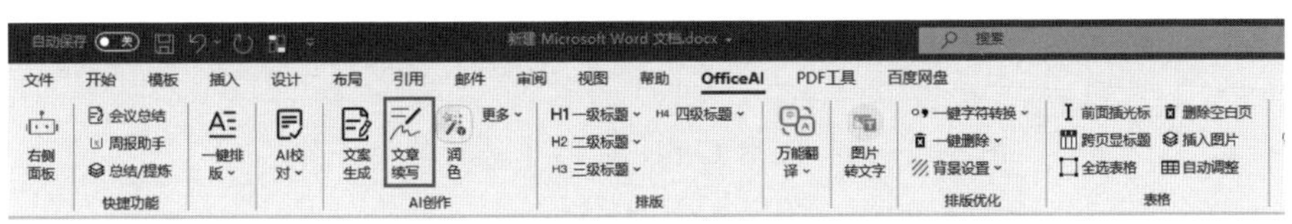

图 5-2-10 使用 OfficeAI 助手进行文章续写操作

3. 使用 AI 校对

AI 校对功能，拼音输入法的联想输入会导致可能输入错别字，AI 纠错会比 Word 中自带的拼写检查功能更好地处理这一问题，也能检查 AI 生成的文章中是否有拼写错误，如图 5-2-11 所示。

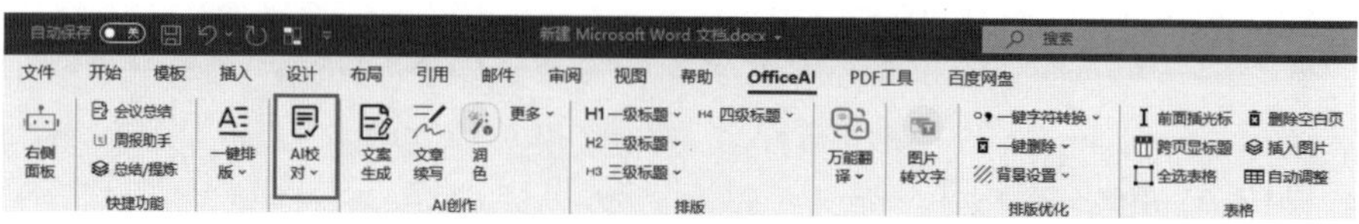

图 5-2-11　使用 OfficeAI 助手进行 AI 校对操作

4. 使用 AI 排版

AI 排版功能，一键智能分析出文档的结构并根据语义进行自动排版，让文档瞬间焕然一新，省时省力，便捷高效，如图 5-2-12 所示。

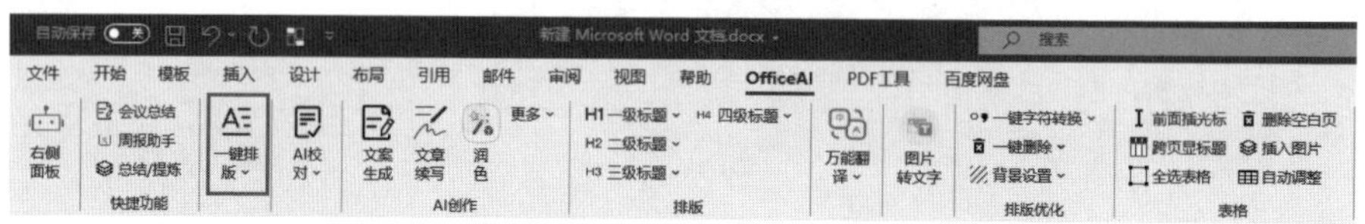

图 5-2-12　使用 OfficeAI 助手进行 AI 排版操作

5. 其他 AI 功能

除了以上介绍的 AI 功能，OfficeAI 助手还有很多其他 AI 功能，用户可以自行探索研究，如图 5-2-13 所示。

图 5-2-13　使用 OfficeAI 助手进行其他操作

5.2.3　新手任务

（1）试写一篇 300 字的述职报告。

（2）对比海鹦 OfficeAI 助手“自由创作”和“述职报告”两种模式的区别。

（3）设置 3 个需要自动替换的敏感词（如公司名 / 地址）。

思维导图专家（DeepSeek+Xmind）

在信息爆炸的时代，思维导图已成为知识整合与创意发散的利器。DeepSeek 作为人工智能思维引擎，与专业导图工具 Xmind 深度融合，构建了从碎片化思考到结构化输出的完整路径。这种技术协同不仅革新了传统脑图制作流程，更通过智能交互实现了思维质量的指数级提升。下文将系统解析这两类工具的协作机制，揭示从基础构建到高阶应用的进阶方法论。

5.3.1 新手必学：快速创建思维导图

1. 辅助软件准备

安装好 Xmind 等思维导图软件，软件准备工作完毕，如图 5-3-1 所示。

图 5-3-1 软件 Xmind 的准备步骤

2. 实战操作流程

初级用户的核心诉求在于快速建立符合逻辑的思维框架，避免陷入形式化排版的低效循环。Xmind 的基础功能模块与 DeepSeek 的语义解析能力结合，可将自然语言指令直接转化为可视化思维结构。

（1）在导图创建阶段，用户可通过 DeepSeek 生成主题框架。输入提示词“**为《人类简史》一书设计思维导图，最终输出 markdown 格式**”。DeepSeek 将输出思维导图结构的 markdown 代码，单击图示的复制按钮，复制代码，如图 5-3-2 所示。

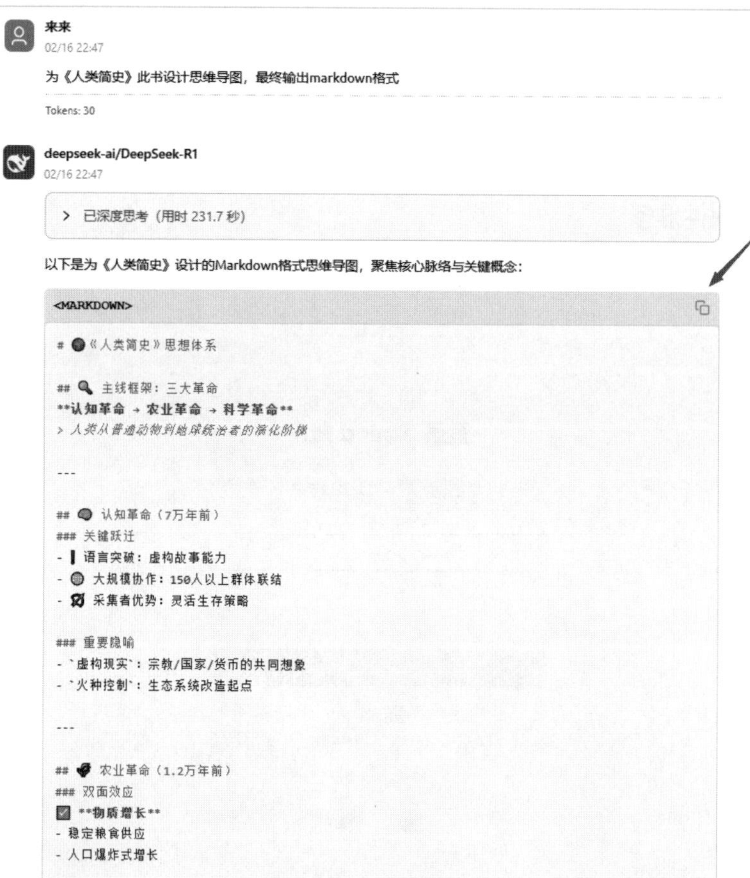

图 5-3-2 通过 DeepSeek 生成主题框架（markdown 格式）

（2）新建一个文本文档，复制 DeepSeek 生成的 markdown 代码，修改文件格式为 md 文件，如图 5-3-3 所示。

图 5-3-3　修改文件格式为 md 文件

（3）打开 Xmind 软件，选择新建导图，如图 5-3-4 所示。

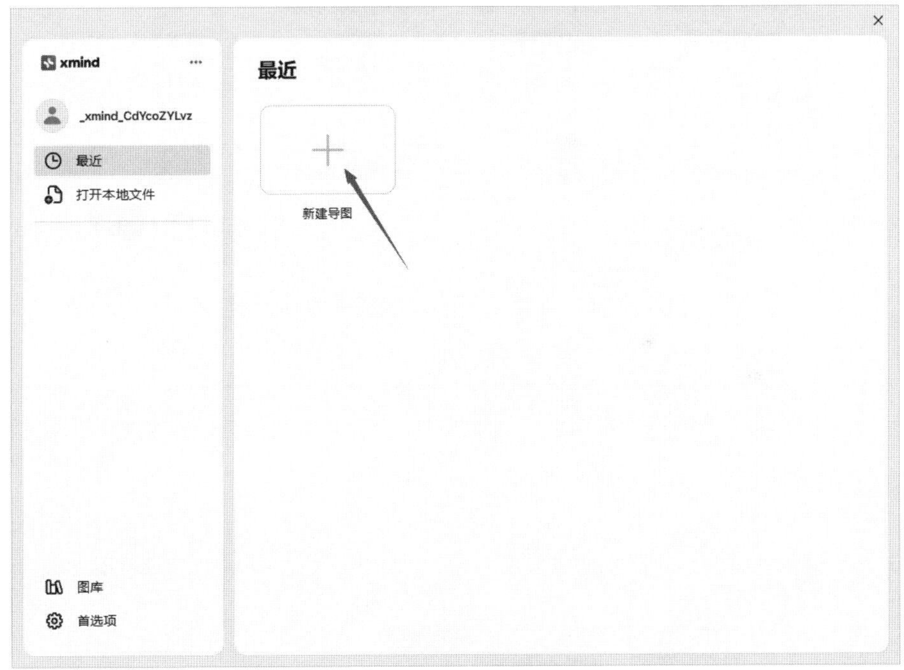

图 5-3-4　在 Xmind 中新建导图演示

（4）选择模板，思维导图；单击创建按钮，如图 5-3-5 所示。

（5）打开 Xmind 软件思维导图界面，单击左上角图标，选择文件，选择导入，选择 markdown，选择刚才的 md 文件，如图 5-3-6 所示。

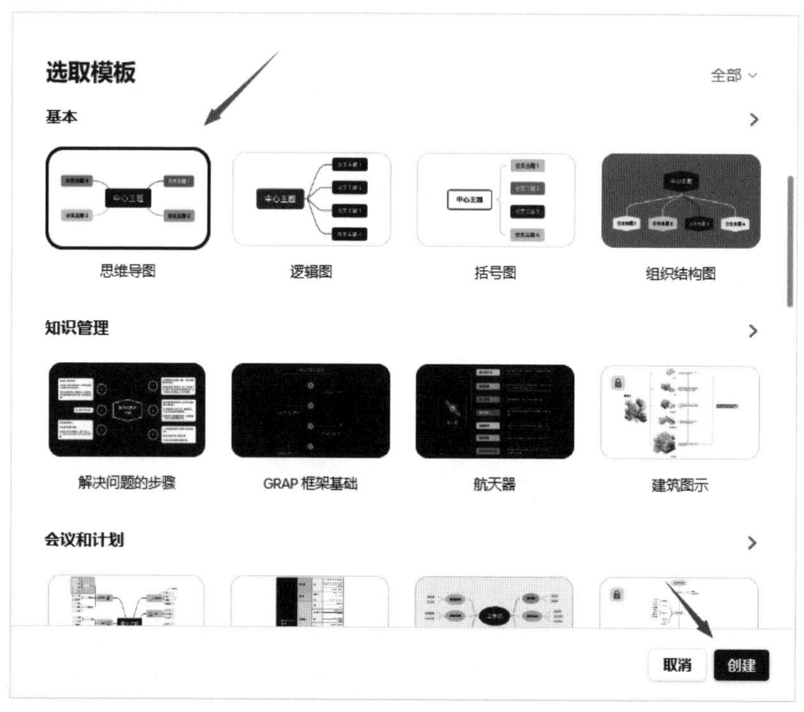

图 5-3-5 选择思维导图模板并单击创建

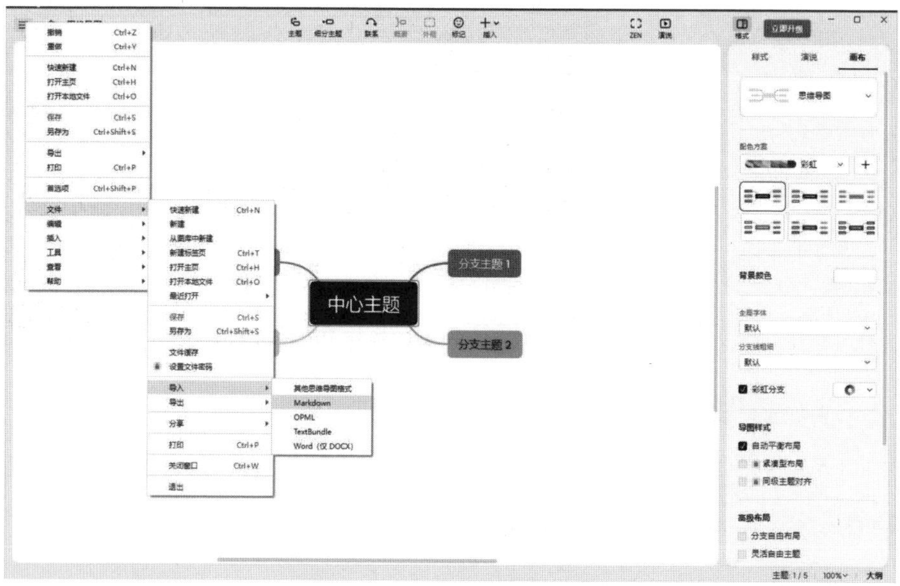

图 5-3-6 导入 md 文件操作

（6）Xmind 软件成功识别思维导图内容，如图 5-3-7 所示。

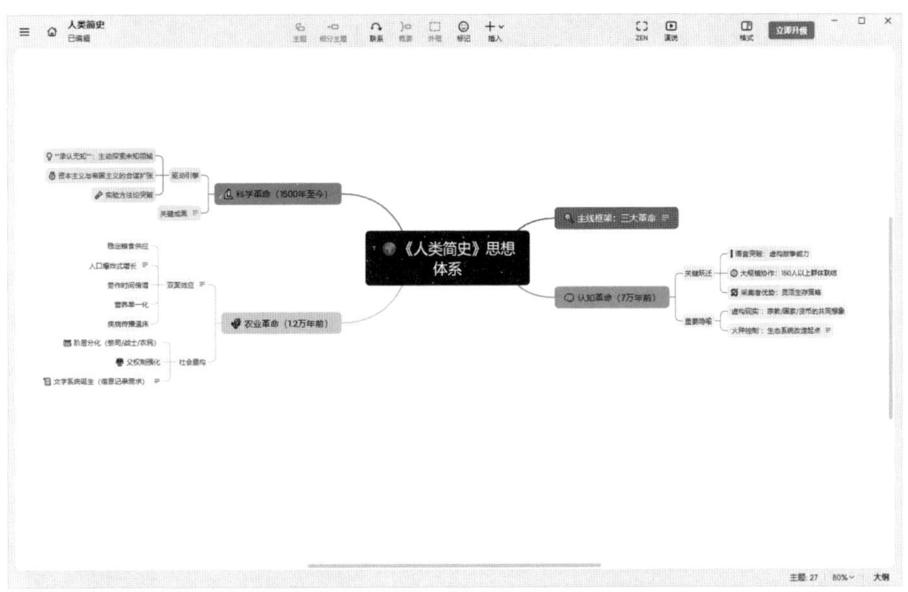

图 5-3-7 Xmind 软件自动生成导图

5.3.2 高手进阶：用图片创建一个思维导图

用户手头有一张思维导图的图片，希望使用 Xmind 复现这个思维导图，并且可以随意编辑。这个可以怎么实现呢？首先打开 DeepSeek，上传思维导图的图片。DeepSeek 的 API 不支持分析图片，笔者打开 DeepSeek 官网，上传图片，并输入提示词：**这张图片是个思维导图，分析图片上的文字，输出为 Markdown 格式，以便我可以复现这个思维导图**，如图 5-3-8 所示。

复制 Markdown 格式，创建 MD 文件，如图 5-3-9 所示。

其他步骤和上个章节一样，可以创建好思维导图，如图 5-3-10 所示。

图 5-3-8 DeepSeek 思维导图图片转 Markdown

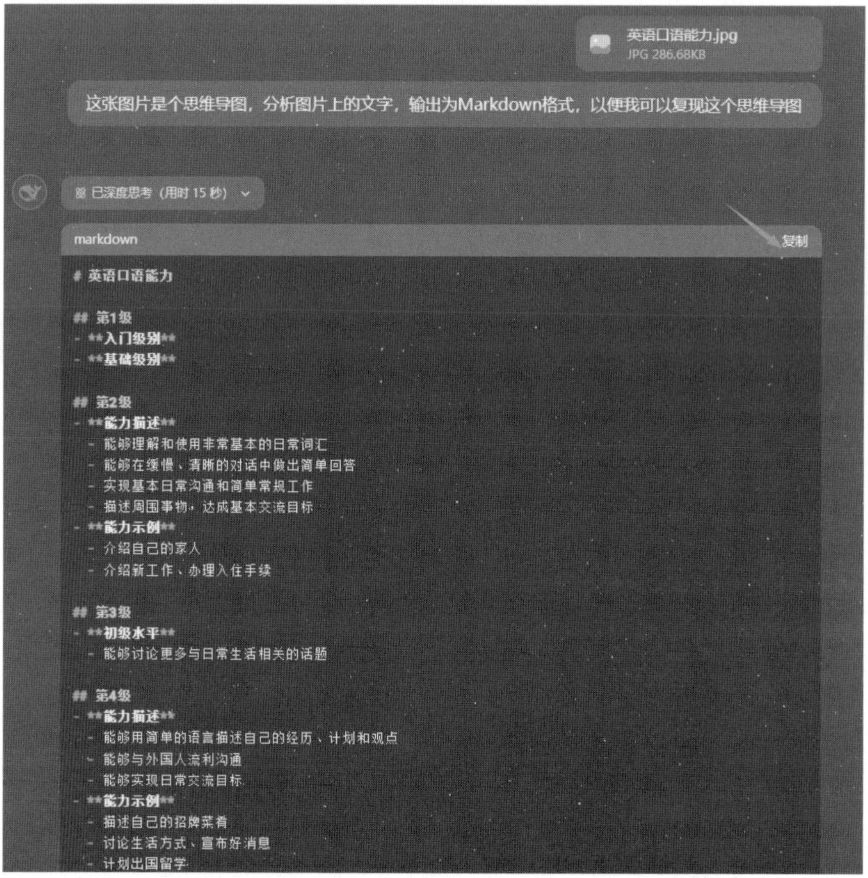

英语口语能力.jpg
JPG 286.68KB

这张图片是个思维导图，分析图片上的文字，输出为Markdown格式，以便我可以复现这个思维导图

已深度思考（用时 15 秒）

markdown 复制

```markdown
# 英语口语能力

## 第1级
- **入门级别**
- **基础级别**

## 第2级
- **能力描述**
  - 能够理解和使用非常基本的日常词汇
  - 能够在缓慢、清晰的对话中做出简单回答
  - 实现基本日常沟通和简单常规工作
  - 描述周围事物，达成基本交流目标
- **能力示例**
  - 介绍自己的家人
  - 介绍新工作、办理入住手续

## 第3级
- **初级水平**
  - 能够讨论更多与日常生活相关的话题

## 第4级
- **能力描述**
  - 能够用简单的语言描述自己的经历、计划和观点
  - 能够与外国人流利沟通
  - 能够实现日常交流目标
- **能力示例**
  - 描述自己的招牌菜肴
  - 讨论生活方式、宣布好消息
  - 计划出国留学
```

图 5-3-9 创建 MD 文件

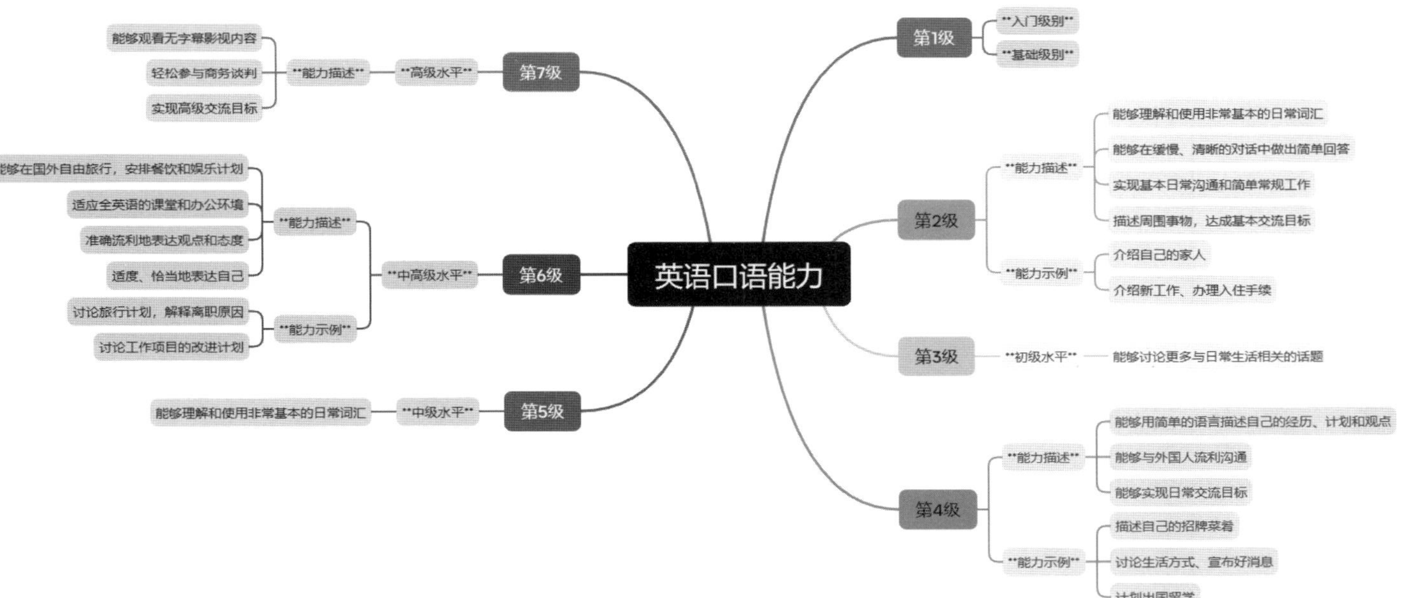

图 5-3-10 导入 MD 文件成功复现思维导图

5.3.3 新手任务

（1）制作个人学习计划思维导图。

（2）分析一本书的核心内容。

（3）设计一个项目的流程图。

（4）总结一次会议的讨论要点。

（5）规划一次旅行计划。

第 6 章

AI 写作辅助：DeepSeek 实战速成

CHAPTER 6

6.1

周报复盘高手

用 DeepSeek 写周报，就像请了个“会主动帮你理头绪的智能搭档”。最大的好处是帮助你打破“对着空白文档发呆”的窘境——不需要学专业指令，不必生搬硬套固定格式，用日常说话的方式就能自然沟通。微信里的工作讨论、邮件里的项目进展，甚至是口头汇报的要点录音，给它后它都能自动筛选出关键成果、进展瓶颈和下阶段计划，像拼图高手般把散乱的信息变成清晰的汇报脉络。即使你只说“这周主攻新版本测试，验收卡在兼容性问题”，它也能像经验丰富的协作者，既梳理出完整的技术攻关路线，又提示需要协调的资源清单。

智能适配各类型企业模板的功能尤其省时。互联网行业的数据驱动型周报、设计团队的创意进度报告、销售部门的业绩追踪表，都不需要手动调整排版格式。遇到含有多张数据图表的复杂报告，它能自动提取核心结论转为文字叙述；涉及专项任务时，它又会像思维导图般生成完整的分析框架。对于各行业特定术语，它更是得心应手，不论是软件开发中的“敏捷迭代”还是市场营销的“用户画像”，都能精准理解和场景化运用。

更棒的是越用越贴心的个性化体验。用户初期可能需要简单调整周报风格，但三四周后生成的内容就能自动贴合你的表达习惯，甚至预判团队关注的汇报重点。这种“既懂业务又懂你”的能力，把写周报变成了高效的工作复盘，省下的时间正好用来做真正的业务突破。

6.1.1 强大的自然语言理解能力

在众多 AI 工具面前，职场人常陷入选择困难：ChatGPT 像万能的学霸，Kimi 擅长分析复杂文件，Claude 更像策略军师。而 DeepSeek 选择了更亲民的定位——像随时待命的职场助手，不需要学习复杂操作，就能帮你高效完成任务。

它的核心优势在于“听得懂人话”。其他 AI 需要像指挥机器人那样给出明确指令（比如:“作为项目经理，请用 STAR 法则总结本周工作，需包含 3 个指标……”），DeepSeek 却能理解“这周搞定了客户，但测试要延期”这类日常对话。它拥有这种能力的秘诀，来自对大量职场真实沟通的训练——就像在公司“潜伏”多年的员工，听得懂“过会”“打样”这些职场暗语。

举个真实案例：跨境电商小王想用 AI 写招商周报，用普通工具时要反复解释 GMV、ROI 这些专业术语。换成 DeepSeek 后，小王只需要说“这周新增 12 个商品，但两家商户结款谈不拢”，系统自动补充了商品分类、历史合作数据，还生成了“付款谈判指南”。这背后是 300 多个预设的行业知识模块在起作用，相当于给 AI 装好了各部门的工作手册。

DeepSeek 的中文处理能力尤其突出。处理“把政府公文改口语化”这种任务时，其他工具可能改得生硬，但 DeepSeek 不仅能转换表达方式，还能智能识别“妥否，请批示”这类标准格式要求。某单位的测试显示，用 DeepSeek 写的会议纪要一次性通过率从 37% 飙升到 89%。

需要说明的是，这不是技术上的优胜劣汰，就像螺丝刀和瑞士军刀各有用途。DeepSeek 专注解决职场中的实际场景：当你在茶水间边喝咖啡边想周报结构时，它已经把语音备忘整理成 PPT 大纲；当你犹豫怎么汇报项目延期时，它已经找出同类案例的处理方案。它的这种无缝衔接工作场景的能力，正重新定义智能办公的未来。

6.1.2 实战演示

DeepSeek 最大的优势在于它能像资深秘书一样轻松理解用户需求。即便您从未接触过人工智能，也不需要掌握复杂的 AI 指令框架，用日常说话方式沟通就能获得有效帮助——就像给新员工布置工作任务那样简单明确。

使用时只需把握三个关键点：首先说明**自己的身份**（如市场主管 / 人力资源专员），其次**描述需求背景**（如“正在准备三季度产品发布会”），最后**清晰告知需要它完成的具体任务**（如“请整理会议重点并生成执行清单”）。

面对客户的提案、团队的会议记录或复杂的数据报表，DeepSeek 不仅能准确抓取核心信息，还能自动归纳逻辑框架，输出可直接用于汇报、决策的文本内容。整个过程无须专业培训，用平时对接同事的沟通方式就能完成，特别适合需要快速处理文件但无暇钻研 AI 技术的职场人士，让公文写作、信息整理等事务性工作变得更简单高效。

接下来我们做一个简单的示例，我将告诉 DeepSeek 我的工作岗位、本周需要总结的数据内容，以及需求字数。提示词示例为“我是一名 Java 开发师，目前正在做一个商城类的项目，这周主要开发完成了微信支付模块、支付宝支付模块，修改了 8 个地方的小漏洞，请帮我写一篇周报，大约 200 字”，如图 6-1-1 所示。

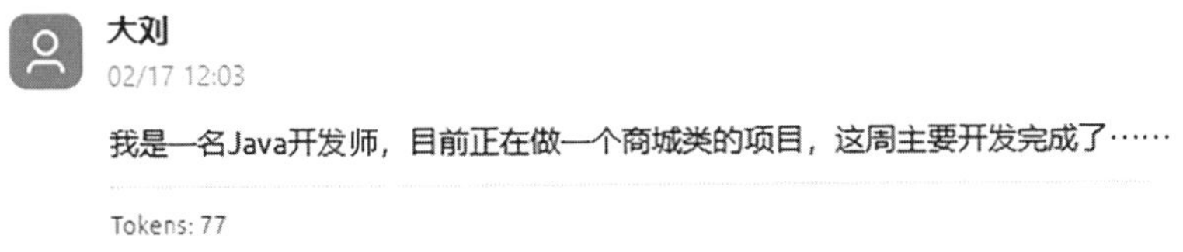

大刘
02/17 12:03
我是一名Java开发师，目前正在做一个商城类的项目，这周主要开发完成了……
Tokens: 77

图 6-1-1　笔者需求示例

DeepSeek 回答如下，分段阐述了本周的工作重点以及下周计划。可以看到我们很简单地描述了周报，并没有运用过多的技巧。我们只需要告诉 DeepSeek 我是谁、我做了什么以及我需要你帮我做什么，如图 6-1-2 所示。

> 已深度思考（用时 55.6 秒）

周报

【202X年XX月XX日 - 202X年XX月XX日】

本周工作重点围绕支付模块开发及系统优化展开，具体进展如下：

1. 核心功能开发
✓ 完成微信支付模块开发

- 对接微信支付SDK实现扫码支付、JSAPI支付功能
- 优化支付状态回调处理，设计异步通知失败自动重试机制

✓ 完成支付宝支付模块开发

- 整合APP支付和电脑网站支付双渠道
- 开发加密签名字段工具类，配合财务部门完成交易对账测试

2. 系统优化与BUG修复

▶ 处理支付模块关联性问题

- 修复订单超时未关闭仍可支付状态同步异常（#BUG0237）
- 解决优惠券使用与支付金额校验冲突问题（#BUG0241）

▶ 优化用户体验

- 修正移动端收银台样式兼容性问题（#BUG0245）
- 完善支付失败场景的错误提示国际化配置（#BUG0248）
共完成8项缺陷修复，涉及支付流程、数据校验、前端展示等方面

图 6-1-2　DeepSeek 深度思考过程

注意：以上周报未给出具体数据，DeepSeek 会自动检索互联网数据生成周报。

公文智能写作

AI 改写公文应以严谨为核心准则。公文本质是政策传递和工作部署的正式载体，其规范性直接关系到执行效力与机构公信力。AI 虽能快速优化

句式结构、提炼核心信息，但受限于算法模型的机械特性，在三个维度需特别把关：其一，逻辑精准度，行文需呈现严密的因果链条，确保政策解读不产生歧义；其二，术语规范度，专业称谓、职务名称等必须准确对应机构现行标准，避免出现信息错位；其三，数据确权性，涉及统计口径、百分比、条款序号的修改必须溯源核查，杜绝误差传递。实践中常见 AI 因训练数据滞后造成法条编号错误，或模糊化专业表述形成责任真空。因此，使用 AI 改写需建立“智能工具 + 人工复查”双重校验机制，既发挥技术效率优势，同时通过人工注入政策性、专业性与人文性判断，使改写后的公文既符合数字时代的效率标准，又守住政务文书应有的权威底线。

实战演练

这里笔者以项目实施类模板为例，让 DeepSeek 给我出一份详细的实施方案模板。考虑到普适性，这里还是使用自然语言对话的方式向 DeepSeek 提需求。告诉它我们需要什么样的内容，越精细越好。

（1）示例提示词：“帮我生成一份《(项目名称，含项目背景、目标简述）的实施方案》的模板。其中需要包含领导小组，明确组长 1 名、副组长 2 名，列出各自职责；任务分解表，详细列出具体任务、责任人姓名及部门、完成时限；整体的进度安排，采用倒排工期方式，精确到周；保障措施，经费预算用 X 万元来表示，并说明经费来源和使用计划”。

（2）稍等片刻，待 DeepSeek 生成完毕，可以看到一个模板就生成了，包含了我们需要的详细内容。“任务分解表”和“保障措施”也分别用表格的形式展现了出来。我们只需要复制粘贴到自己电脑文件中即可修改具体内容，如图 6-2-1 和图 6-2-2 所示。

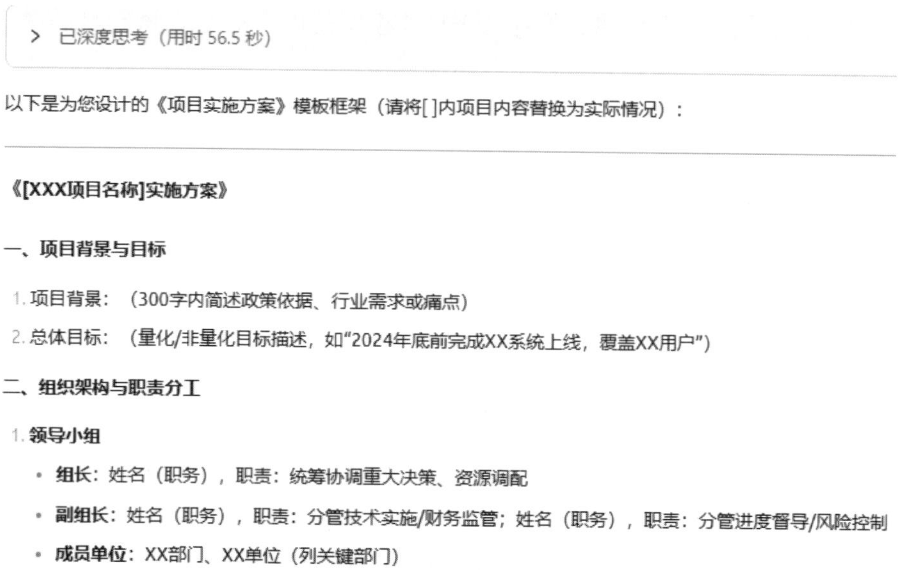

> 已深度思考（用时 56.5 秒）

以下是为您设计的《项目实施方案》模板框架（请将[ ]内项目内容替换为实际情况）：

《[XXX项目名称]实施方案》

一、项目背景与目标

1. 项目背景：（300字内简述政策依据、行业需求或痛点）
2. 总体目标：（量化/非量化目标描述，如"2024年底前完成XX系统上线，覆盖XX用户"）

二、组织架构与职责分工

1. **领导小组**
   - **组长**：姓名（职务），职责：统筹协调重大决策、资源调配
   - **副组长**：姓名（职务），职责：分管技术实施/财务监管；姓名（职务），职责：分管进度督导/风险控制
   - **成员单位**：XX部门、XX单位（列关键部门）

图 6-2-1　DeepSeek 深度思考过程（例 1）

三、任务分解表

任务序号	具体任务内容	责任人（部门）	完成时限	交付成果
1	XX需求调研分析	张三（市场部）	2024-03-15	调研报告
2	XX系统开发	李四（技术部）	2024-06-30	系统测试版本
...	...	...	...	...

四、进度安排（倒排工期表）

时间节点（第X周）	关键任务	责任主体
第16周（结束周）	项目验收总结	领导小组
第12-15周	试运行及优化	技术部+运维部
第8-11周	核心模块开发与联调测试	技术部
第1-7周	方案设计、采购招标	采购部+财务部

图 6-2-2　DeepSeek 深度思考过程（例 2）

（3）如果读者的内容不涉密，可以单击 DeepSeek 对话框下方的上传文档来把资料文档上传给 DeepSeek 参考，这里笔者以"Cherry Studio+ 使用硅基流动第三方 DeepSeek API"为例，如图 6-2-3 所示。

当传统公文写作还在与格式模板较量时，AI 已悄然搭建起"一键生成—智能校准—合规锁定"的短链通路。需要起草安全生产月报？上传本地应急预案作参考，系统自动抽取"三年行动方案""双控体系"等专属术语生成初稿。

2. 合作协议模板（如有）
使用说明：
1. 领导小组副组长建议分管"业务执行"与"监督保障"方向
2. 倒排工期需根据总周期拆分，示例假设项目周期为16周，请按实际调整时间刻度
3. 经费预算中"X万元"需替换为具体数字，并按比例说明分配合理性
上传文档（模型不支持图片）

图 6-2-3　上传文档操作

涉及敏感数据时，DeepSeek 开源模式可以满足企业自行部署的需求，材料解析全程离线运行，杜绝信息外溢风险。最精妙的是“半成品策略”：AI 输出带批注的框架模板，如“(此处填本月隐患整改率）较上季度提升（智能推算建议值）个百分点”，既保留了权威表述又解放了创作空间。某市应急管理局实测显示，往年耗时两周的年终总结，现在仅需核对三处关键数据即可定稿——这不仅是效率革命，更是将行政人员从咬文嚼字的焦虑中解脱出来，回归决策分析的本质价值。当智能校验自动标红“责令整改”等越权表述，当格式库瞬间调取最新版红头文件抬头，或许行政写作的终极形态，就该如此举重若轻。

6.3 爆款公众号文章

深夜十一点，当 80% 的公众号运营者还在为次日头条的标题抓耳挠腮时，某健康类达人已通过对话框输入一句："帮我写篇夏季养生指南，带 3 个中医典籍引用，避开传统绿豆汤这类老梗。" 3 分钟后，一篇结构清晰、数据扎实的推文初稿便出现在编辑后台——这样的场景正悄然改变着微信公众号的创作生态。在这个坐拥 3.6 亿日活用户的内容战场上，运营周期超 5 年的账号占比高达 47%，持续输出优质原创的压力，让无数小编的键盘磨损速度堪比电竞选手。

6.3.1 AI 写作的进化悖论

早期写作工具生成的机械式文本，往往因套话连篇被用户调侃为"正确的废话制造机"。某时尚博主曾测试：输入"七夕穿搭攻略"得到的推荐文章里，"温柔""浪漫"等泛化词汇出现了 17 次，而具体单品搭配建议仅覆盖了 3 种基础场景。这种"模板依赖症"在强调人格化表达的公众号领域尤其致命——直到自然语言交互引擎带来转机。

DeepSeek 的创新恰在于此：当运营者用口语化指令提问"写篇北京 citywalk 路线推荐，要突出胡同咖啡馆和 00 后打卡偏好"，系统会自动识别深层需求，调取近期探店数据报告，生成"五道营胡同手冲地图：Z 世代偏爱的工业风空间增长 300%"等精准内容锚点。某旅游号实测显示，使用自然语言交互后，文章打开率从 12.7% 跃升至 28.4%，读者留言"终于不是千篇一律的南锣鼓巷攻略了"。

6.3.2 长效运营的智能解法

对于经营 6 年以上的教育类账号，DeepSeek 的垂直知识库能自动识别其长期沉淀的 IP 特质。输入"结合往期 135 篇教改分析，解读新课标政策变化"，AI 不仅避免重复以往观点，还会在文末智能插入往期经典文章跳转链接。这种“记忆继承式写作”让老号焕新变得举重若轻——某亲子号主理人坦言：“现在追热点时就像有个共事 3 年的虚拟编辑，既懂平台规则，更懂我的读者。”

当大多数工具还在要求用户记住“生成三段式结构 +5 个关键词”的复杂指令时，DeepSeek 正在证明：真正的智能写作，或许就该像和老朋友聊选题那样自然。毕竟在注意力稀缺的公众号红海里，省下揣摩机器逻辑的时间，才能把心思花在更重要的事情上——比如，读懂那 3 亿双期待的眼睛。

6.3.3 案例演练

这里假设我是一位没写过公众号的新手，现在我想写一篇公众号文章。写文章最基础的三步：主题、标题、内容。现在我需要有一个主题。那就告诉 DeepSeek 我的想法，让它来帮我解决。因为会涉及部分最新信息接收，所以需要联网搜索。DeepSeek 官网太火爆导致卡顿，这里笔者使用了接入了 DeepSeek 深度思考 R1 模型的**秘塔 AI 搜索**官方来进行问答，且打开了“长思考 R1”和“全网”功能。笔者示例提示词：“我现在想写一篇公众号文章，但是我不知道写什么内容，你可以帮我想想最近比较热门的主题吗”，如图 6-3-1 所示。

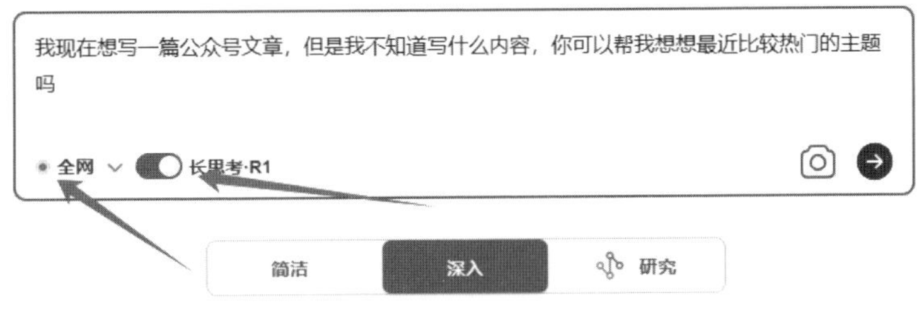

图 6-3-1 笔者需求示例

DeepSeek 给罗列出了六大主题，如图 6-3-2 ~ 图 6-3-4 所示。

根据2025年2月的最新趋势和公众号热门主题分析，以下是近期值得关注的10个爆款选题方向，并结合AI工具的高效创作方法，助你快速产出优质内容：

一、AI科技与生活结合（当前最热领域）

1. **AI工具重塑内容创作**
   - 如何用Deepseek/有一云AI一键生成10W+爆文？附操作教程（结合 1 2 18）
   - AI写作的伦理争议：人类创作者会被取代吗？（可关联 5 中AI科技趋势） 1 2 5
2. **AI医疗健康新场景**
   - 2025智能穿戴设备测评：AI如何预判你的健康风险？
   - 对话ChatDoctor：AI家庭医生真的靠谱吗？（结合 5 健康科技热点） 5

二、可持续发展与环保（政策热点）

3. **零碳生活实践指南**

- 2025年最火的5种环保副业：垃圾分类师月入过万？
- 城市阳台农场养成记：如何用1㎡实现蔬菜自由？（参考 7 环保议题） 7 16

三、职场生存与个人成长（永恒刚需）

4. **AI时代的职场危机**

- 这5类岗位正在被AI淘汰，你的工作安全吗？
- 打工人必备：用ChatGPT写周报的3个高阶技巧（结合 3 15 职场类目） 3 15

5. **Z世代管理难题**
   - 00后整顿职场2.0：2025年最新摸鱼神器大揭秘
   - 管理者必读：如何用游戏化机制提升95后团队效率？

图 6-3-2　六大主题（例 1）

这里笔者让 DeepSeek 选择第一个“一、AI 工具重塑内容创作”选题，先写一个吸人眼球的标题出来。提示词示例：“以‘AI 工具重塑内容创作’为主题，帮我写一个吸人眼球的标题，长度为 10–16 个字”，如图 6-3-5 所示。

四、健康养生新趋势（流量密码）

6. **科学养生避坑指南**

- 2025年十大伪科学养生法：你还在交智商税吗？
- 哈佛最新研究：每天2分钟「黄金排便法」改善代谢（3 5 健康类建议）3 5

7. **心理健康专题**
   - 社恐自救手册：AI心理医生实测报告
   - 职场PUA识别指南：这5句话正在摧毁你的自信

五、文娱消费新现象（传播性强）

8. **春节档现象级复盘**

- 2025春节票房黑马分析：为什么年轻人不再为流量明星买单？
- 电影《流浪地球3》背后的科学硬伤（结合 3 娱乐热点）3

9. **怀旧经济崛起**
   - 为什么95后开始收集小浣熊卡片？2025复古消费报告
   - 周杰伦演唱会AI修复版爆火：情怀生意怎么做？

图 6-3-3　六大主题（例 2）

六、教育升学新动态（家长刚需）

10. **教育政策深度解读**

- 2025中考新政：编程纳入必修课的机遇与陷阱
- 海淀妈妈最新焦虑：AI家教正在加剧教育不平等（3 15 教育类目）3 15

创作工具建议：

- 使用Deepseek的「热点关联」功能自动抓取实时热搜 1 2
- 通过有一云AI的「智能排版」快速生成视觉化内容 2
- 利用微信指数分析关键词热度 1 2 19

注意事项：

1. 在追热点时注意结合自身账号定位，如育儿号可写「AI绘本生成器测评」
2. 情感类账号可尝试「AI情感咨询师」等跨界话题 3 15
3. 加入本地化元素更易出圈，如「上海白领的AI咖啡地图」3 14

建议优先选择与自身领域相关且数据验证过的话题，用AI工具完成初稿后，补充真实案例和场景化细节 1 18。例如写AI健康专题时，可加入「实测Deepseek生成的健身计划」等亲身测评内容，既蹭热点又保证原创性。

图 6-3-4　六大主题（例 3）

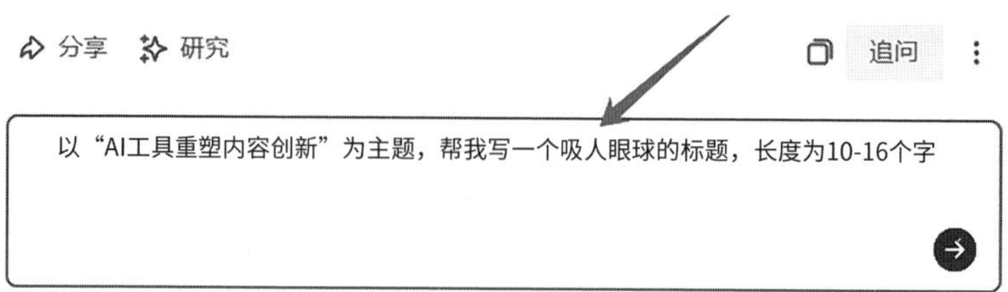

图 6-3-5　笔者需求示例

可以看到 AI 整合数据后给出了多个标题，有没有让我们看了标题就想点进去看一下的呢？如图 6-3-6 所示。

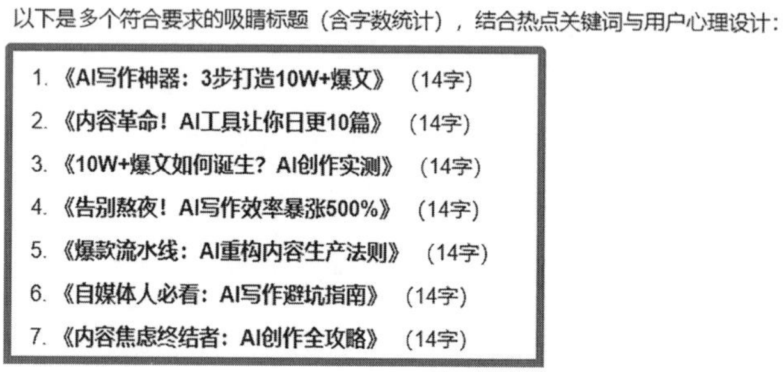

以下是多个符合要求的吸睛标题（含字数统计），结合热点关键词与用户心理设计：

1. 《AI写作神器：3步打造10W+爆文》（14字）
2. 《内容革命！AI工具让你日更10篇》（14字）
3. 《10W+爆文如何诞生？AI创作实测》（14字）
4. 《告别熬夜！AI写作效率暴涨500%》（14字）
5. 《爆款流水线：AI重构内容生产法则》（14字）
6. 《自媒体人必看：AI写作避坑指南》（14字）
7. 《内容焦虑终结者：AI创作全攻略》（14字）

图 6-3-6　思考结果

读者可以根据自己的经验来判断是否需要再次修改标题。把需求继续提供给 DeepSeek 对话框即可。这里笔者从新手的角度选择《内容爆炸时代，AI 写作是敌是友？》为标题。接下来让 DeepSeek 根据这个标题来选择描写文章具体内容。提示词示例：“以《内容爆炸时代，AI 写作是敌是友？》为标题，帮我写一篇文章，要求字数约 1000 字，每一段都需要让读者有接着往下读的兴趣”，如图 6-3-7 所示。

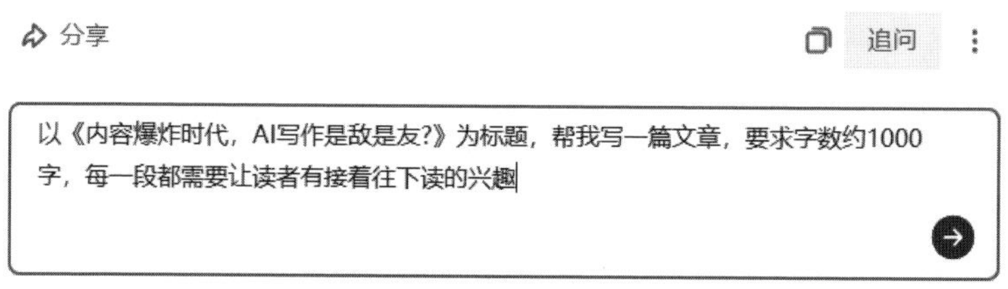

图 6-3-7　笔者需求示例

等待片刻，AI 就给出了文章。可以看到 AI 把整个文章分为了："一、效率革命：当 AI 日更 30 篇时你在做什么？（悬念前置）"，"二、灵魂拷问：爆款文章需要心跳吗？（认知冲突）"，"三、人机共生：2025 年创作者生存指南（解决方案）"，"四、终极预言：我们将走向何方？（引发思考）" 四个章节来描写。一眼看上去还是挺不错的，对于有写作基础的读者，则可以通过继续与 AI 对话来更深入地调整内容。

在文章的最后，还给出了互动，同时留下了悬念，如图 6-3-8 所示。

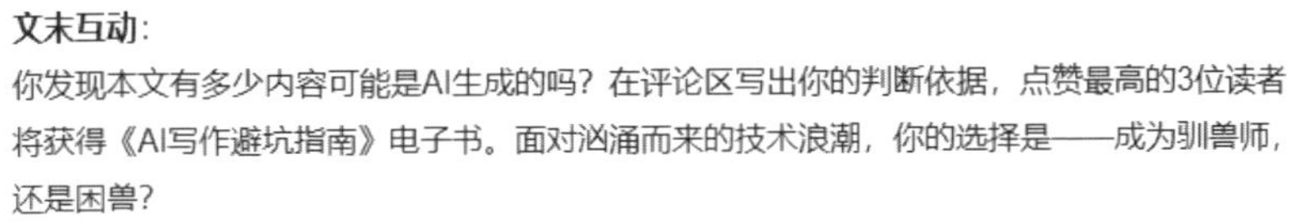

文末互动：

你发现本文有多少内容可能是AI生成的吗？在评论区写出你的判断依据，点赞最高的3位读者将获得《AI写作避坑指南》电子书。面对汹涌而来的技术浪潮，你的选择是——成为驯兽师，还是困兽？

图 6-3-8　DeepSeek 给出的文末互动

此时一篇公众号文章已经完成了。虽然 AI 写的文章并没有如同资深写作人一般有各种情感和技巧，但没关系，我们可以慢慢来，先完成，再完善。以上示例只是通过新手的角度来使用 AI 快速生成一篇公众号文章。如果需要更加专业的文章内容，我们也可以通过更加明确的指令来约束 AI 描写的内容。

例如，选择主题时需要告诉 AI：①账号的定位和文章的目标观众群体，②文章的核心诉求，③选题的具体要求和方向，④呈现的具体方式。

写标题时告诉 AI：①这篇文章的主题，②以什么价值角度和方式来描写，③目标阅读用户是哪些。

写内容部分则有太多不同的经验，这里笔者简单示例，需要告诉 AI：①主题，②文章结构，③节奏把控，④开头和结尾的要求，⑤其他具体的要求，如描写风格、增加互动、引用案例……

值得注意的是，虽然现在 AI 能帮我们生成 80% 甚至 90% 的内容，但还是需要人工加入来做最后的润色。有一些文章内容逻辑问题和情感是各位写作者多年累积的宝贵经验，目前 AI 正在持续成长爆发，未来相信能有更好的体验。

6.3.4 新手小任务

（1）用 DeepSeek 写一篇文章，1000 字左右，主题自拟。

（2）人工打磨润色后发布到公众号。

第 7 章

AI 视频创作：DeepSeek 实战秘籍

CHAPTER 7

7.1

剧情短片（DeepSeek+ 剪映一键成片）

7.1.1 新手必学：从零开始创作剧情短片

实战操作流程

（1）我们可以从第 3 章提到的六种使用 DeepSeek 的方式中任选一种，这里笔者以“Cherry Studio+ 硅基流动第三方 DeepSeek API”方式为例介绍如何输入示例提示词。

● **指令模板：**

“生成一段 [**时长**] 的 [**类型**] 短片剧本，主题为 [**关键主题**]，希望包含 [**元素 1、元素 2**]，风格偏向 [**形容词**]。”

● **操作示例：**

输入指令：

“生成一段 15 秒的悬疑短片剧本，主题为‘密室逃脱’，需包含‘密码盒’‘倒计时’元素，风格偏向紧张烧脑”。

● **输出示例**，如图 7-1-1 所示。

（2）打开剪映软件并登录，单击复制 DeepSeek 生成的文案中画面描述内容，打开剪映软件，选择“文案成片”，如图 7-1-2 所示。

（3）稍等片刻，即会自动打开剪映 AI 文案成片的网站，如图 7-1-3 所示。

（4）单击右上角灰色头像，用抖音扫描登录，如图 7-1-4 所示。

（5）登录后选择“AI 素材成片”，如图 7-1-5 所示。

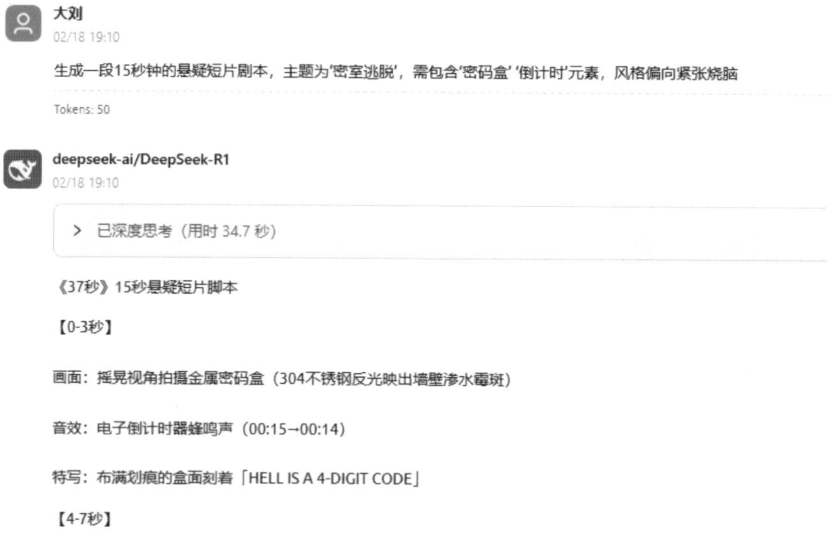

大刘
02/18 19:10
生成一段15秒钟的悬疑短片剧本，主题为'密室逃脱'，需包含'密码盒''倒计时'元素，风格偏向紧张烧脑
Tokens: 50
deepseek-ai/DeepSeek-R1
02/18 19:10
已深度思考（用时 34.7 秒）
《37秒》15秒悬疑短片脚本
【0-3秒】
画面：摇晃视角拍摄金属密码盒（304不锈钢反光映出墙壁渗水霉斑）
音效：电子倒计时器蜂鸣声（00:15→00:14）
特写：布满划痕的盒面刻着「HELL IS A 4-DIGIT CODE」
【4-7秒】

图 7-1-1　DeepSeek 的深度思考过程

教程
开始创作
视频翻译
超清画质
AI 文案成片
AI切片
首页
模板
草稿（51）
最近删除

图 7-1-2　剪映文案成片流程图

AI文案成片
欢迎使用免费全能创作工具
AI 文案成片
数字人
AI素材成片
示例视频

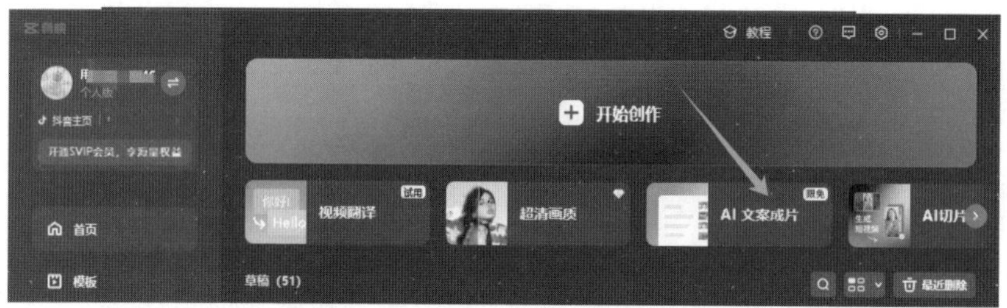

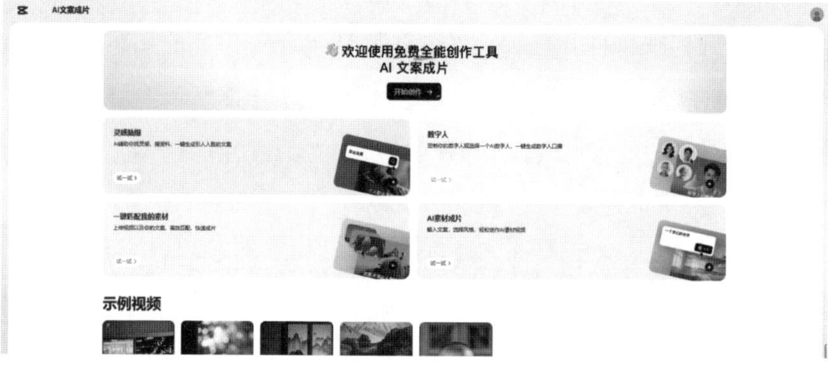

图 7-1-3　剪映 AI 文案成片网站页面显示图

图 7-1-4　剪映 AI 文案成片页面登录图

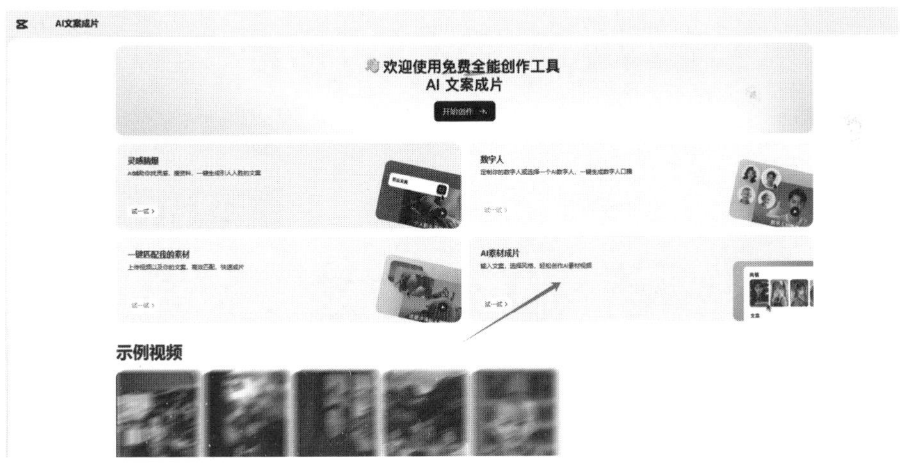

图 7-1-5　剪映 AI 素材成片流程图

（6）粘贴在 DeepSeek 中复制的文案到网站右边的“文案”框中，如图 7-1-6 所示。

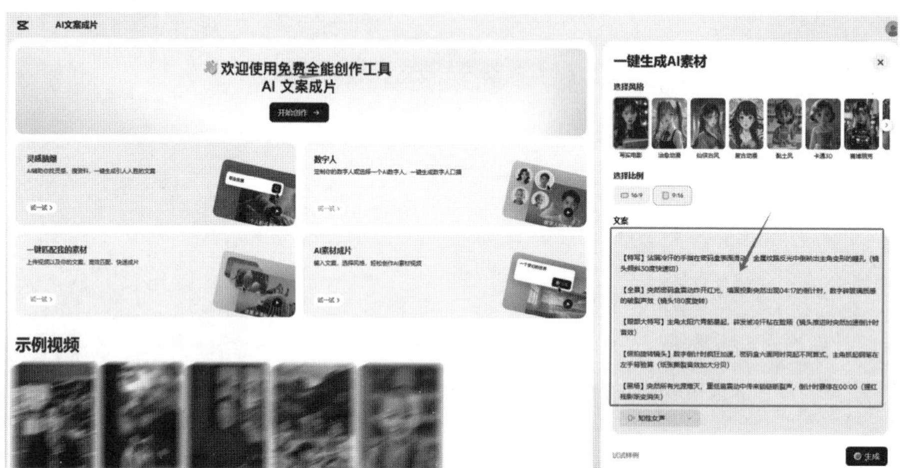

图 7-1-6　在剪映 AI 素材成片中输入 DeepSeek 生成的提示词

（7）选择风格、视频比例、声音，单击右下角生成，如图 7-1-7 所示。

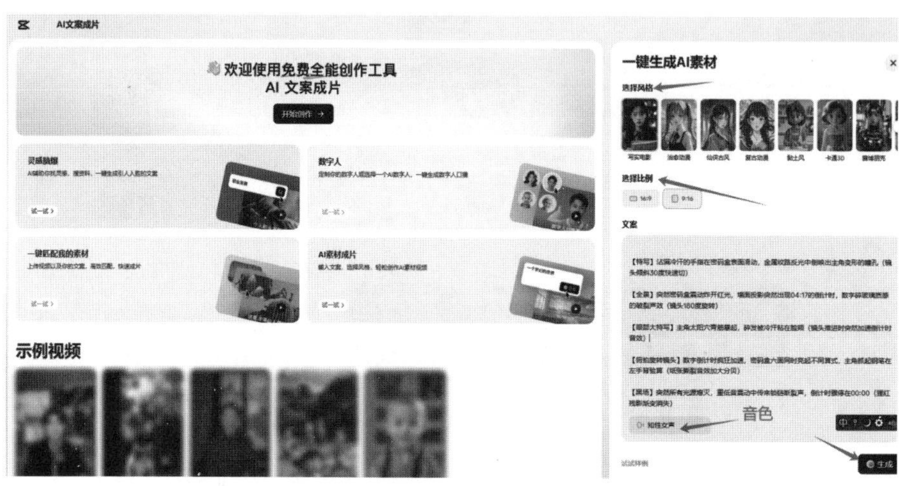

图 7-1-7　剪映 AI 素材成片文案生成流程图

（8）稍等片刻，待剪映自动完成后即会跳转到预览界面，如图 7-1-8 所示。

图 7-1-8　剪映 AI 素材成片根据提示词生成视频创作导出加载页面

（9）图 7-1-9 所示左边是自动分段的文案，右边是生成的视频，单击即可预览，右上角可以选择“去剪映编辑”（此功能会同步到剪映云空间中，再去软件的云空间中下载编辑）。当然，如果读者觉得自动生成的视频满意，也可以直接单击“导出”，如图 7-1-9 所示。

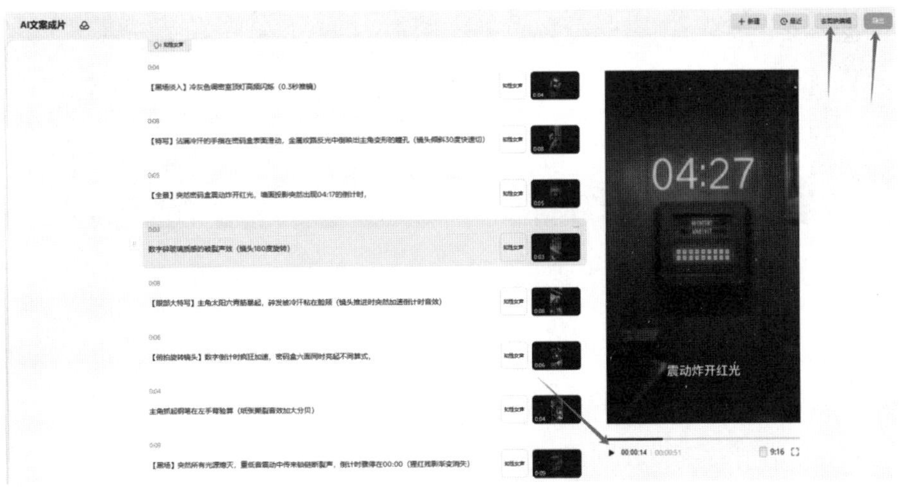

图 7-1-9　剪映 AI 素材成片根据提示词生成视频创作预览页面

7.1.2 高手技巧：短片进阶创作和效率提升

以上是 AI 自动帮助我们生成文案和视频，但是如果读者对视频的质量要求稍高，还是需要加入手动部分来进行更精细的打磨。例如修改部分文案、编辑视频、替换部分视频素材、添加背景音乐等。以下步骤是修改文案、替换视频和添加音效实战，读者可根据自己的需求进行选择性操作。

（1）若读者对剪映软件使用操作较为熟悉，可以选择单击右上角“去剪映编辑”。此时弹出提示框，单击确认即可导入视频素材到剪映云空间中，如图 7-1-10 所示。

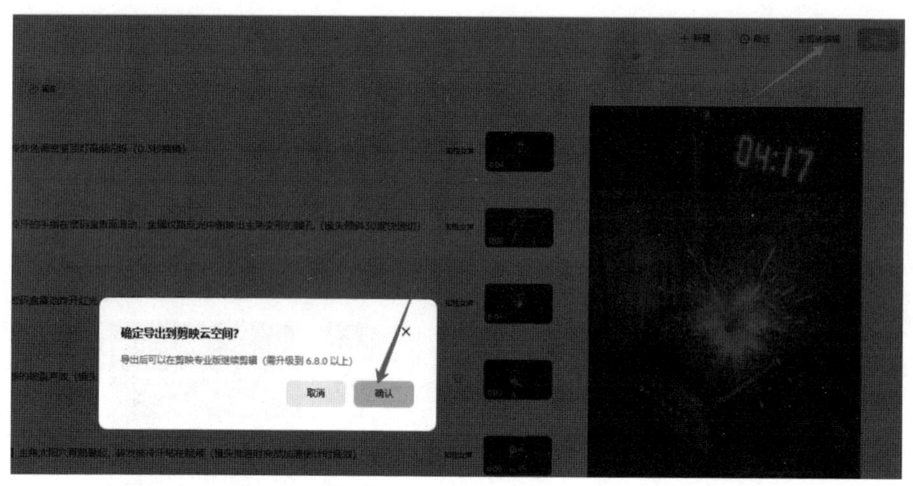

图 7-1-10 剪映中视频素材导入剪映云空间流程图

（2）打开剪映软件，单击左边菜单栏中的“我的云空间”，单击素材中的下载按钮，即可下载到本地电脑草稿箱，如图 7-1-11 所示。

（3）单击首页，找到刚下载到本地的视频，单击素材，如图 7-1-12 所示。

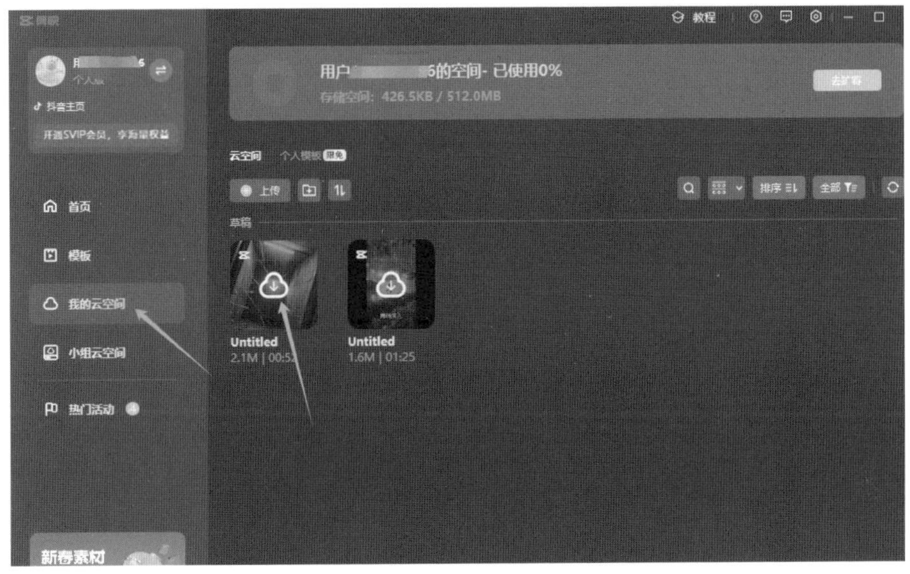

图 7-1-11　剪映云空间中素材下载到本地电脑草稿箱流程图

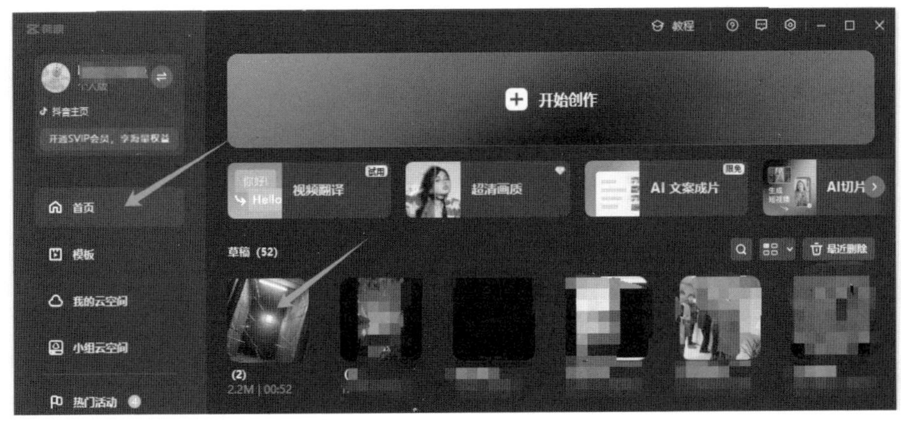

图 7-1-12　剪映云空间中寻找本地视频流程图

（4）此时已经进入剪映编辑界面，可以根据读者的需求对字幕、画面、音效等进行创作，完成后单击右上角导出即可，如图 7-1-13 所示。

图 7-1-13 剪映编辑创作界面流程图

7.1.3 注意事项：版权问题与优化效果

1. 技术边界认知

- **DeepSeek 的局限性**：AI 生成内容可能存在的逻辑漏洞（如情节跳跃、人物动机模糊），需二次审核修正。
- **剪映 AI 的适配范围**：简单的视频或图片生成，如需要更精准、更好的效果，需要加入人工的操作，例如特效、音效、素材替换等处理。

2. 版权与合规风险

- **素材来源审核**：剪映内置素材的版权声明解析，避免商用争议（如“CC-BY 协议”与“CC0 协议”差异）。
- **AI 生成内容权属**：国内外对 AI 创作版权归属的法律实践对比（以中国《生成式人工智能服务管理暂行办法》为例）。

3. 用户体验优化

- **节奏感把控**：避免“AI 生成台词过长导致剪辑卡顿”，建议单句台词≤ 15 字，段落间隔 2 秒。

- **多模态测试**：成片完成后需模拟不同设备（手机 / 电视）与场景（静音 / 外放）下的观看体验。

产品广告片（DeepSeek+ 即梦 + 海螺）

7.2.1 新手入门：三步搞定产品广告片

1. 辅助软件准备

对于很多产品想要推广出去，免不了需要广告宣传。AI 制作广告片大幅降低了人力与时间成本，依托大数据精准捕捉受众偏好，智能生成创意脚本并自动化适配画面、音乐及特效，快速输出多版本方案，实现了高效投放与个性化触达。本小节主要通过“**DeepSeek 生成分镜文案—即梦生成图片—海螺把图片生成视频**”这个流程，带大家一起体验整个过程。

2. 实战操作流程

（1）在浏览器中打开“**即梦**”和“**海螺**”官方网址登录并注册。

（2）回到 DeepSeek 界面，我们需要撰写提示词，这里以“帮我写一段 30 秒左右的茶叶宣传视频文案，用 5 段分镜来描述”为例。

（3）DeepSeek 会自动编写分镜文案，如图 7-2-1 所示。

（4）打开“即梦 AI”，单击左上方的“AI 作图”中的“图片生成”，如图 7-2-2 所示。

（5）将分镜描述，分别复制并粘贴到“即梦”的提示词框中，如图 7-2-3 所示。

大刘

02/18 18:44

帮我写一段30秒左右的茶叶宣传视频文案，用5段分镜来描述

Tokens: 29

deepseek-ai/DeepSeek-R1

02/18 18:44

> 已深度思考（用时 43.4 秒）

《茶香沁心》30秒短片文案

分镜1：【晨曦茶园航拍】

（镜头掠过氤氲云雾，翠绿茶浪随山势起伏）

画外音："北纬30°高山原叶🌱云雾浸润的天地馈赠"

分镜2：【匠人指尖采青特写】

（竹篓微晃 露珠从芽尖坠落的慢镜头）

画外音："20000次晨露间的甄选 锁住每片叶尖的春意"

分镜3：【古法炭火烘焙空镜】

图 7-2-1　DeepSeek 的深度思考过程

图 7-2-2　即梦 AI 中图片生成流程图

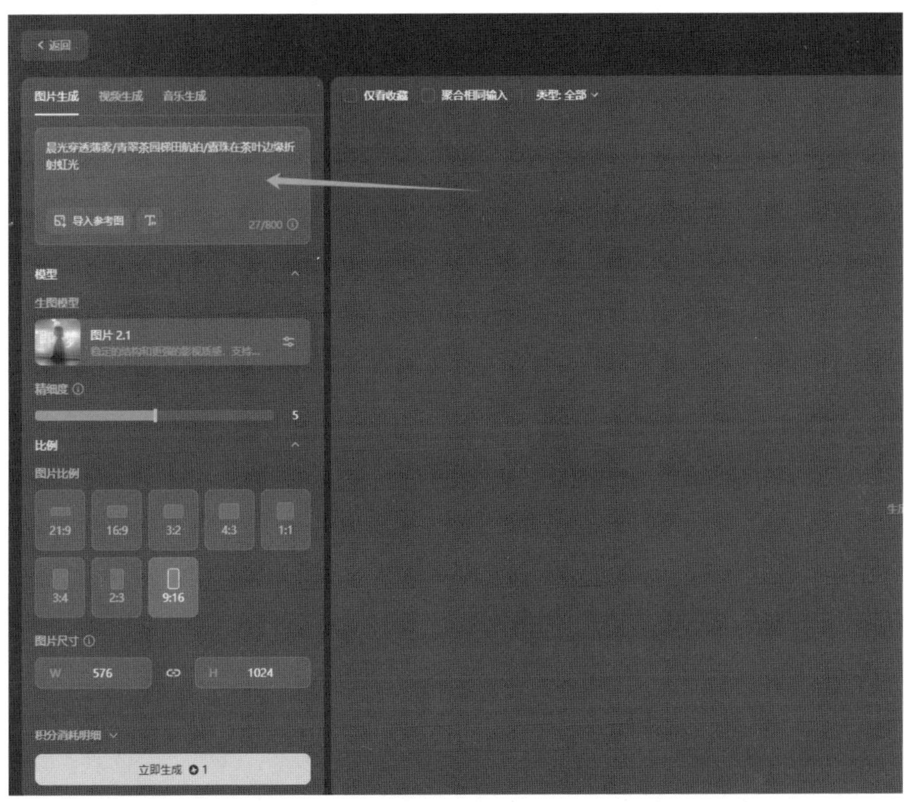

图 7-2-3　在即梦图片生成页面中输入 DeepSeek 生成的提示词

（6）左边菜单栏中可以选择模型、图片比例等，这里笔者选择了“图片 2.1”模型，比例选择 9∶16 竖版。选择完成后单击左下角的“立即生成”，如图 7-2-4 所示。

（7）等待出图完成，单击图片上面的下载按钮，下载图片到电脑中，如图 7-2-5 所示。

（8）重复以上第 4 步操作，复制并粘贴下一段分镜提示词到即梦提示框，单击生成，然后下载。完成所有分镜图片的生成和下载，如图 7-2-6 所示。

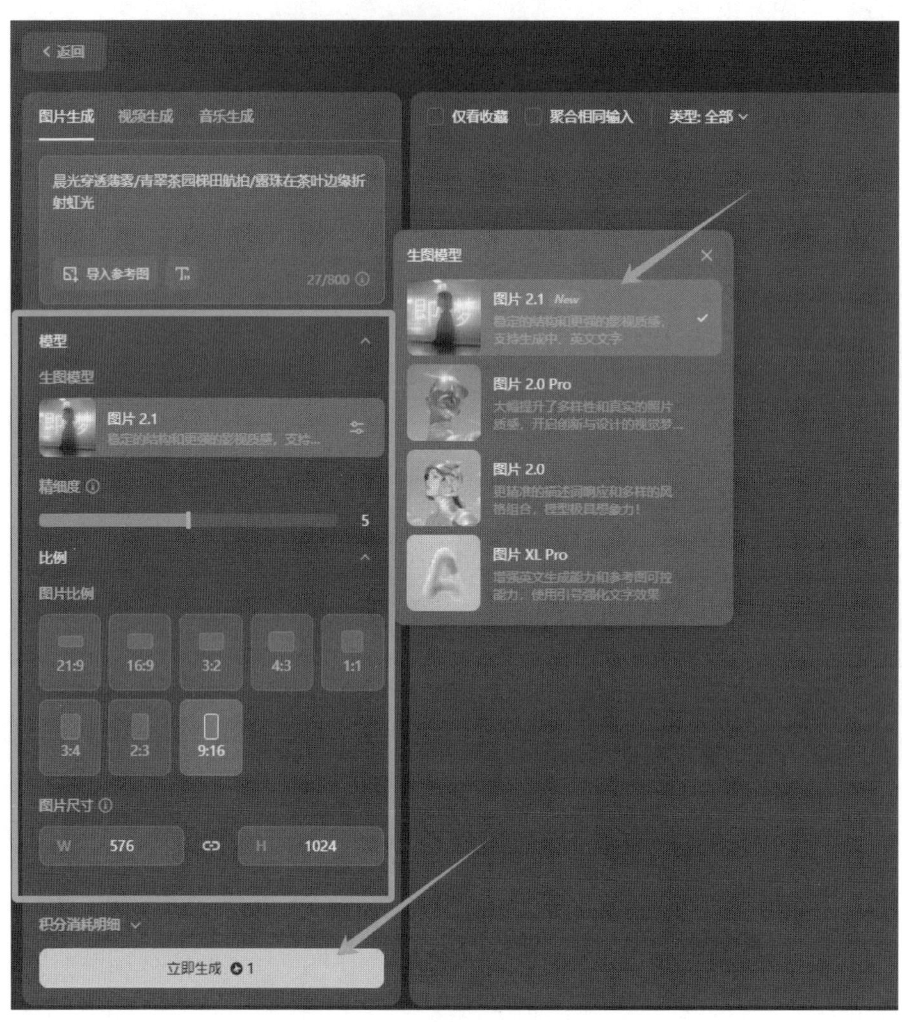

图 7-2-4　即梦图片生成页面流程图

图 7-2-5　即梦出图后下载图片到电脑流程图

图 7-2-6　即梦分镜图片的生成和下载流程图

（9）制作视频，打开“海螺 AI”，单击左边菜单栏中的“创作”，如图 7-2-7 所示。

图 7-2-7　海螺 AI 视频创作页面图

（10）在图片区域，上传第一张分镜拖（可拖拽、粘贴、单击上传图片），如图 7-2-8 所示。

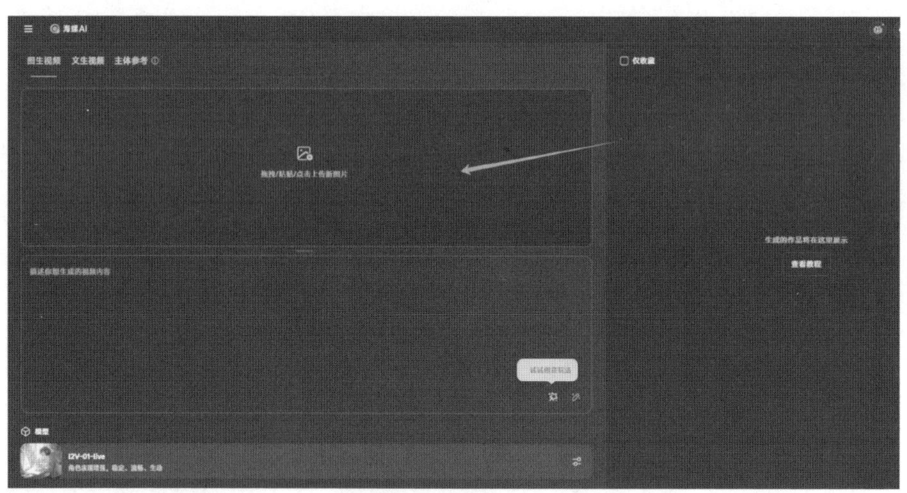

图 7-2-8　海螺 AI 视频创作分镜拖流程图

（11）粘贴分镜提示词到描述框，生成按钮会显示需要多少贝壳币，单击生成按钮，等待页面右边生成视频，如图 7-2-9 所示。

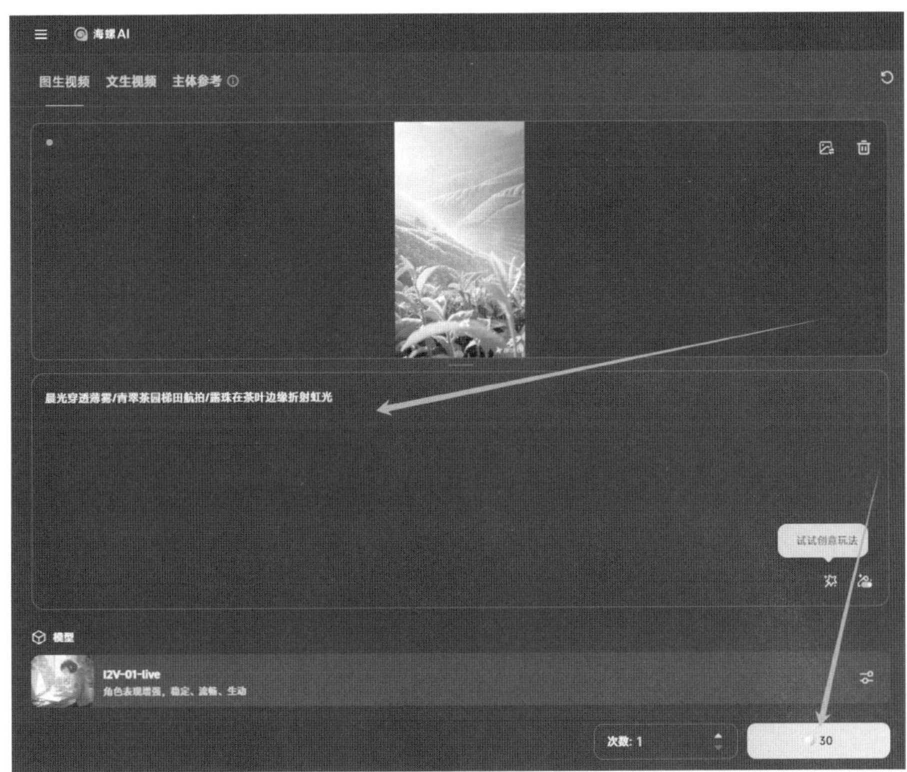

图 7-2-9　海螺 AI 视频生成流程图

（12）视频生成后可单击预览，效果符合要求即可单击下载到电脑中，如图 7-2-10 所示。

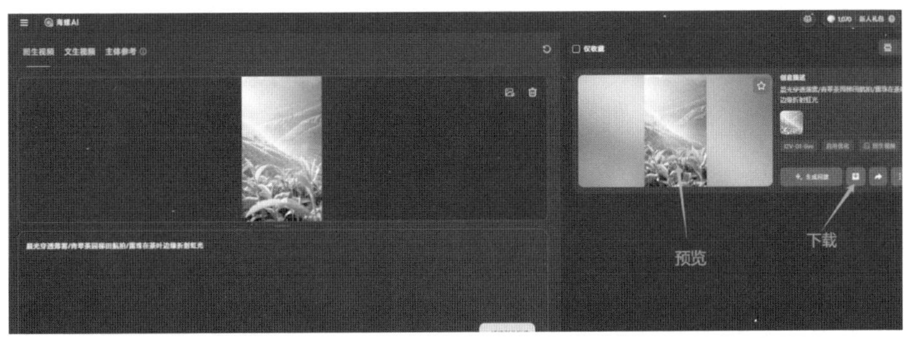

图 7-2-10　海螺 AI 视频生成效果预览和视频下载流程图

（13）重复图片转视频操作，替换图片和分镜提示词，生成视频，下载生成完成的视频，如图 7-2-11 所示。

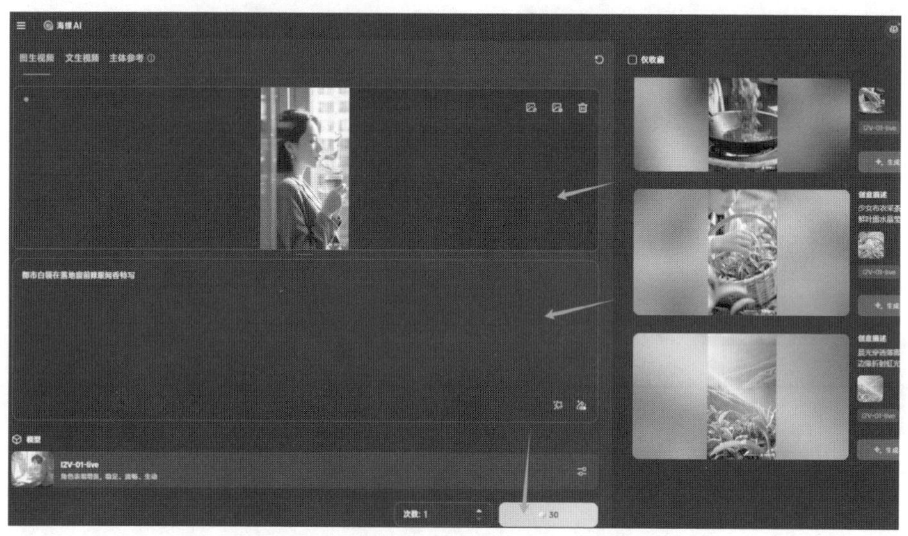

图 7-2-11　海螺 AI 视频下载流程图

（14）用视频软件把视频拼接到一起，根据读者的需求来配音、加动效等，即完成整个流程。

7.2.2　高级技巧：提高生成图片质量的妙招

（1）对在“即梦”生成的图片满意，但想让图片更清晰，可以选择图片中的“超清”选项，如图 7-2-12 所示。

（2）若是有细节生成不到位，可以选择“细节修复”选项，如果是人物，则会修复手部和面部，如图 7-2-13 所示。

（3）若是对图片中部分画面不满意，可选择“局部重绘”选项，如图 7-2-14 所示。

图 7-2-12　即梦图片生成清晰图片流程图

图 7-2-13　即梦图片生成清晰图片细节修复流程图

图 7-2-14　即梦图片生成清晰图片局部重绘页面显示图

（4）“局部重绘”中可选择“画笔”“橡皮擦”“移动”。修改后单击右下角“立即生成”即可，如图 7-2-15 所示。

“画笔”就是涂抹，涂抹后在下方填写描述词，即会根据提示词重绘涂抹部分；

“橡皮擦”就是擦除画笔的部分；

“移动”是移动图片。

图7-2-15 即梦图片生成清晰图片局部重绘流程图

7.3

企业宣传片（DeepSeek+可灵）

7.3.1 新手必学：快速制作企业宣传片

（1）打开可灵AI的官网注册登录，网址是https://klingai.kuaishou.com/。回到DeepSeek界面，我们需要撰写提示词，这里以“我是一家茶叶公司的员工，我们公司主要经营天然好茶，有自己的茶山，公司 Slogan 是‘让每个细胞住进一座茶山’，现在需要制作一个宣传片，请帮我描写一段 40 秒的宣传视频分镜描述”为例。DeepSeek 会自动编写分镜文案，如图 7-3-1 所示。

图 7-3-1　DeepSeek 的深度思考过程

（2）打开可灵 AI，在首页单击“AI 图片”，如图 7-3-2 所示。

图 7-3-2　可灵中 AI 图片使用流程图

（3）复制 DeepSeek 的分镜画面提示词，粘贴到“创意描述”的文本框中，如图 7–3–3 所示。

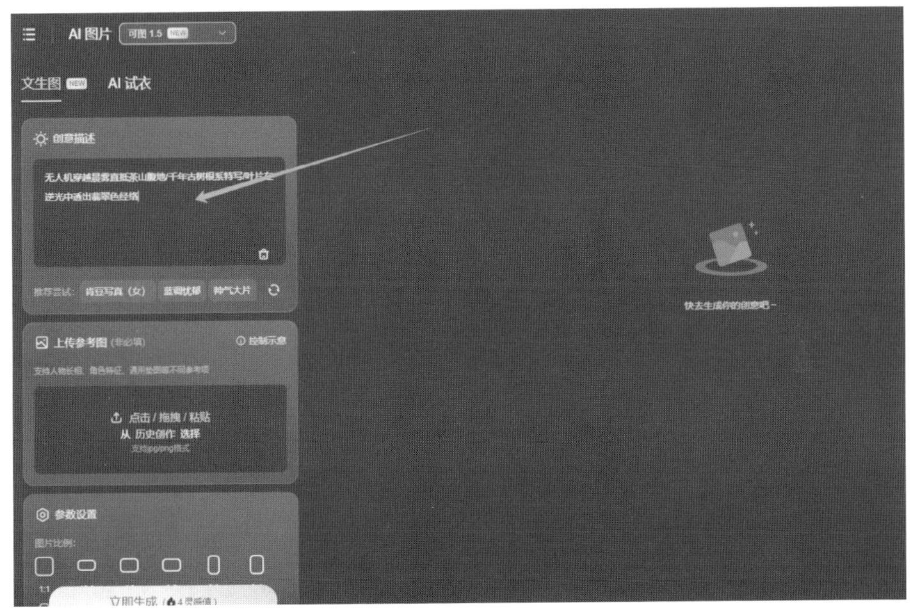

图 7–3–3　在可灵 AI 创意描述中输入 DeepSeek 生成的提示词

（4）在“参数设置”中选择图片比例，这里笔者选择 9∶16，生成四张图片，单击立即生成，如图 7–3–4 所示。

（5）在右边即可自动生成四张图片，选择合适的图片，单击下载，如图 7–3–5 所示。

（6）继续复制 DeepSeek 中其他分镜描述词，粘贴到“创意描述”中，单击生成。循环此处操作直至分镜图片全部生成完成，如图 7–3–6 所示。

（7）至此图片已经全部生成完毕，接下来图片生成视频，还是以可灵 AI 为例，鼠标放在左上方的图标处，单击“AI 视频”，如图 7–3–7 所示。

（8）选择多图参考，单击上传我们刚才生成的图片，如图 7–3–8 所示。

如果读者也是在可灵 AI 生成的图片，可以单击小框中的“历史创作”选择图片，也可以上传本地电脑中的图片。

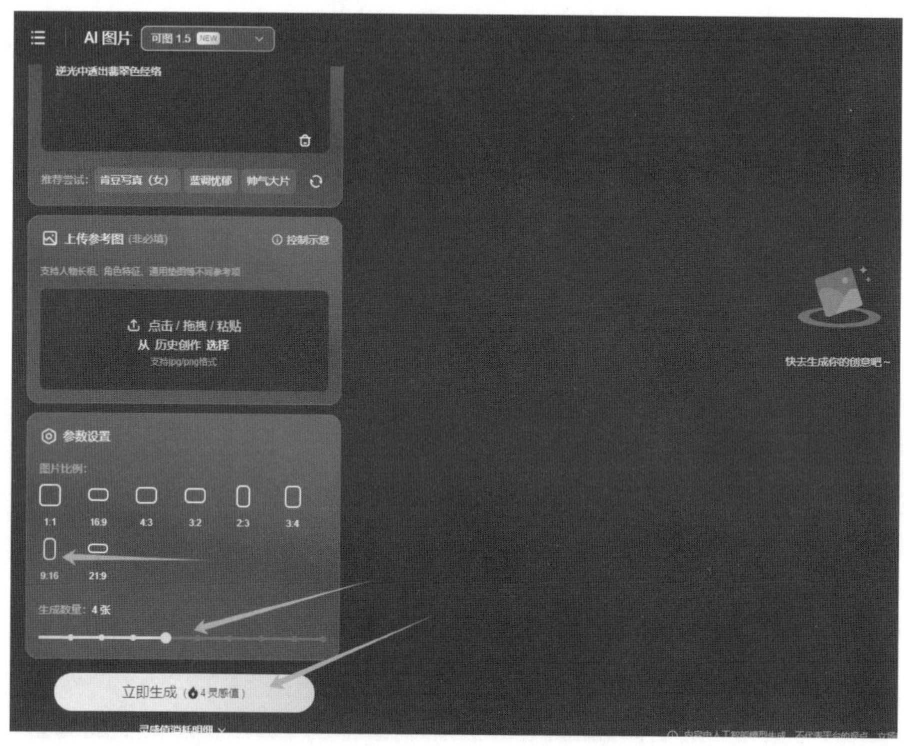

图 7-3-4 可灵 AI 根据提示词生成视频创作页面

图 7-3-5 可灵 AI 根据提示词生成了四张图片（例 1）

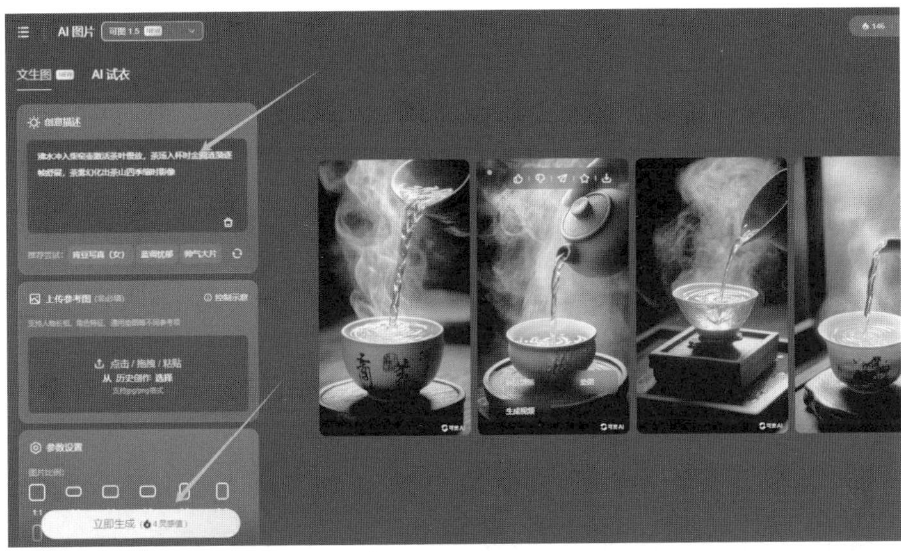

图 7-3-6　可灵 AI 根据提示词生成了四张图片（例 2）

图 7-3-7　可灵 AI 图片生成视频页面流程图

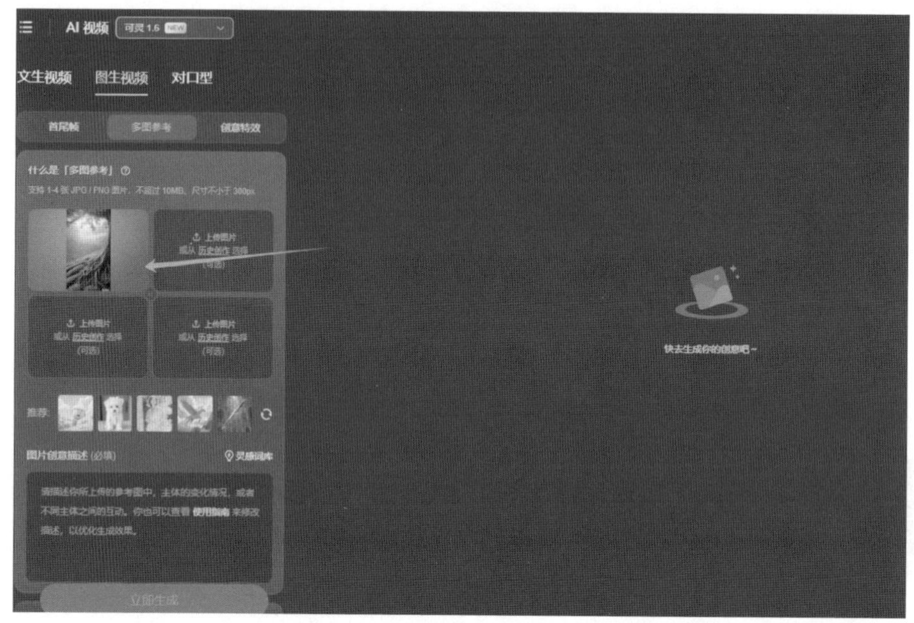

图 7-3-8　可灵 AI 多图参考生成视频流程图

（9）复制图片对应的分镜描述，粘贴到“图片创意描述”的文本框中，选择生成时长、视频比例，单击“立即生成”，即可生成视频，如图 7-3-9 所示。

（10）等待视频生成完毕后，下载视频到本地电脑，如图 7-3-10 所示。

（11）视频生成完毕，现在需要把视频组装到一起。这里笔者用“剪映”示例，打开“剪映”软件，单击“开始创作”，如图 7-3-11 所示。

（12）把视频素材导入到素材库中，如图 7-3-12 所示。

（13）按顺序添加视频到下方轨道中，单击视频右下角的“+”即可添加到轨道，如图 7-3-13 所示。

（14）单击左上角菜单栏中的“文本”，再单击下方“+”，添加文本到轨道，如图 7-3-14 所示。

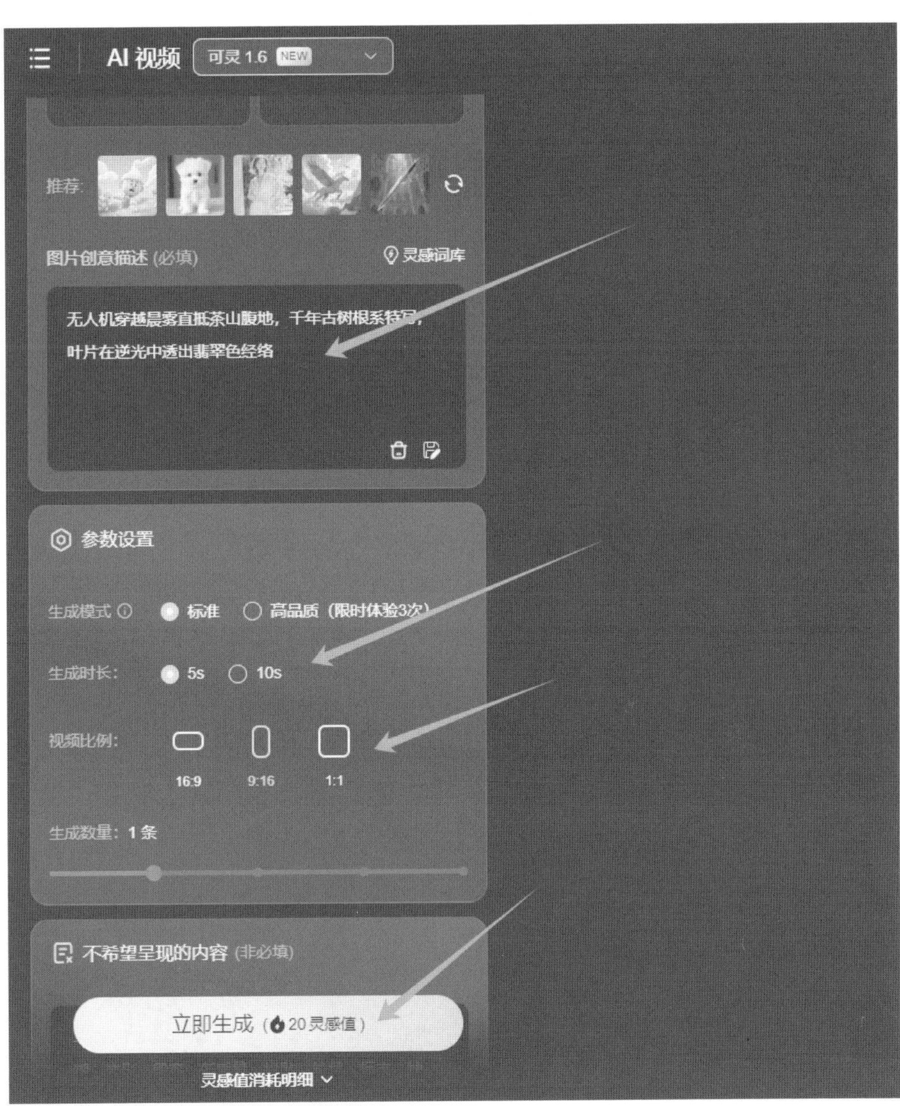

图 7-3-9　可灵 AI 图片生成视频流程图

图 7-3-10　可灵 AI 视频下载流程图

图 7-3-11　剪映视频组装创作页面图

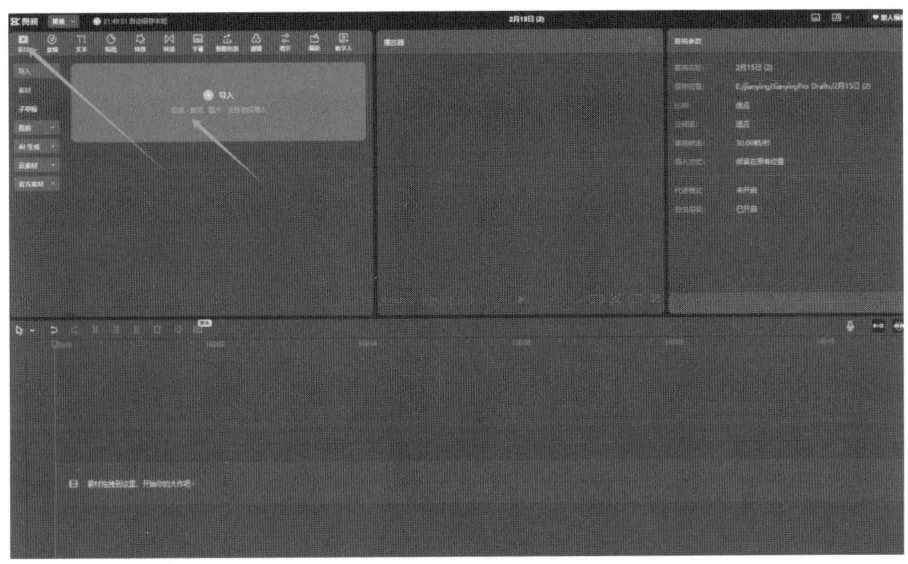

图 7-3-12　剪映视频素材库页面图

（15）单击下方轨道中的文本框，在右上角输入旁白“海拔 1600 米云巅，每一寸土壤都积蓄着自然原力”，鼠标放在文本框边缘即可拖动调整长度，如图 7-3-15 所示。

（16）单击右上角菜单栏中的“朗读”，单击“文本朗读”，单击“选择音色”。如笔者这里选择“解说小帅”，再单击“开始朗读”，即可自动朗读填写的旁白内容，如图 7-3-16 所示。

（17）自动完成后会在视频轨道下方出现音频，如图 7-3-17 所示。

（18）此时再次单击文本，修改字幕为“大刘茶园 | 北纬 23° 黄金产茶带”，如图 7-3-18 所示。

注：此处的“大刘茶园”为虚构，仅演示作用。

（19）其余视频片段可以依次按照上述步骤操作，读者可以根据自己的需求添加背景音乐、文字、各种特效等。由于篇幅有限，笔者在这里不过多展开。

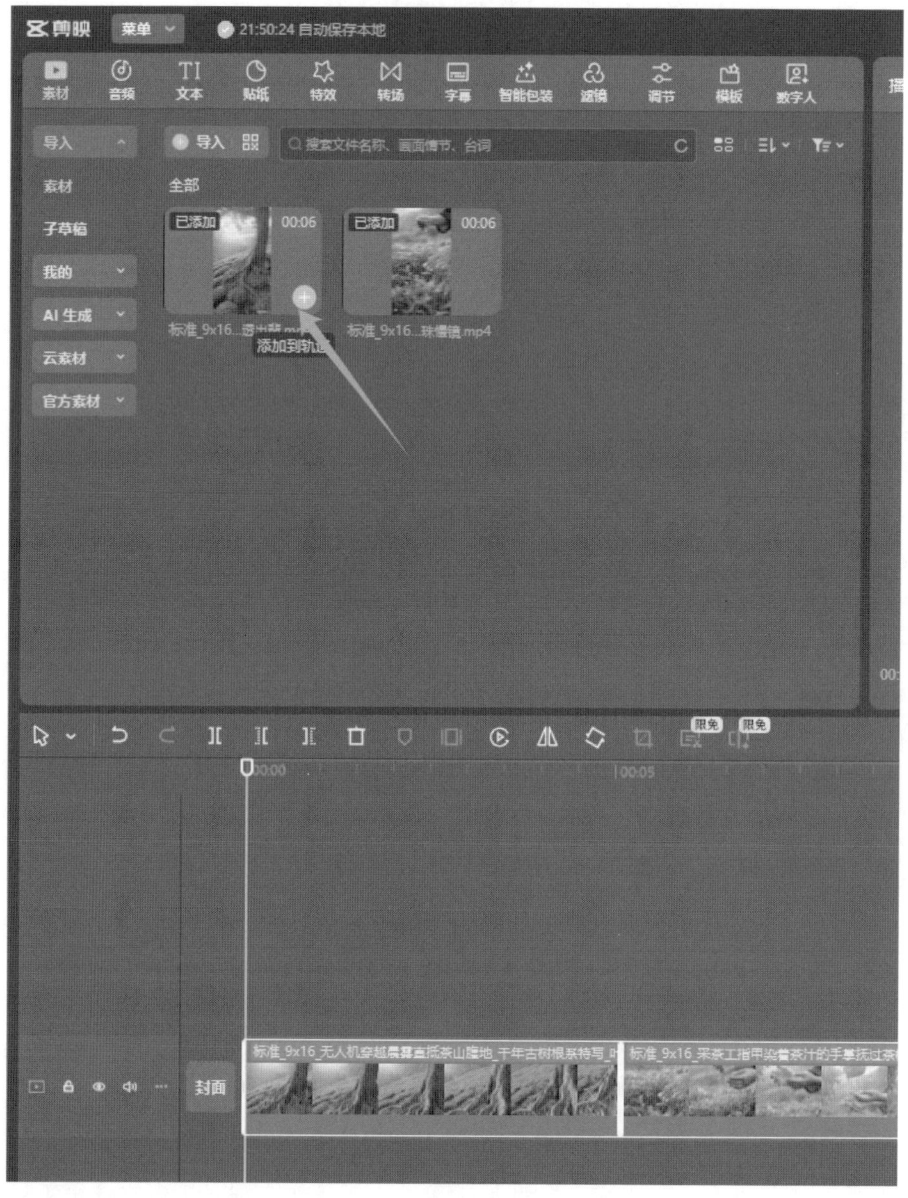

图 7-3-13　剪映添加视频到下方轨道页面图

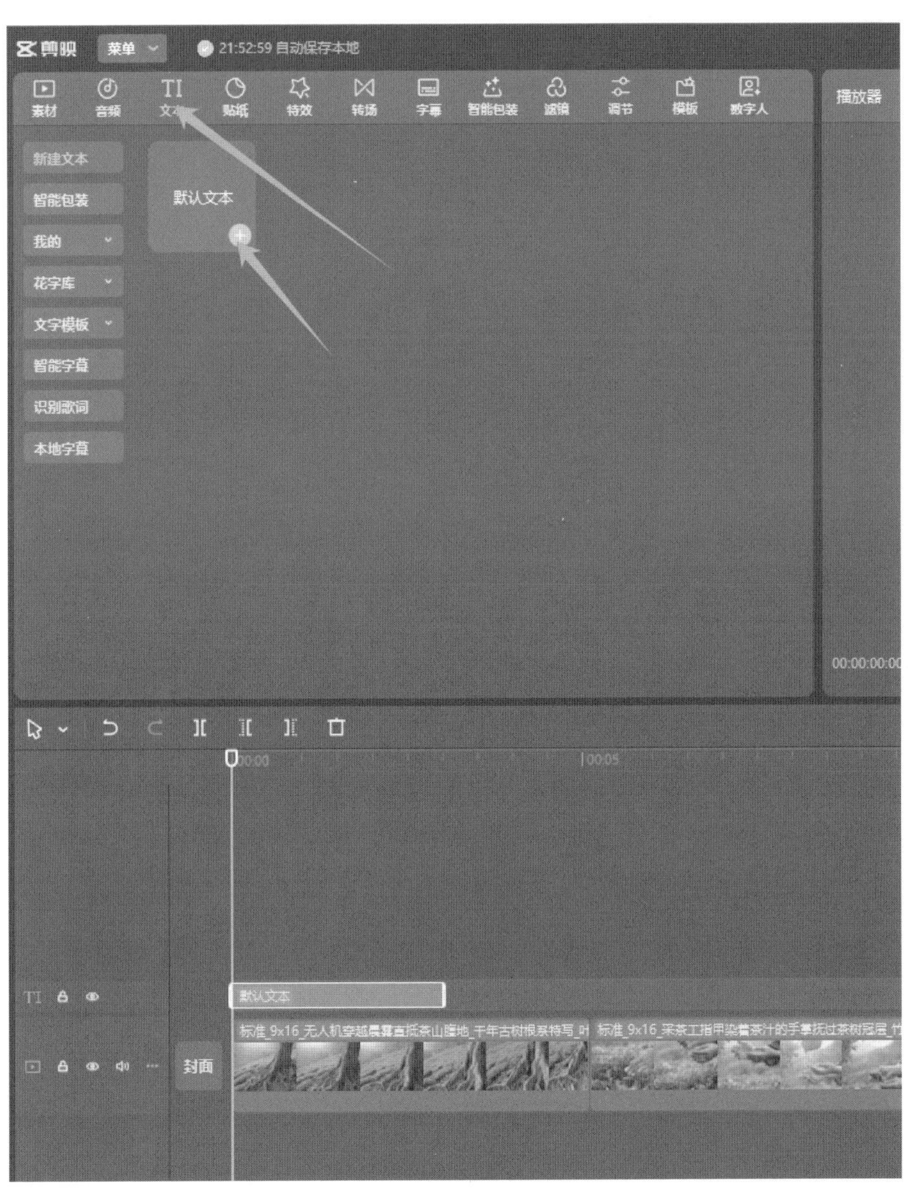

图 7-3-14　剪映添加视频到下方轨道流程图

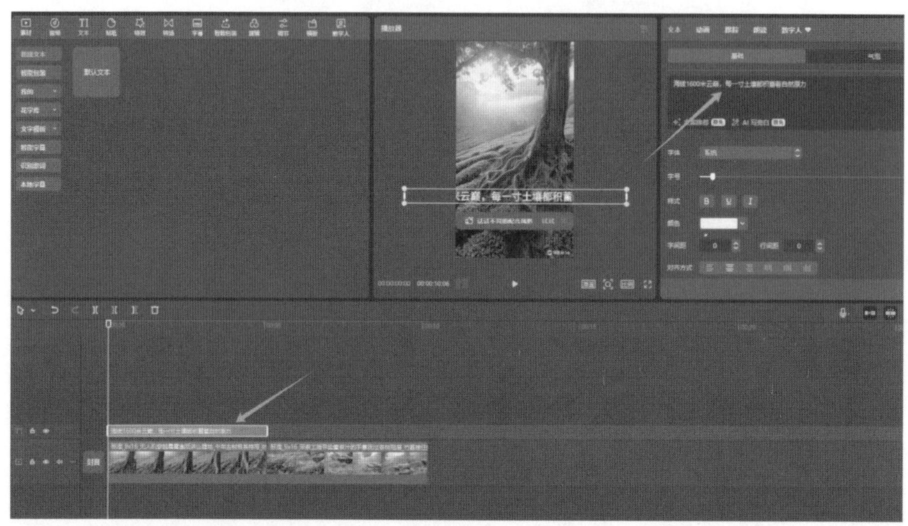

图 7-3-15 剪映剪辑调整视频长度流程图

图 7-3-16 剪映剪辑音色选择文本朗读流程图

图 7-3-17　剪映剪辑文本朗读完成页面显示图

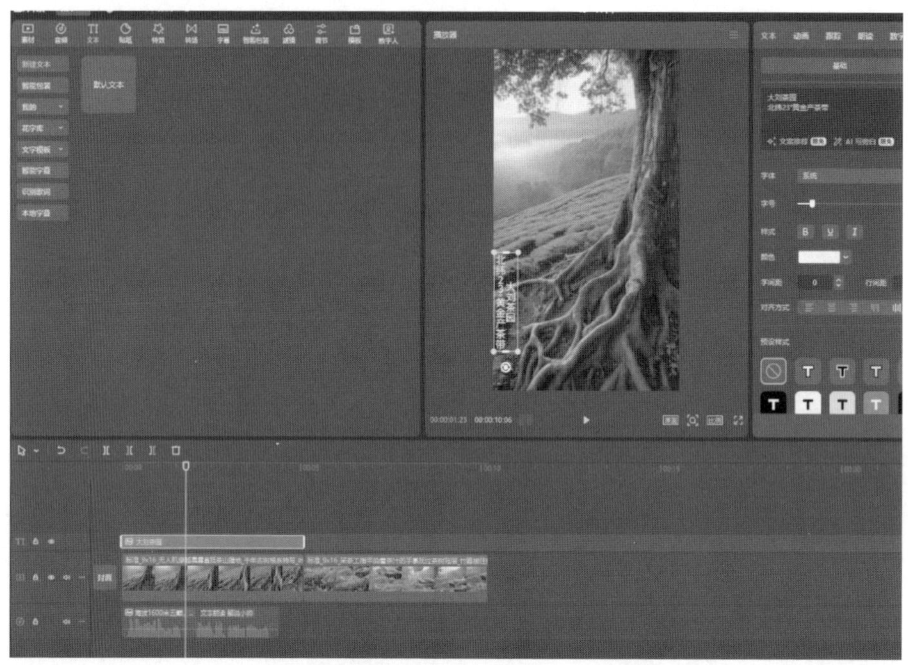

图 7–3–18　剪映剪辑字幕文本修改页面显示图

7.3.2　专家技巧：快速制作对口型视频

对口型也就是可以给一段人物视频，添加上你需要让他讲你指定的内容，对于做自媒体的读者是一个非常不错的选择。

（1）单击可灵 AI 的“对口型”，如图 7–3–19 所示。

（2）上传一段视频，视频支持最大 100MB 的 MP4、MOV 格式的视频文件，时长不超过 10 秒，视频分辨率支持 720p、1080p，如图 7–3–20 所示。

（3）填写需要朗读的内容，目前支持中文和英文，暂不支持其他语言，如图 7–3–21 所示。

（4）选择音色，上下可以滑动选择不同类型的音色，单击音色即可试听，如图 7–3–22 所示。

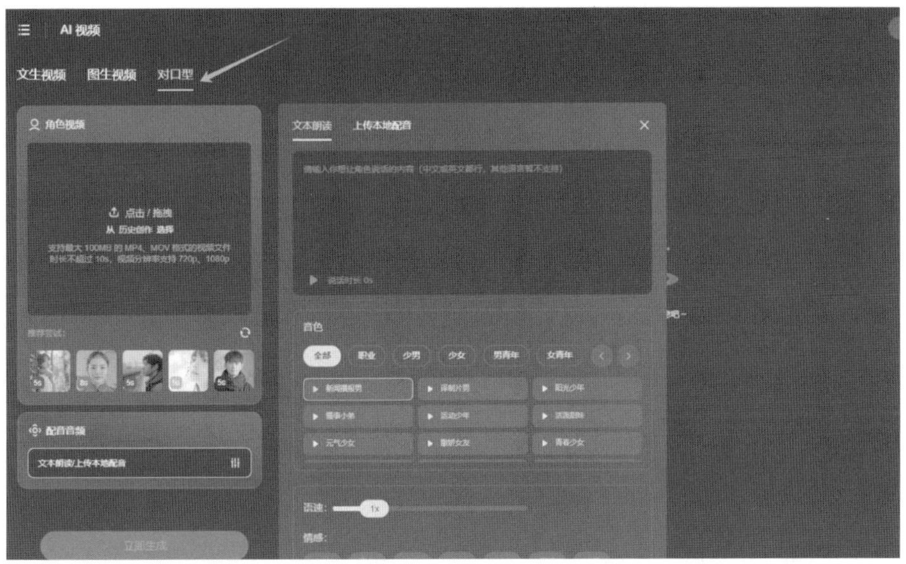

图 7-3-19　可灵 AI 的对口型页面显示图

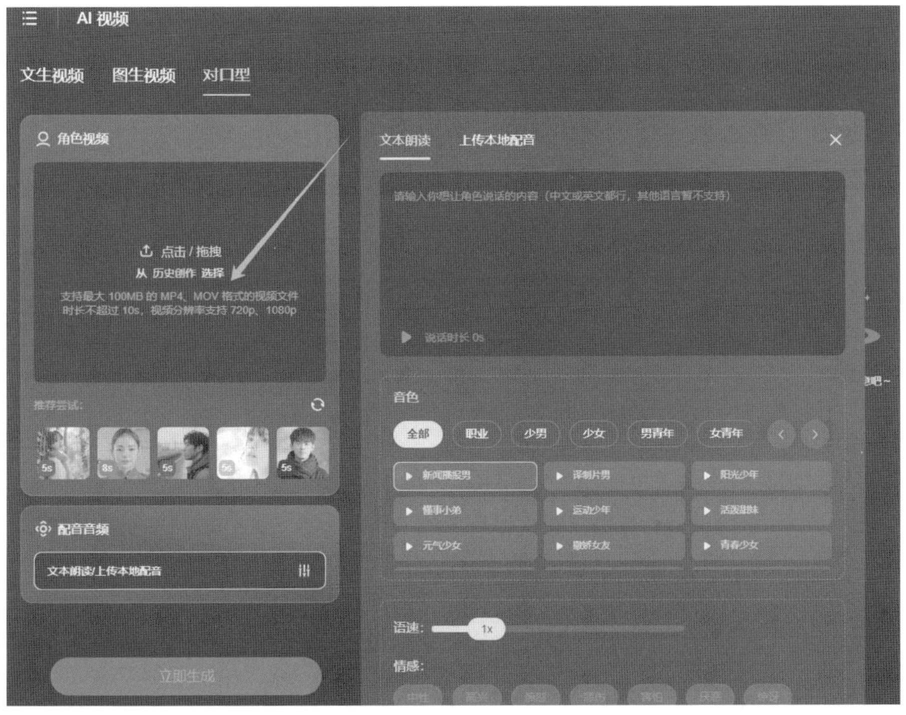

图 7-3-20　可灵 AI 视频上传要求图

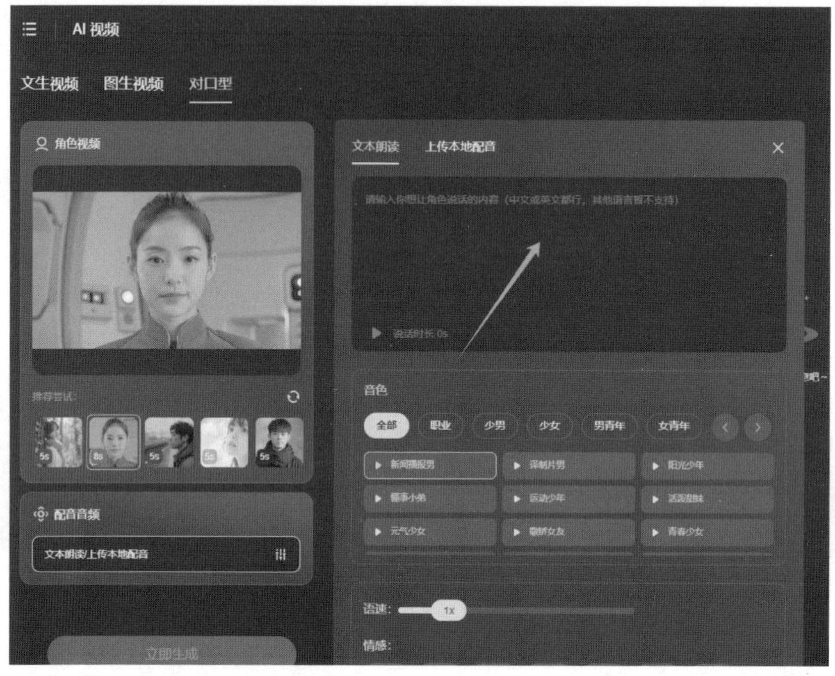

图 7-3-21　上传可灵 AI 视频朗读的内容要求图

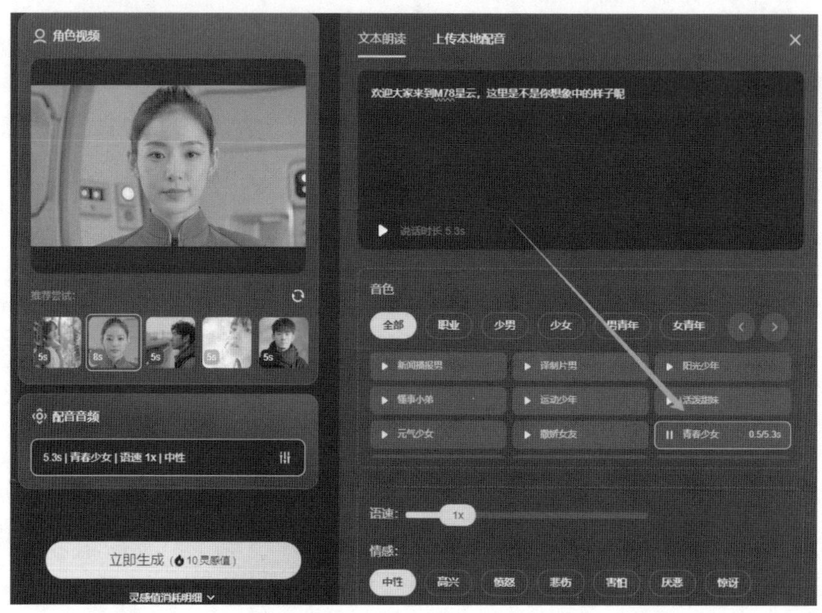

图 7-3-22　可灵 AI 视频朗读音色选择页面图

（5）下方可以调节语速和声音情感，如图 7-3-23 所示。

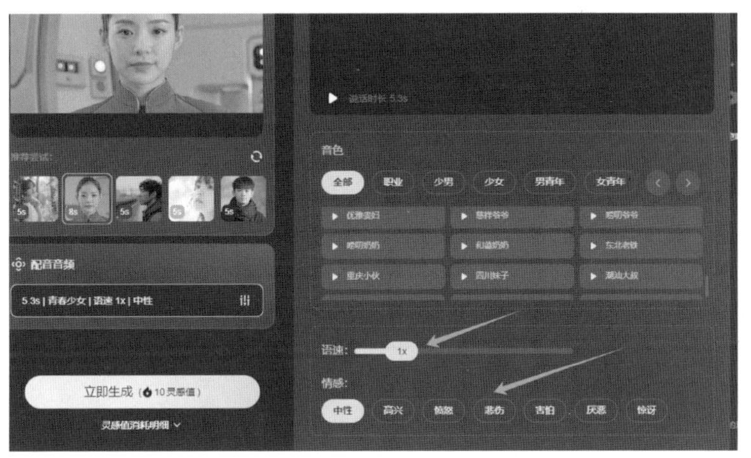

图 7-3-23　可灵 AI 视频朗读调节语速和声音情感页面图

（6）设置完成后，单击左下角的“立即生成”，即可生成口型视频，如图 7-3-24 所示。

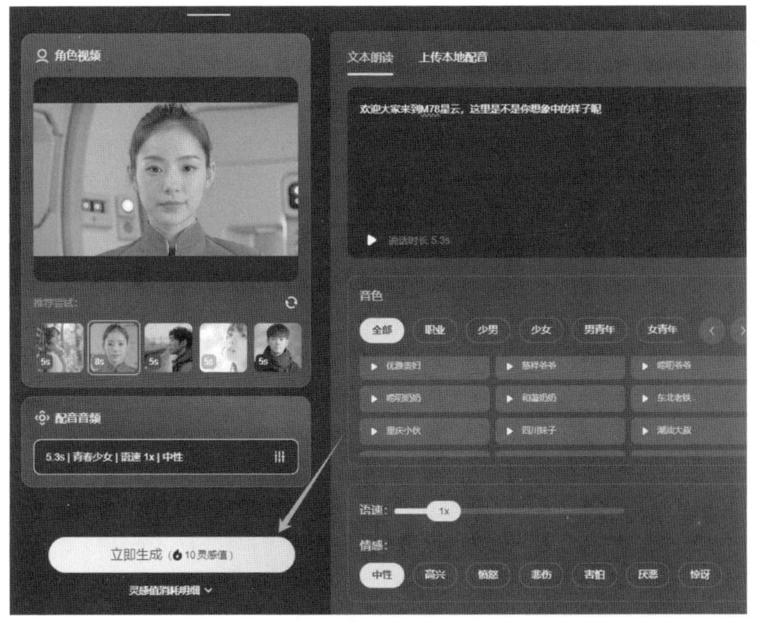

图 7-3-24　可灵 AI 视频朗读口型生成页面图

第 8 章
AI 图片设计：DeepSeek 实战宝典

CHAPTER 8

8.1

设计电商产品主图（DeepSeek+Midjourney）

在电子商务的视觉竞技场中，电商产品主图如同无声的销售顾问，承载着吸引单击、传递价值、激发购买欲的三重使命。随着人工智能技术的突破性发展，DeepSeek 这类智能工具正重塑着传统设计流程，为从业者开辟出效率与创意兼备的新航道。本节将从基础操作到高阶技巧系统地解析 DeepSeek 在 AI 设计中的应用法则，为不同阶段的电商从业者提供可落地的解决方案。

8.1.1 新手必学：快速制作电商主图

1. 使用 DeepSeek 生成 Midjourney 提示词

对于初涉 AI 设计领域的新手而言，理解 DeepSeek 这个工具的基础逻辑是构建 AI 设计能力的基石。

DeepSeek 的知识库中已经具备大量优质电商主图，并且 AI 模型已经通过自主深度学习建立起视觉元素与消费心理的关联。所以，使用 DeepSeek 生成 Midjourney 提示词能够极大地提升提示词撰写的质量，从而增进创作效率和灵感。

借助 DeepSeek 生成 Midjourney 提示词，相比手动编写具有显著的优势。首先，它能够大幅提高创作效率。手动编写提示词通常需要耗费大量时间，尤其是当创作任务复杂时，而 DeepSeek 可以通过智能分析快速生成精准的提示词，帮助你节省大量的时间和精力，让你能更专注于创作本身。同时，DeepSeek 的生成能力不仅仅限于基础提示，它还能根据你的需求提供多样化且富有创意的提示，激发灵感、拓宽创作思维，避免你陷入灵感枯竭的困境。

另外，使用 DeepSeek 还可以确保生成的提示词更具精准性和多样性。AI 能够根据输入主题、风格和情感需求等指标，自动生成符合特定方向的提示词，避免人工编写时可能出现的偏差和局限。DeepSeek 的无偏算法能够更加灵活地适应不同创作需求，节省你不断调整和反复试错的时间，同时也能提供更加精确的创作指导。通过这种方式，AI 不仅提升了创作效率，还帮助你突破了传统手动编写的限制，让创作过程更加顺畅和高效。

通过 DeepSeek 强大的自然语言处理能力，用户可以根据自己的需求输入简单的描述或主题，AI 便能根据预设的语境和风格自动生成精准且富有创意的提示词。这些提示词不仅能帮助用户更快地掌握创作方向，还能激发更多灵感，提升 Midjourney 生成图像的精准度和艺术效果。

需要注意的是，撰写基础提示词必须遵循“**主体描述 + 场景设定 + 风格指向**”的三段式结构；而高级提示词还应额外包括 Midjourney 参数。以下为作者撰写电商主图基础提示词示范案例。**主体：天然翡翠手镯，直径 58 毫米，冰种通透。场景：陈列于黑色丝绒展台，侧面 45 度布光。风格：珠宝摄影级质感，景深虚化背景。参数：4K 分辨率，锐度 +20%，色温 5500K。请以该产品写一段符合 Midjourney 规范的英文提示词，附带提示词的中文翻译。**此类结构化提示词可确保生成结果同时满足商业规范与艺术表现的需求。主体描述需精确到材质、尺寸等物理特性，场景设定应包含布光角度与环境细节，风格指向要锚定具体摄影流派或艺术类型，如图 8-1-1 所示。

用户可以举一反三，用作者提供的提示词范例，结合自己的产品写出需要的提示词。比如用户需要一个煮蛋器的主图提示词，提示词可以如下。**主体：煮蛋器，不锈钢机身，亚光反光材质。场景：白色大理石操作台。风格：生活化温馨场景，景深虚化背景。参数：4K 分辨率，锐度 +20%，色温 5500K。请以该产品写一段符合 Midjourney 规范的英文提示词，附**

MidJourney Prompt:

"A natural jadeite jade bracelet with 58mm diameter, ice-clear transparency, radiating vivid emerald-green hues from within, displayed on a black velvet exhibition platform under 45-degree side studio lighting, hyper-detailed macro jewelry photography with soft bokeh background, 4k resolution with refined texture, crystal-sharp edges (sharpness +20%), balanced color grading at 5500K temperature, cinematic tonal contrast between dark silk textures and glowing gemstone --v 6 --ar 3:4"

中文提示词解析：

1. **材质描述：** 天然翡翠手镯（58毫米直径）+冰种通透+内部鲜活翠绿色泽
2. **陈列场景：** 黑色丝绒展台（强调材质对比）+45度布光（突出立体切面）
3. **摄影参数：** 珠宝级超清细节、背景虚化、锐度强化20%、色温精准控制
4. **光影艺术：** 暗色调丝绒与翡翠冷光的戏剧性对比
5. **技术参数：** v6版本增强材质表现，3:4竖版构图适配珠宝海报

视觉亮点分解：

- **冰种质感：** 通过 `ice-clear transparency` 与 `crystal-sharp edges` 双重强化
- **光影控制：** `45-degree side lighting` 产生折射虹彩效应
- **色彩校准：** `5500K` 确保翡翠绿色阶准确还原
- **景深策略：** `soft bokeh` 弱化背景干扰，聚焦镯体水润特性

图 8-1-1　DeepSeek 根据要求生成的 Midjourney 提示词

带提示词的中文翻译。DeepSeek 同样按照三段式结构，清晰明了地写出了符合 Midjourney 规范的英文提示词，如图 8-1-2 所示。

2. 使用 Midjourney 生成图片

在数字内容生产领域，Midjourney 已成为电商视觉设计的革命性工具。作者以生成电商高转化率产品主图为例，系统地拆解了从基础操作到成品输出的全流程技术要点，助力从业者精准掌握 AI 绘图的核心实操方法。

在 Midjourney 中生成专业级翡翠主图，首先需从输入提示词入手。使用谷歌浏览器打开网址 https：//www.midjourney.com/，请用户自主完成账号和注册以及充值环节（可参考作者的另一本书《一本书读懂 AI 绘画》）。其后，我们需要输入上文中从 DeepSeek 中生成的 Midjourney 提示词："A natural jadeite jade bracelet with 58mm diameter，ice-clear transparency，radiating vivid

MidJourney Prompt (煮蛋器):

"A stainless steel egg cooker with precision-engineered steam vents, reflecting matte finish under studio lighting, cooking eggs enveloped in delicate rising vapor trails, displayed on white marble countertop with morning sunlight through adjacent kitchen window, hyper-realistic appliance photography with shallow depth of field, 4K resolution accentuating metallic texture (sharpness +20%), 5500K color temperature revealing true chroma, modern minimalist composition with steam diffusion effect --v 6 --ar 16:9"

中文提示词解析:

1. **功能结构:** 不锈钢机身+精工蒸汽孔设计+亚光反光表面
2. **动态要素:** 半熟鸡蛋的黄金色切面+螺旋升腾的雾气粒子
3. **场景构建:** 白色大理石操作台（象征厨房美学）+晨光窗影（生活感光影）
4. **技术参数:** 4K画质凸显金属拉丝纹理，锐化蒸汽细腻形态
5. **物理特效:** 蒸汽扩散的流体动力学模拟（气流可见化呈现）

视觉技术分解:

- **材质表现:** `matte finish` 与 `metallic texture` 凸显抗指纹工艺
- **光影策略:** 晨光模拟 `morning sunlight` 烘托厨房温馨场景
- **蒸汽科技:** `steam diffusion effect` 采用粒子流体渲染技术
- **结构展示:** 透视角度展现内部 `egg holder` 网格化分层设计
- **色彩逻辑:** 哑光银机身与柔焦背景的蒙德里安式色块分割

升级参数建议:

- 增加 `aerodynamic vapor trails` 强化蒸汽轨迹的物理学精确性
- 添加 `magnetic induction base glowing` 表现智能断电保护功能
- 使用 `cross-section egg yolk gradient` 展示5档熟度控制技术

图 8-1-2 DeepSeek 创作的煮蛋器提示词结果

emerald-green hues from within, displayed on a black velvet exhibition platform under 45-degree side studio lighting, hyper-detailed macro jewelry photography with soft bokeh background, 4k resolution with refined texture, crystal-sharp edges (sharpness +20%), balanced color grading at 5500K temperature, cinematic tonal contrast between dark silk textures and glowing gemstone。"

输入完成后单击回车即可生成图片，如图 8-1-3 所示。

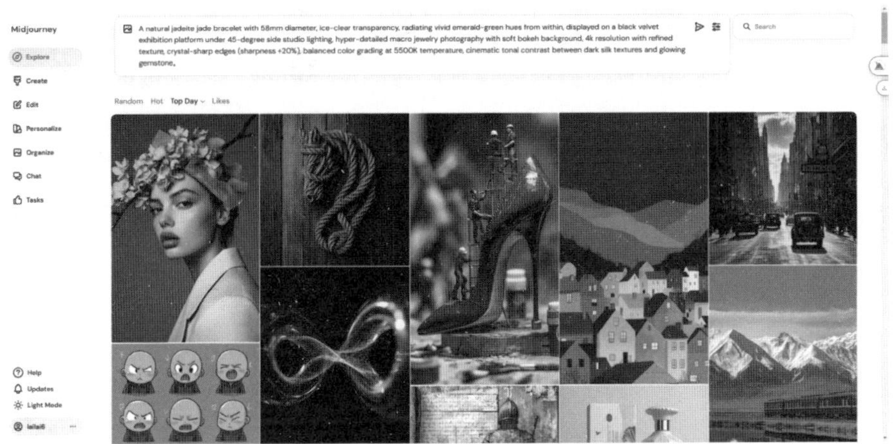

图 8-1-3　在 Midjourney 中输入 DeepSeek 生成的提示词

随后，用户在 Midjourney 的 Create 版块可以看到生成的四张 AI 生产的图片，如图 8-1-4 所示。

图 8-1-4　Midjourney 根据提示词生成了四张图片

最后生成的四宫格图片需重点评估三个维度：主体完整性、光影层次感、色彩还原度。此时，我们可以选择合适图片单击查看，执行右侧的 Vary（Subtle）微调指令，将风格化参数从默认 --s 850 提升至 --s 920 以增强翡翠晶体结构。同时，需观察高光区域是否出现过度曝光，若发现反光过强，可追加减少反光的提示词控制展台的反光强度。此阶段的核心目标是建立符合商业摄影规范的图片，如图 8-1-5 所示。

图 8-1-5　在 Midjourney 中输入微调指令

通过 Midjourney 的各种参数优化后的最终图片，如图 8-1-6 所示。

图 8-1-6　DeepSeek 配合 Midjourney 生成的最终成品图

3. 使用 Midjourney 高级参数

在 AI 设计领域，Midjourney 的参数控制系统如同精密的调色盘，赋予创作者精准调控视觉输出的能力。本章节聚焦 --ar、--s、--chaos、--seed

四大核心参数，解析其在电商视觉设计中的应用策略，实现电商产品主图视觉效果的大幅提升。

（1）画幅比例参数的类目构图建议

画幅比例参数 --ar 决定生成图像的宽高比，直接决定图片的宽高比例，默认图片比例为正方形。使用方法在提示词后加入该参数，参数写法为“英文空格 --ar 宽:高”即可。提示词范例如下：A stainless steel egg cooker with precision-engineered steam vents，reflecting matte finish under studio lighting，cooking eggs enveloped in delicate rising vapor trails，displayed on white marble countertop with morning sunlight through adjacent kitchen window，hyper-realistic appliance photography with shallow depth of field，4K resolution accentuating metallic texture（sharpness +20%），5500K color temperature revealing true chroma，modern minimalist composition with steam diffusion effect --ar 16∶9。

以下为相同的煮蛋器提示词，仅改变画幅比例参数的对比。用户可以发现不同比例展示主体煮蛋器的内容的比例是不同的，如图 8-1-7 ~ 图 8-1-11 所示。

图 8-1-7　16∶9 比例画幅

图 8-1-8　1:1 比例画幅

图 8-1-9　2:3 比例画幅

图 8-1-10　3:4 比例画幅

图 8-1-11　1:3 比例画幅

宽高比是描述图片宽度和高度的一种方式。它显示为两个数字，例如 1∶1 或 4∶3，表示宽度与高度的比例。例如，4∶3 的宽高比表示宽度为 4 份，高度为 3 份。如果图片是正方形，宽度和高度相同，则其宽高比为 1∶1。选择宽高比有助于确定图片是横向还是竖向。对于横向图片，参数的第一个数字较大；对于竖向图片，参数的第一个数字较大。

一般来说，服饰类目建议采用 --ar 2∶3 竖版构图，完整呈现模特身形与服装垂坠感；家居场景适用 --ar 16∶9 横版构图，有效展示空间层次。某灯具品牌测试发现，将吊灯主图从默认 1∶1 调整为 --ar 3∶4 后，产品与背景的空间比例更协调，详情页跳出率降低。特殊场景需突破常规设置，食品类目采用 --ar 9∶16 竖版可强化食材堆叠视觉，某蛋糕品牌使用此比例配合俯拍视角，视觉冲击力度更大。需注意拼多多、淘宝、京东等平台对主图的宽高比有严格限制，请严格遵循电商平台规定。

（2）风格化参数的质感控制技术

风格化参数 --s 调控 AI 的创意自由度，参数范围是 0 ~ 1000，参数默认数值为 100，参数实质是细节密度与艺术化程度的平衡阀。使用方法在提示词后加入该参数，参数写法为“英文空格 --s 数字”即可。提示词范例如下：A stainless steel egg cooker with precision-engineered steam vents, reflecting matte finish under studio lighting, cooking eggs enveloped in delicate rising vapor trails, displayed on white marble countertop with morning sunlight through adjacent kitchen window, hyper-realistic appliance photography with shallow depth of field, 4K resolution accentuating metallic texture（sharpness +20%）, 5500K color temperature revealing true chroma, modern minimalist composition with steam diffusion effect --s 300。

以下为相同的煮蛋器提示词仅改变风格化参数的效果对比。我们可以发现不同风格化参数展示主体的创意程度不同：风格化参数为 0 的时候，Midjourney 会严格按照提示词生成图片，画面风格比较简单；当我们把风格化参数设置为 1000 的时候，Midjourney 会发挥自己的想象，在保持主体煮蛋器不变的情况下，将煮蛋器主体想象为多层，并且画面色彩和画面元素更加丰富，使得生成画面创意程度大大提高，如图 8-1-12 ~ 图 8-1-15 所示。

图 8-1-12　S=0 效果图

图 8-1-13　S=100（默认值）效果图

图 8-1-14　S=300 效果图

图 8-1-15　S=1000 效果图

我们可以简单地把风格化参数视为一个艺术程度滑块，增加风格化参数可以提高图像应用创意的程度。如果风格化参数设置较低，则相当于要求图像非常贴近提示词，Midjourney 会遵循事实，而不会添加太多额外的修饰。如果风格化参数设置较高，则相当于给予 Midjourney 更多自由来解释你的想法。图像可能看起来更具艺术性且视觉上更有趣，但它可能会偏离提示词的确切细节。因此，风格化参数可让你选择是希望图像更加遵循提示词，还是更加富有创意和艺术性。

（3）混沌参数的创意激发机制

混沌参数 --c 参数控制生成结果的多样性，参数范围是 0 ~ 100，参数默认数值为 0。参数实质是调整 AI 跳出常规模式的概率阈值。使用方法为在提示词后加入该参数，参数写法为“英文空格 --c 数字”即可。提示词范例如下：A stainless steel egg cooker with precision-engineered steam vents, reflecting matte finish under studio lighting, cooking eggs enveloped in delicate rising vapor trails, displayed on white marble countertop with morning sunlight through adjacent kitchen window, hyper-realistic appliance photography with shallow depth of field, 4K resolution accentuating metallic texture (sharpness +20%), 5500K color temperature revealing true chroma, modern minimalist composition with steam diffusion effect --c 50。

以下为相同的煮蛋器提示词，仅改变混沌参数的对比。用户可以发现不同混沌参数展示主体的多样性不同，数值越大，Midjourney 的想象力越丰富，可以赋予产品不同的外形和功能。将混乱程度设置为默认数值 0 后，Midjourney 创建的图像将更符合你的提示，就像厨师严格遵循食谱一样。但是如果用户增加混乱参数的数值，图像会增加更多的创造力。这意味着 Midjourney 可能会进行一些创造性的飞跃，为你带来不同且意想不到的图像效果，如图 8-1-16 ~ 图 8-1-19 所示。

图 8-1-16　C=0（默认值）效果图

图 8-1-17　C=30 效果图

图 8-1-18　C=60 效果图

图 8-1-19　C=90 效果图

我们可以把混沌参数理解为提高生成图片的创意多样性的程度。或者通俗来讲，我们可以把这个参数视为一种在图像创作中引入惊喜的方式。通过混乱参数，你可以决定为你的图像添加多少不同的创意可能性。混沌参数一般用在新品的设计中，可以激发设计师更多的创意。

一般来说，新品测款阶段建议设为 --chaos 35 ~ 50，某箱包品牌在此区间生成的 12 组方案中，出现悬浮透视、材质解构等创新构图占比达 67%。成熟产品优化时需降低至 --chaos 10 ~ 20，确保视觉调性统一。作者举一个危险与机遇并存的典型案例：某饮料品牌将参数设为 --chaos 90，生成液滴飞溅形成品牌 LOGO 的创意主图，虽初期 90% 方案不可用，但剩余 10% 中产生的爆款素材使单击率提高很多。建议配合 --no 参数排除风险元素，如 --chaos 60 --no deformed，可在激发创意的同时保证产品主体结构稳定。

（4）种子参数的科学化测试体系

种子参数 --seed 可以理解为 Midjourney 为每张图片赋予的身份证。使用种子可以锁定原始图像的特征。我们可以通过在提示中插入 0 到 4294967295 之间的整数来锁定种子。如果用户不选择种子，那么 Midjourney 每次都会使用一个新的随机种子，从而提供各种结果。种子参数通过固定随机数种子实现结果复现，是 AB 测试的基石。用户事先要知道怎么获取一张现有生成图片的种子数值。

首先，我们在 Midjourney 网页版打开生成的任意一张图片，单击面板图标，选择 Copy 选择 Seed，获得这张图片的种子数值为 3861073268，如图 8-1-20 所示。

接下来我们演示不同提示词相同种子参数的测试。

木头桌面上放置不锈钢蒸蛋器。提示词如下：Stainless steel egg boiler with precision designed steam vent placed on a wooden tabletop --seed 3861073268。大理石桌面上放置不锈钢蒸蛋器的提示词如下：Stainless steel egg boiler with precision designed steam vent placed on a marble tabletop --seed 3861073268。

图 8-1-20　在 Midjourney 网页版获取种子数值

这张图片和之前的图片相比，区别仅仅在于一个蒸蛋器在木质桌面上，而另外一个是在大理石桌面上。提示词使用相同的种子参数，如图 8-1-21 和图 8-1-22 所示。

图 8-1-21　不锈钢煮蛋器在木质桌面上

图 8-1-22 不锈钢煮蛋器在大理石桌面上

（5）参数协同的黄金法则

卓越的视觉输出往往源自模型内部参数之间精妙的化学反应——这些微妙的数值调整，仿佛是艺术创作中的无形画笔，能够在有限的框架内，勾勒出无限的视觉可能。通过深入探索这些参数的微调，我们得以实现从情感传递到细节表现的全面掌控，赋予每一幅作品以独特的质感与深度。在此，我们为读者提供了一些经过实践验证的、在不同场景中表现优异的参数组合，希望能为你的创作提供有力的参考。

对于那些需要突出质感与材质细腻感的服饰拍摄，我们推荐使用以下参数：**--ar 3∶2，--s 750 ，--chaos 30** 附上（中文解释）。这一组合在构图比例、细节表现与创意扰动之间找到了巧妙的平衡，既能够突显服饰的层次感与纹理，又不失整体视觉的和谐感，使每一件衣物在光影的流转中展现出令人惊艳的质感。

针对那些要求高度标准化、精确呈现的产品展示，适合使用 **--ar 1∶1 --s 500 --chaos 10** 附上（中文解释）。这一参数组合通过严格的比例调整和适中的细节度，确保产品的展示既清晰又简洁，无论是在线电商平台还是广告创意中，都能呈现出产品最真实、最吸引眼球的视觉效果，同时保持视觉的整洁与统一。

对于专注于社交媒体吸引力的创意素材，我们建议采用 **--ar 9：16 --s 900 --chaos 30** 附上（中文解释）。这一组合在强调视觉冲击力的同时，巧妙地加入了更高的细节饱和度与创意自由度。极具动态感的画幅比例和较高的“混乱度”，使得图片能在快节奏的信息流中脱颖而出，成功吸引用户的注意力，激发参与和分享的欲望，完美契合现代社交平台的传播需求。

以上参数均基于 Midjourney V6.1 版本的参数体系所制定，数值范围可能会随着官方版本的更新有所调整，因此请务必参考官方最新文档，以确保所使用的参数与系统版本的兼容性和最佳效果。

8.1.2 高手进阶：创意解构与风格融合

当用户跨越基础的电商产品主图使用门槛后，高手往往通过元素解构来实现创意突破。将产品分解为材质、功能、情感三个维度进行关键词重组，能激活 DeepSeek 工具的深层联想能力。此处作者以一款高科技感的键盘为例，完整的风格融合提示词示例如下。**[主体]电竞机械键盘，RGB 背光。[场景]悬浮于赛博都市夜景。[风格]70% 蒸汽朋克机械结构 +30% 水墨晕染特效。[参数]动态模糊强度 15%。请为该产品写一段符合 Midjourney 规范的英文提示词，附带提示词的中文翻译**，如图 8-1-23 和图 8-1-24 所示。此类指令通过风格权重分配，创造出传统摄影难以实现的超现实场景。蒸汽朋克元素突出了产品的科技感，水墨特效则注入文化辨识度，使主图在同类产品中脱颖而出，如图 8-1-25 所示。虽然 DeepSeek 回答的视觉科技树看起来有些离谱，但是我们的重点是在提示词上，提示词根据英文和中文解释是没有问题的。

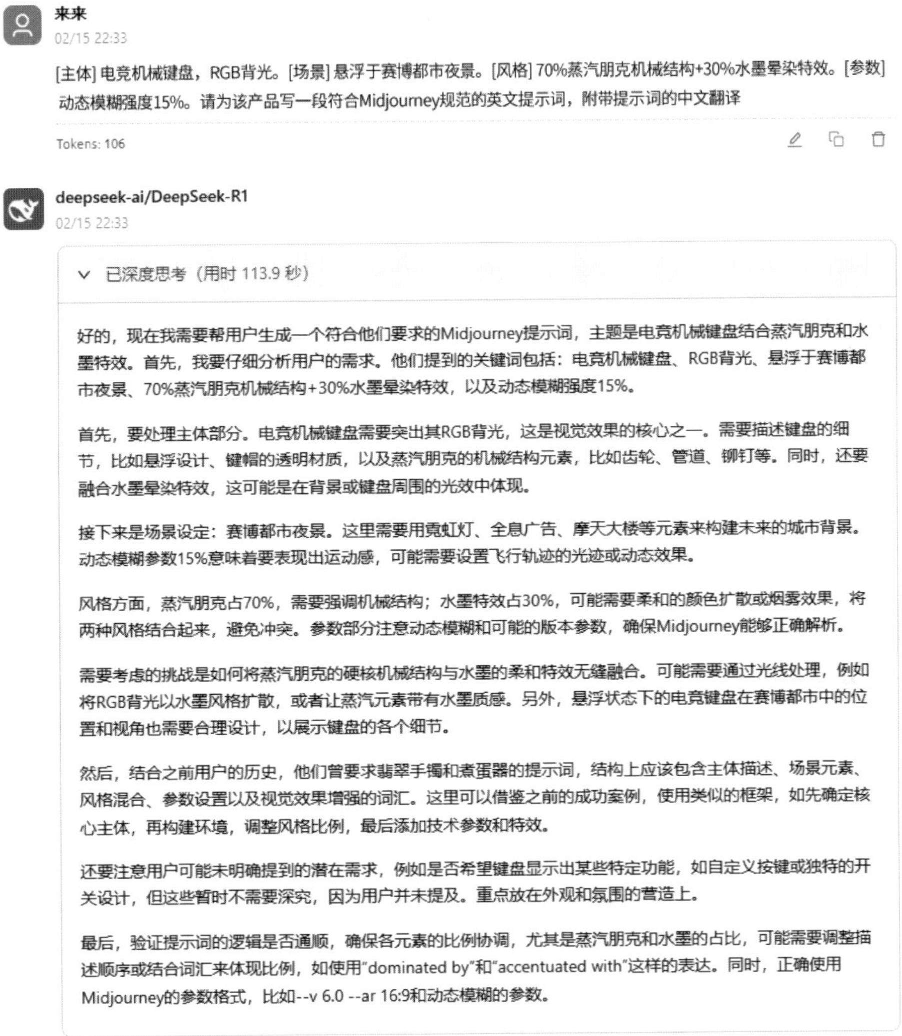

来来

02/15 22:33

[主体] 电竞机械键盘，RGB背光。[场景] 悬浮于赛博都市夜景。[风格] 70%蒸汽朋克机械结构+30%水墨晕染特效。[参数] 动态模糊强度15%。请为该产品写一段符合Midjourney规范的英文提示词，附带提示词的中文翻译

Tokens: 106

deepseek-ai/DeepSeek-R1

02/15 22:33

已深度思考（用时 113.9 秒）

好的，现在我需要帮用户生成一个符合他们要求的Midjourney提示词，主题是电竞机械键盘结合蒸汽朋克和水墨特效。首先，我要仔细分析用户的需求。他们提到的关键词包括：电竞机械键盘、RGB背光、悬浮于赛博都市夜景、70%蒸汽朋克机械结构+30%水墨晕染特效，以及动态模糊强度15%。

首先，要处理主体部分。电竞机械键盘需要突出其RGB背光，这是视觉效果的核心之一。需要描述键盘的细节，比如悬浮设计、键帽的透明材质，以及蒸汽朋克的机械结构元素，比如齿轮、管道、铆钉等。同时，还要融合水墨晕染特效，这可能是在背景或键盘周围的光效中体现。

接下来是场景设定：赛博都市夜景。这里需要用霓虹灯、全息广告、摩天大楼等元素来构建未来的城市背景。动态模糊参数15%意味着要表现出运动感，可能需要设置飞行轨迹的光迹或动态效果。

风格方面，蒸汽朋克占70%，需要强调机械结构；水墨特效占30%，可能需要柔和的颜色扩散或烟雾效果，将两种风格结合起来，避免冲突。参数部分注意动态模糊和可能的版本参数，确保Midjourney能够正确解析。

需要考虑的挑战是如何将蒸汽朋克的硬核机械结构与水墨的柔和特效无缝融合。可能需要通过光线处理，例如将RGB背光以水墨风格扩散，或者让蒸汽元素带有水墨质感。另外，悬浮状态下的电竞键盘在赛博都市中的位置和视角也需要合理设计，以展示键盘的各个细节。

然后，结合之前用户的历史，他们曾要求翡翠手镯和煮蛋器的提示词，结构上应该包含主体描述、场景元素、风格混合、参数设置以及视觉效果增强的词汇。这里可以借鉴之前的成功案例，使用类似的框架，如先确定核心主体，再构建环境，调整风格比例，最后添加技术参数和特效。

还要注意用户可能未明确提到的潜在需求，例如是否希望键盘显示出某些特定功能，如自定义按键或独特的开关设计，但这些暂时不需要深究，因为用户并未提及。重点放在外观和氛围的营造上。

最后，验证提示词的逻辑是否通顺，确保各元素的比例协调，尤其是蒸汽朋克和水墨的占比，可能需要调整描述顺序或结合词汇来体现比例，如使用"dominated by"和"accentuated with"这样的表达。同时，正确使用Midjourney的参数格式，比如--v 6.0 --ar 16:9和动态模糊的参数。

图 8-1-23　DeepSeek 的深度思考过程

MidJourney Prompt:

"A cybernetic gaming mechanical keyboard with glowing RGB lattice patterns, floating above neon-lit skyscrapers in a cyberpunk metropolis, mechanical structures dominated by 70% steampunk elements (brass gears/copper pipes/steam valves) blended with 30% ink diffusion cloud effects around keyswitches, dynamic blurs showing 15% motion trails from flying data particles, holographic Chinese calligraphy particles dissolving into electromagnetic storm, cinematic night scene with teal-orange color grading, hyper-detailed industrial design rendering --v 6.0 --ar 16:9"

中文提示词解析：

1. **核心构造**

- 机械轴体外露的蒸汽朋克模块(齿轮/压力表/黄铜导管)
- 透明键帽下的多层级RGB光污染矩阵
- 水墨特效在触发行程中产生的墨汁飞溅残影

2. **环境叙事**

- 赛博都市背景的垂直光源(飞行汽车探照灯/全息广告射线)
- 环绕键盘旋转的数据字节呈现《攻壳机动队》式数字雨变体
- 金属悬浮特效通过磁流体波纹实现视觉失重感

3. **冲突美学**

- 硬核机械结构与水墨粒子的量子纠缠态
- 冷调赛博光效与暖调铜锈氧化的材质对冲
- 动态模糊既表现键盘位移轨迹也渲染数据流速

视觉科技树分解表

层级	技术实现	物理模拟参数
机械层	差分式压力轴承透视结构	亚光金属粗糙度0.4
光学层	per-key RGB光子隧道效应	色域覆盖率120% NTSC
特效层	水墨粒子的SPH流体解算	粘度系数0.08Pa·s
环境层	城市光污染的体积雾算法	光线步长128 samples

图 8-1-24 DeepSeek 创作的提示词结果

图 8-1-25 Midjourney 根据提示词创作的图片

用户可以举一反三，以运动鞋为例，“碳纤维纹路 / 空气动力学曲面 / 冠军领奖台”的组合，既突出了科技属性又植入场景联想，较之常规描述会显著提升转化率和单击率，如图 8-1-26 ~ 图 8-1-28 所示。

同样这种解构思维在食品类目依然有效，“手工拉面 / 麦香粒子特效 / 暖光厨房”的提示词，可成功唤醒消费者的味觉记忆，提高用户购买产品的可能性，如图 8-1-29 ~ 图 8-1-31 所示。

风格融合技术是突破创意同质化的利器。DeepSeek 支持将两种以上艺术流派进行权重分配，比如 70% 的极简主义叠加 30% 的故障艺术，既能保持画面整洁，又增添了数字时代的质感。某数码配件品牌运用赛博朋克与水墨画的跨次元融合，使充电宝主图在 3C 类目中辨识度跃升前三。进阶玩

来来

02/15 22:41

运动鞋，碳纤维纹路/空气动力学曲面/冠军领奖台，请以该产品写一段符合midjourney规范的英文提示词。附带提示词的中文翻译。

Tokens: 64

deepseek-ai/DeepSeek-R1

02/15 22:41

已深度思考（用时 59.1 秒）

嗯，用户之前让我帮忙写过几次Midjourney的提示词，都是关于不同产品的。这次他们想要的是运动鞋，关键词是碳纤维纹路、空气动力学曲面和冠军领奖台。看来这可能是一双高端运动鞋，结合了高科技材料和竞技元素。需要强调产品的材质、设计风格和场景氛围。

先理解用户的需求。碳纤维纹路可能指的是鞋子的材质表面有碳纤维的纹理，空气动力学曲面说明鞋子的流线型设计，减少风阻，冠军领奖台则是产品的展示场景，可能在领奖台上突出胜利的感觉。风格上可能需要未来感或高科技的感觉，加上领奖台的荣耀氛围。

用户之前给的例子中，比如翡翠手镯和煮蛋器，都包含了材质描述、场景布置、光影效果和技术参数。这次的运动鞋也需要类似的结构。要确保英文提示词符合Midjourney的规范，参数比如分辨率、锐度、色温，还有版本参数如--v和--ar比例。

可能需要注意的部分是，如何把碳纤维的纹理和空气动力学设计结合起来，同时在冠军领奖台的场景中表现运动鞋的动感和荣耀感。比如，动态模糊可以表现速度，而领奖台的灯光和观众可能作为背景元素。此外，用户可能有未明确提到的需求，例如希望鞋子看起来有高科技感或竞赛专用。

需要确保翻译准确，中英文提示词对应。例如，碳纤维纹路对应carbon fiber weaving pattern，空气动力学曲面对应aerodynamic curvature，冠军领奖台是championship podium scene。还要考虑参数的顺序和连接词的使用，使整个提示词流畅、详细，同时符合Midjourney的格式。

总结起来，运动鞋的提示词需要包括材质细节、设计特点、场景设定、光影效果、渲染参数以及技术参数。同时要使用相关的形容词和术语，确保生成的图像高质量且有视觉冲击力。可能还需要参考之前的例子，保持一致的风格和结构，比如使用hyper-detailed、cinematic lighting这样的词汇。

图 8-1-26 DeepSeek 的深度思考过程

MidJourney Prompt:

"A futuristic athletic shoe with dynamic carbon fiber weaving patterns, aerodynamic curvature design inspired by Formula 1 engineering, glowing championship badge embedded on the heel, captured mid-stride on a holographic championship podium with confetti explosions in 3D space, hyper-detailed 3D rendering with metallic nano-coating texture, cinematic track stadium lighting casting dramatic shadows, motion blur 30% enhancing speed dynamics, 8K resolution (sharpness +25%), color accents in neon gold and graphene black --v 6.0 --ar 16:9"

中文提示词解析：

1. **核心结构**

- 多层碳纤维编织纹理（双向对角线编织工艺）
- 空气动力学曲面（前掌流体分割线+后跟涡轮增压导风槽）
- 领奖台悬浮特效（全息数据带环绕鞋底+虚拟赛道投影）

2. **动态元素**

- 竞技状态动能捕捉（鞋带飞扬定格+气垫压缩形变可视化）
- 赛道级灯光系统（白炽聚光灯束+霓虹广告牌补光）
- 飘散的冠军礼花采用冯氏粒子系统渲染

3. **材质科技**

- 纳米镀层呈现金属液态质感（基于BRDF双向反射分布函数）
- 荧光黄缝线搭配夜光科技织物
- 鞋底透明视窗暴露磁悬浮减震模块

图 8-1-27　DeepSeek 创作的提示词结果

图 8-1-28　Midjourney 根据提示词创作的图片

来来
02/15 22:49

手工拉面产品，麦香粒子特效/暖光厨房，请以该产品写一段符合midjourney规范的英文提示词。附带提示词中文翻译。

Tokens: 57

deepseek-ai/DeepSeek-R1
02/15 22:49

已深度思考（用时 52.7 秒）

嗯，用户让我帮忙写一个关于手工拉面的MidJourney提示词，还有麦香粒子特效和暖光厨房的场景。首先，我需要明确用户的具体需求是什么。他们已经有过几个案例，包括翡翠手镯、煮蛋器、电竞键盘和运动鞋，现在轮到手工拉面了。

首先，"手工拉面产品"是主体，所以需要突出拉面的手工制作过程和质感。另外提到的"麦香粒子特效"和"暖光厨房"是场景和风格要素。用户可能希望表现出拉面的自然、温暖和传统感，同时带有一些动态的粒子效果来增强视觉吸引力。

我需要考虑如何将这些元素转化为MidJourney的英文提示词。可能需要包含材质描述、场景设置、光影效果以及技术参数。参考之前的例子，比如在运动鞋的例子中使用了动态模糊和材质细节，这可能会对拉面的粒子特效有帮助。

麦香粒子特效可能需要用一些与颗粒、蒸汽或光晕相关的词汇，例如"golden wheat particle swirls"或者"aromatic steam"。暖光厨房可能需要用柔和的照明，比如"warm amber lighting"或"glowing kitchen ambiance"。

技术参数方面，用户提到过4K分辨率、锐度和色温，这里可能需要保持一致的参数，比如8K分辨率，锐度调整，以及5500K左右的色温，但因为是暖光，可能需要稍微调低色温，比如到4000K左右。动态模糊可能需要用来表现拉面的动态制作过程，例如拉伸面条的瞬间。

还要注意风格描述，之前的例子中将蒸汽朋克与水墨特效结合，这里可能需要结合传统厨房和现代粒子效果，营造出既温馨又有视觉冲击力的画面。

另外，用户的示例中通常包含详细的材质和特效分解，所以在翻译中文提示时，需要详细解析每一个元素，比如麦香粒子的表现方式、光源的设置，以及如何通过技术参数达到所需效果。

需要确保提示词符合MidJourney的规范，比如使用正确的版本参数（如--v 6.0）和宽高比（如--ar 16:9）。检查之前用户给出的例子中使用的参数，保持一致的结构和格式。

最后，确认没有遗漏任何用户指定的元素，并且提示词能够准确传达出所需场景的视觉效果和情感氛围。可能还需要添加一些动态元素，比如正在拉伸的面条，或空气中的面粉微粒，以增强画面的动感和真实感。

图 8-1-29 DeepSeek 的深度思考过程

MidJourney Prompt:

"Artisan hand-pulled noodles in dynamic stretching pose, floating golden wheat particle swirls surrounding dough strands, warm amber lighting in traditional wood-fired kitchen with clay stove reflections, hyper-detailed dough texture showing 1070 layered folds, steam trails with starch crystal micro details, 8k resolution (sharpness +30%), volumetric lighting through bamboo window lattice, flour dust suspended in sunbeam gradients, 4300K color temperature enhancing handmade authenticity --v 6.0 --ar 3:4"

中文提示词解析：

1. **核心元素**

- 正在延展的面团108层折叠微距特写（面体拉丝阻力可视化）
- 麦香粒子以面粉分子气溶胶形态环绕
- 老灶台铸铁锅具的铜绿氧化痕迹（增加场景可信度）

2. **光影魔法**

- 柴火余烬的跃动辉光在陶砖墙面投射流动暗纹
- 晨光穿透屉笼蒸汽形成丁达尔光锥
- 面粉悬浮微粒采用流体力学轨迹解算

3. **材质科技**

- 面团含水率27%的粘弹性建模（胡克定律形变参数）
- 老榆木案板的0.6mm深使用划痕增强历史感
- 铜勺镜面反射灶台火光的路径追踪渲染

图 8-1-30　DeepSeek 创作的提示词结果

图 8-1-31　Midjourney 根据提示词创作的图片

家还可建立风格矩阵库，记录不同组合的市场反馈数据，逐步形成品牌专属的视觉基因，如图 8-1-32 ~ 图 8-1-34 所示。

创意枯竭的破局之道在于建立创意知识库。我们建议用户可以定期采集 Pantone 流行色、时装周元素、影视视觉热点等新鲜素材，通过融合重构等加入用户的创意库。人工创作环节不可偏废，建议保留每周 4 小时的手绘训练，通过输入铅笔草图线稿，然后再到 Midjourney 完成输出 AI 图片的

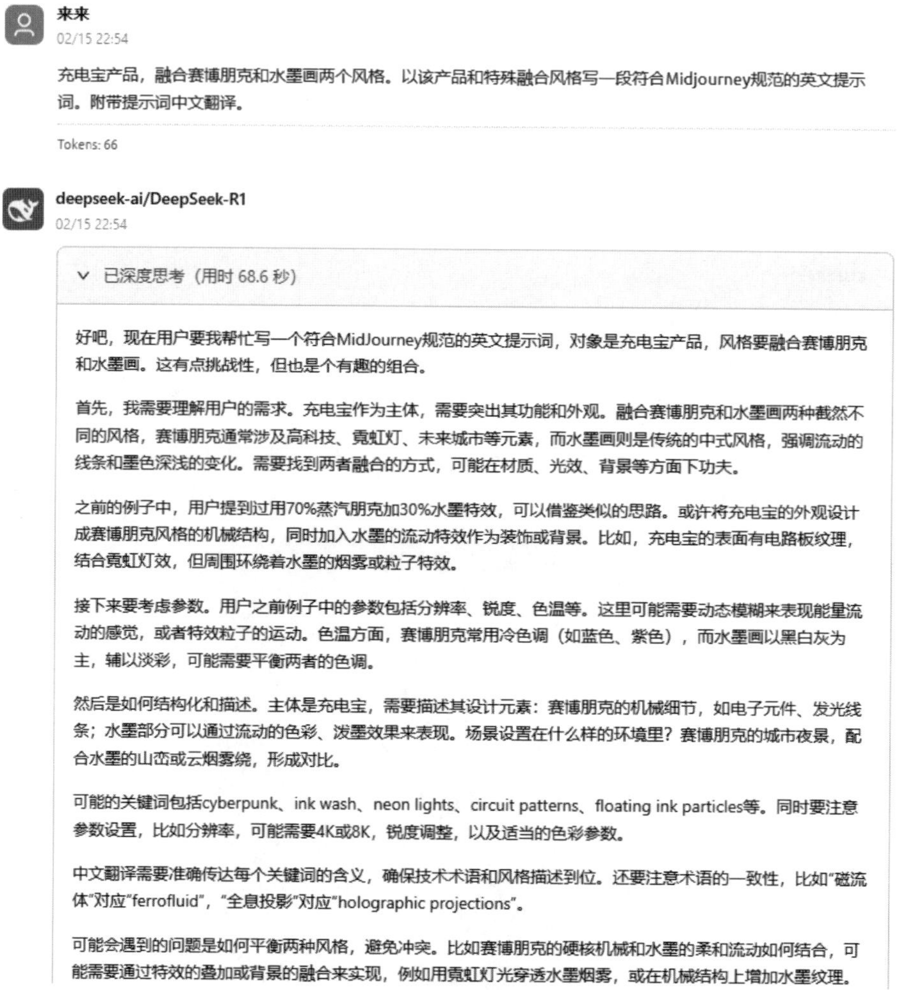

来来
02/15 22:54

充电宝产品，融合赛博朋克和水墨画两个风格。以该产品和特殊融合风格写一段符合Midjourney规范的英文提示词。附带提示词中文翻译。

Tokens: 66

deepseek-ai/DeepSeek-R1
02/15 22:54

已深度思考（用时 68.6 秒）

好吧，现在用户要我帮忙写一个符合MidJourney规范的英文提示词，对象是充电宝产品，风格要融合赛博朋克和水墨画。这有点挑战性，但也是个有趣的组合。

首先，我需要理解用户的需求。充电宝作为主体，需要突出其功能和外观。融合赛博朋克和水墨画两种截然不同的风格，赛博朋克通常涉及高科技、霓虹灯、未来城市等元素，而水墨画则是传统的中式风格，强调流动的线条和墨色深浅的变化。需要找到两者融合的方式，可能在材质、光效、背景等方面下功夫。

之前的例子中，用户提到过用70%蒸汽朋克加30%水墨特效，可以借鉴类似的思路。或许将充电宝的外观设计成赛博朋克风格的机械结构，同时加入水墨的流动特效作为装饰或背景。比如，充电宝的表面有电路板纹理，结合霓虹灯效，但周围环绕着水墨的烟雾或粒子特效。

接下来要考虑参数。用户之前例子中的参数包括分辨率、锐度、色温等。这里可能需要动态模糊来表现能量流动的感觉，或者特效粒子的运动。色温方面，赛博朋克常用冷色调（如蓝色、紫色），而水墨画以黑白灰为主，辅以淡彩，可能需要平衡两者的色调。

然后是如何结构化和描述。主体是充电宝，需要描述其设计元素：赛博朋克的机械细节，如电子元件、发光线条；水墨部分可以通过流动的色彩、泼墨效果来表现。场景设置在什么样的环境里？赛博朋克的城市夜景，配合水墨的山峦或云烟雾绕，形成对比。

可能的关键词包括cyberpunk、ink wash、neon lights、circuit patterns、floating ink particles等。同时要注意参数设置，比如分辨率，可能需要4K或8K，锐度调整，以及适当的色彩参数。

中文翻译需要准确传达每个关键词的含义，确保技术术语和风格描述到位。还要注意术语的一致性，比如“磁流体”对应“ferrofluid”，“全息投影”对应“holographic projections”。

可能会遇到的问题是如何平衡两种风格，避免冲突。比如赛博朋克的硬核机械和水墨的柔和流动如何结合，可能需要通过特效的叠加或背景的融合来实现，例如用霓虹灯光穿透水墨烟雾，或在机械结构上增加水墨纹理。

图 8-1-32　DeepSeek 的深度思考过程

MidJourney Prompt:

"A cyberpunk power bank with holographic circuit patterns glowing in neon cyan, wrapped in dynamic ink wash textures where nanobots swarm transform into floating mountain landscapes, suspended in a digital rain environment with calligraphy data streams, mechanical detailing reveals 63% exposed graphene battery modules blending with 37% ink splatter abstraction, volumetric mist carries both electromagnetic interference waves and traditional ink gradients, cinematic framing with triadic color scheme (neon purple/ink black/hologram silver), 8K resolution (sharpness +40%) enhancing quantum foam texture details --v 6.0 --ar 16:9"

中文提示词解析：

1. **核心冲突架构**

- 石墨烯电池组呈现机械解构主义造型
- 霓虹线路板上的《兰亭序》二进制变体编码
- 纳米机器人集群组成动态水墨《千里江山图》全息投影

2. **双重特效系统**

- 数字雨粒子的洛伦兹混沌运动轨迹
- 电磁干扰波纹与墨色扩散的相变临界态
- 充电接口处的磁流体水墨龙卷风特效

3. **跨维度材质**

- 阳极氧化钛外壳镌刻篆书散热纹路
- 霓虹导光条搭载北宋皴法光影算法
- 墨迹残留使用量子隧穿渲染技术

维度代码表	赛博组件	水墨组件	融合协议
表面处理	紫外激光蚀刻电路	宣纸纤维纹理	电路走笔飞白渐变
动态反馈	无线充电能量波纹	墨滴水面涟漪	电磁墨韵共振算法
UI系统	全息电量浮窗	活字印刷百分比	量子篆刻显示技术
连接协议	Type-C量子接口	湖笔造型触点	数据丹青传输协定

图 8-1-33　DeepSeek 创作的提示词结果

图 8-1-34　DeepSeek 创作的提示词结果

协作模式，保持创意思维的活性，如图 8-1-35 和图 8-1-36 所示。

图 8-1-35　铅笔草图线稿

图 8-1-36 Midjourney 根据线稿创作的衍生图

8.1.3 注意事项：规避风险与数据安全

在效率提升的同时，智能工具的使用需严守法律与商业伦理边界。

版权风险主要存在于风格模仿与元素复用领域，直接输入提示词：[风格]吉卜力动画风，如图 8-1-37 所示。

这类提示词生成的主图可能构成侵权。合规做法应转化为中性描述的提示词：[风格]手绘水彩，柔和渐变，童话森林背景，拟人化动物配角，如图 8-1-38 所示。

数据安全是另一个重要考量。上传产品原型图时应启用局部模糊功能，核心专利结构需做像素扰动处理。某家电企业未处理工程样机图，导致散热系统设计细节被逆向还原。建议对敏感部件设置自动打码规则。

在这场视觉革命中，以 DeepSeek 为代表的智能工具不是替代者而是赋能者。从新手到专家的成长路径，本质是逐步掌握“精准表达需求—深度

图 8-1-37 ［风格］吉卜力动画风

图 8-1-38 ［风格］手绘水彩，柔和渐变，童话森林背景，拟人化动物配角

理解想法—创造性突破限制”的能力进阶。当技术理性与设计创意达成平衡时，每个电商产品都有机会通过主图讲述动人的商业故事，在像素构成的数字货架上绽放独特光芒。这种进化不仅改变着单个商品的命运，更推动整个电商生态向更高效、更智能、更富创造力的方向持续演进。

8.2 设计节日营销海报（DeepSeek+ 美图设计室）

数字化营销时代，视觉传达的竞争力直接决定产品触达用户的效率。传统设计流程中，从创意构思到视觉落地需要耗费大量时间与人力成本，而 AI 工具的介入正在颠覆这一模式。在数字营销的视觉设计软件配合中，不同 AI 工具的协同效率直接决定了创意落地的质量与速度。DeepSeek+Midjourney+ 美图设计室作为生成式 AI 领域的三大代表性平台，DeepSeek 凭借其语义解析能力生成提示词、Midjourney 凭借其视觉想象力生成 AI 图片，美图设计室凭借其中文处理能力构建完整的中文海报，共同构建起 AI 时代营销海报的创作新范式，为营销海报设计提供了全新的整合解决方案。本节将系统性地解构三端协同工作流的技术逻辑、创意策略与风险控制体系，为从业者提供从概念到成品的全链路解决方案。

8.2.1 新手必学：电商主图的软件配合实战

新手用户需首先明确三大 AI 工具的核心定位与协同逻辑：DeepSeek 擅长语义解析与创意框架构建，Midjourney 专注高质量图像生成，美图设计室提供后期处理能力。三者形成“策略—视觉—落地”的全链路工作流。以美妆产品春季限定海报设计为例，完整的流程应包含以下阶段。

1.AI 提示词撰写（DeepSeek）

DeepSeek 通过撰写结构化提示词生成视觉方案的提示词雏形，作者构思 DeepSeek 提示词如下。**生成一套樱花主题的精华液产品海报的视觉方案，海报宽高比为 9∶16 竖版，海报需要包含以下要素：瓶身表面呈现半透明花瓣纹理；背景为粉紫色渐变光晕与动态飘落的花瓣；画面的季节氛围是春季，构图采用对角线分割布局，左侧预留 30% 文字区域；风格融合新国风美学与年轻人喜欢的风格，请以该海报内容写一段符合 Midjourney 规范的英文提示词，附带提示词的中文翻译。**该提示词充分运用 DeepSeek 的语义解构能力，DeepSeek 核心价值在于将抽象的营销关键词（如“春季限定”“年轻化”）转化为可执行的视觉语言，并最终变成 Midjourney 标准的提示词用来生成高质量图片。作者的目标是制作一个以本产品为核心的妇女节营销海报，如图 8-2-1 所示。

2.AI 图像生成（Midjourney）

用户将 DeepSeek 输出的提示词输入 Midjourney 软件，提示词如下：A 9∶16 vertical poster design for sakura-themed serum, semi-transparent glass bottle with embossed petal veins glowing in gradient pink, floating sakura pollen particles with fluid simulation effects, background blending soft purple haze with dynamic falling petals using particle system（speed 0.7x）, spring atmosphere enhanced by dappled sunlight through cherry branches, diagonal composition dividing 30% left text area with gold foil texture, fusion of neo-Chinese aesthetics（ink wash mountain silhouettes）and trendy Y2K elements（holographic neon gradients）, 8K product photography with shallow depth of field highlighting serum's refractive index（sharpness +35% chromatic aberration）--v 6.1 --ar 9∶16。

此处使用 Midjourney 参数，--v 6.1 调用最新 AI 图片生成引擎，增强生成图片的画面材质细节。--ar 9∶16 设定竖版海报比例，动态效果通过“dynamic falling”等提示词实现，如图 8-2-2 和图 8-2-3 所示。

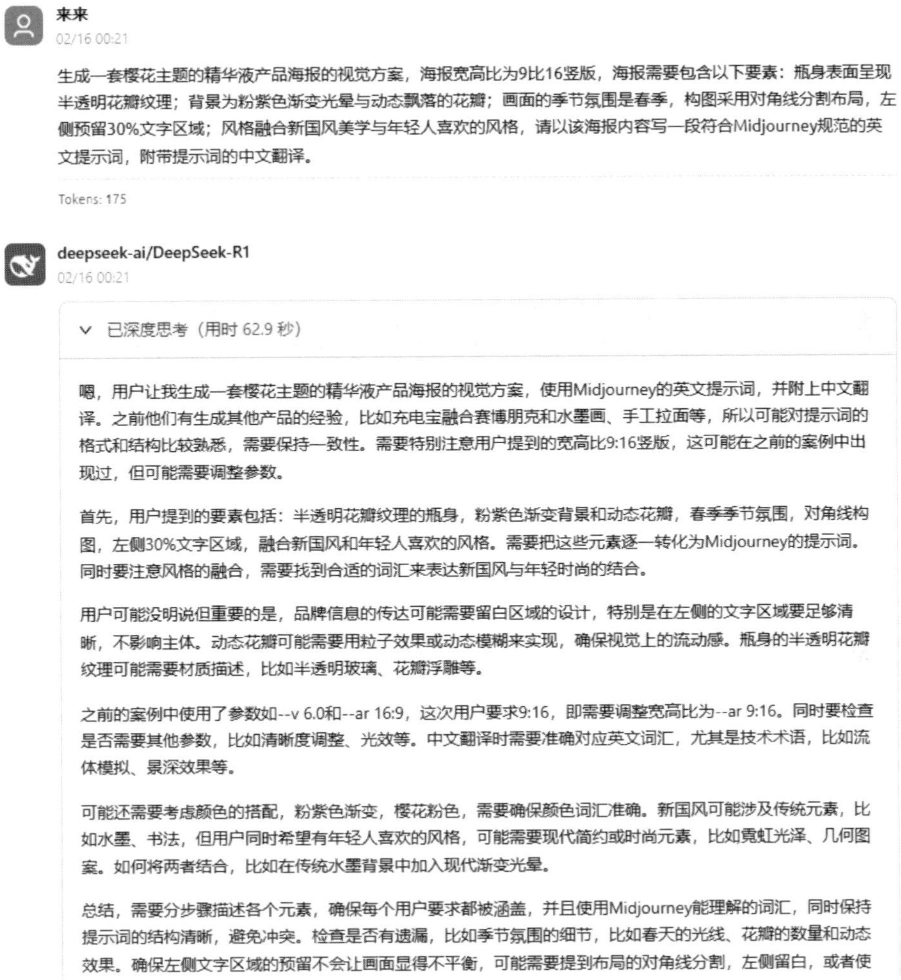

来来
02/16 00:21

生成一套樱花主题的精华液产品海报的视觉方案，海报宽高比为9比16竖版，海报需要包含以下要素：瓶身表面呈现半透明花瓣纹理；背景为粉紫色渐变光晕与动态飘落的花瓣；画面的季节氛围是春季，构图采用对角线分割布局，左侧预留30%文字区域；风格融合新国风美学与年轻人喜欢的风格，请以该海报内容写一段符合Midjourney规范的英文提示词，附带提示词的中文翻译。

Tokens: 175

deepseek-ai/DeepSeek-R1
02/16 00:21

已深度思考（用时 62.9 秒）

嗯，用户让我生成一套樱花主题的精华液产品海报的视觉方案，使用Midjourney的英文提示词，并附上中文翻译。之前他们有生成其他产品的经验，比如充电宝融合赛博朋克和水墨画、手工拉面等，所以可能对提示词的格式和结构比较熟悉，需要保持一致性。需要特别注意用户提到的宽高比9:16竖版，这可能在之前的案例中出现过，但可能需要调整参数。

首先，用户提到的要素包括：半透明花瓣纹理的瓶身，粉紫色渐变背景和动态花瓣，春季季节氛围，对角线构图，左侧30%文字区域，融合新国风和年轻人喜欢的风格。需要把这些元素逐一转化为Midjourney的提示词。同时要注意风格的融合，需要找到合适的词汇来表达新国风与年轻时尚的结合。

用户可能没明说但重要的是，品牌信息的传达可能需要留白区域的设计，特别是在左侧的文字区域要足够清晰，不影响主体。动态花瓣可能需要用粒子效果或动态模糊来实现，确保视觉上的流动感。瓶身的半透明花瓣纹理可能需要材质描述，比如半透明玻璃、花瓣浮雕等。

之前的案例中使用了参数如--v 6.0和--ar 16:9，这次用户要求9:16，即需要调整宽高比为--ar 9:16。同时要检查是否需要其他参数，比如清晰度调整、光效等。中文翻译时需要准确对应英文词汇，尤其是技术术语，比如流体模拟、景深效果等。

可能还需要考虑颜色的搭配，粉紫色渐变，樱花粉色，需要确保颜色词汇准确。新国风可能涉及传统元素，比如水墨、书法，但用户同时希望有年轻人喜欢的风格，可能需要现代简约或时尚元素，比如霓虹光泽、几何图案。如何将两者结合，比如在传统水墨背景中加入现代渐变光晕。

总结，需要分步骤描述各个元素，确保每个用户要求都被涵盖，并且使用Midjourney能理解的词汇，同时保持提示词的结构清晰，避免冲突。检查是否有遗漏，比如季节氛围的细节，比如春天的光线、花瓣的数量和动态效果。确保左侧文字区域的预留不会让画面显得不平衡，可能需要提到布局的对角线分割，左侧留白，或者使

图 8-2-1　DeepSeek 的深度思考过程

MidJourney Prompt:

"A 9:16 vertical poster design for sakura-themed serum, semi-transparent glass bottle with embossed petal veins glowing in gradient pink, floating sakura pollen particles with fluid simulation effects, background blending soft purple haze with dynamic falling petals using particle system (speed 0.7x), spring atmosphere enhanced by dappled sunlight through cherry branches, diagonal composition dividing 30% left text area with gold foil texture, fusion of neo-Chinese aesthetics (ink wash mountain silhouettes) and trendy Y2K elements (holographic neon gradients), 8K product photography with shallow depth of field highlighting serum's refractive index (sharpness +35% chromatic aberration) --v 6.0 --ar 9:16"

中文提示词解析：

1. **瓶体质感**

- 双层玻璃结构呈现樱花肌理（外磨砂+内浮雕层）
- 光致变色油墨显示不同角度的粉晶光谱
- 瓶颈处镀玫瑰金融合《千里江山图》青绿笔触

2. **动态系统**

- 花瓣飘落路径算法（贝塞尔曲线×布朗运动）
- 花蕊生物荧光粒子每秒220帧渲染
- 液体折射计算的春季晨曦光斑（色温4300K）

3. **新国风架构**

- 背景水墨山体解构成数据点云形态
- 篆书品牌标识的霓虹呼吸灯效
- 传统万字纹转化为分子结构网格

图 8-2-2 DeepSeek 根据要求生成的 Midjourney 提示词

图 8-2-3 Midjourney 根据提示词生成了四张图片

我们选择第一张图片作为后续产品营销海报的素材，如图 8-2-4 所示。

图 8-2-4　DeepSeek 根据要求生成的樱花主题精华液产品海报

3.AI 主图成品处理（美图设计室）

作者打开浏览器，输入美图设计室网址，https://www.designkit.com/tools。选择 AI 工具，再选择 AI 海报，如图 8-2-5 所示。

图 8-2-5　美图设计室中 AI 主图成品处理使用流程（例 1）

首先我们以上文的翡翠图片作为素材生成一个电商主图，熟悉 AI 海报的基础功能，请用户选择电商主图的功能，如图 8-2-6 所示。

图 8-2-6　美图设计室中 AI 主图成品处理使用流程（例 2）

然后填写主图的相关信息。LOGO 名称：来来电商；LOGO 图片；商品名：高品质翡翠；价格：199；营销利益点：下单立减，购物享优惠；商品卖点：冰种通透、天然材质、翠绿色泽。从图片中导入 Midjourney 生成的图片。单击生成按钮，如图 8-2-7 和图 8-2-8 所示。

美图设计室会自动生成十张主图，可以单击页面最下方的“生成更多”按钮生成更多电商主图。也可以划动到图片上，选择编辑和下载功能，如图 8-2-9 所示。

用户可以双击修改主图任意文字，LOGO 文字、价格文字、标题文字、卖点文字、利益点文字均可随意修改，也可以删除现有文字或添加新的文字。产品图片和 LOGO 图片也可以任意移动位置，当然用户也可以替换别的产品图片和 LOGO 图片。编辑修改完成主图后，单击右上角“下载”按钮，主图图片会自动下载，如图 8-2-10 所示。**美图设计室弥补了 Midjourney 无法排版，无法添加中文文字，无法分层管理图片元素的缺陷。**

图 8-2-7　美图设计室中 AI 主图成品处理使用流程（例 3）

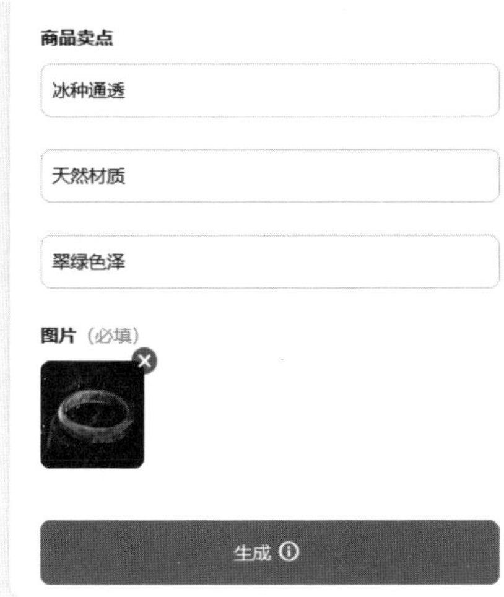

商品卖点

冰种通透

天然材质

翠绿色泽

图片（必填）

生成

图 8-2-8　美图设计室中 AI 主图成品处理使用流程（例 4）

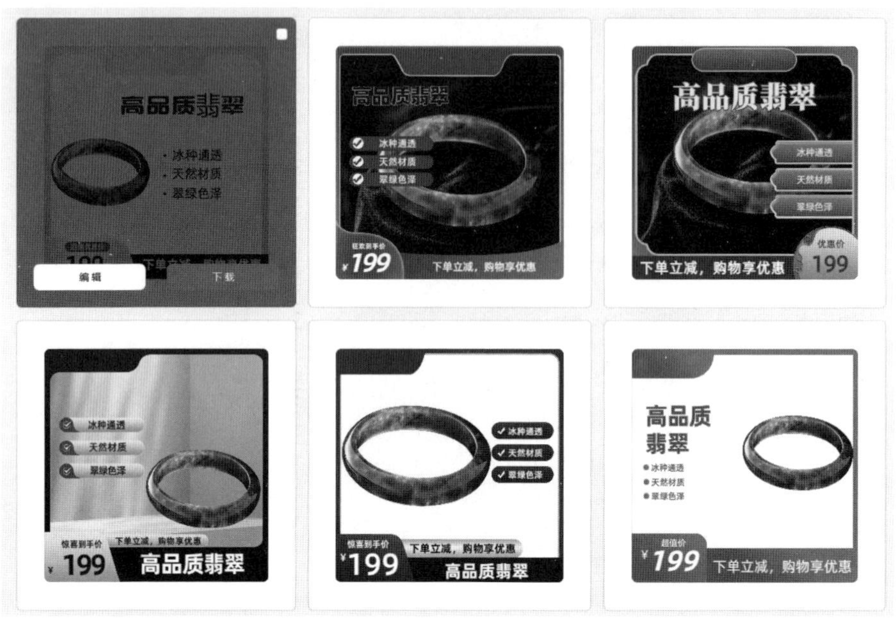

图 8-2-9　美图设计室中 AI 主图成品处理使用流程（例 5）

图 8-2-10　美图设计室中 AI 主图成品处理使用流程（例 6）

最终电商产品主图，如图 8-2-11 所示。

图 8-2-11 美图设计室生成的最终电商产品主图

用户此阶段需重点掌握三大工具的“输入—输出”特性：DeepSeek 提供结构化创意提示词，Midjourney 实现高精度视觉图片生产，美图设计室完成商业级成品图片输出，三者形成线性工作流。

8.2.2 高手进阶：跨平台协同的创意海报

使用美图设计室熟悉了基础的 AI 主图的制作，我们以电商节日营销海报来制作完善精华液产品的节日海报。我们以妇女节为主题来设计海报。如果用户对节日海报的文案没有想法，还可以继续找 DeepSeek 帮你写文案。输入以下提示词：**我要制作一个精华液的妇女节营销海报，帮我想主标题（10 字内），副标题（20 字内），祝福语（30 字内）**，如图 8-2-12 所示。DeepSeek 不仅给了完整文案，还给了设计建议，如图 8-2-13 和图 8-2-14 所示。

图 8-2-12　美图设计室创作节日海报文案

我要制作一个精华液的妇女节营销海报，帮我想主标题（10字内），副标题（20字内），祝福语（30字内）

Tokens: 55

deepseek-ai/DeepSeek-R1
02/16 01:31

已深度思考（用时 75.3 秒）

好的，用户要制作妇女节的精华液营销海报，需要主标题10字内，副标题20字内，祝福语30字内。之前用户已经询问过一次，现在又再提了一次，可能是之前的回复还不够符合他们的需求，或者想看看更多选项。

首先回顾上一次的回复，提供了三个版本的主副标题和祝福语，以及设计建议。用户这次可能希望更简洁，或者需要不同的角度。要注意用户这次特别强调了字数限制，尤其是祝福语严格控制在30字内，而之前的祝福语有44字，明显超了，所以这次需要更精简。

分析用户的需求，主标题需要突出精华液的功效，同时结合妇女节的元素，比如绽放、美丽、自信等。副标题要包含促销信息，如限时优惠、赠品，同时保持吸引力。祝福语要温馨，表达对女性的祝福，并且与产品关联，比如肌肤、时光、自信等。

需要检查用户提供的例子，是否有重复或需要改进的地方。之前的主标题如"时光绽美 自拥光华"不错，但可能有更贴近妇女节和产品特点的选项。副标题要包含促销内容和产品效果，比如"3.8节专属 买精华赠定制礼盒"这样直接且吸引人。祝福语必须严格控制在30字内，之前的44字太长了，需删减，例如去掉冗余的比喻，直接表达祝福和产品效果结合。

还需要考虑不同的风格，知性、悦活、优雅等，可能覆盖不同年龄层或消费群体。比如年轻群体可能喜欢更有活力的词汇，成熟女性可能偏好稳重优雅的表达。同时，促销信息如赠品、折扣能够有效吸引购买，要突出显示。

接下来要生成新的方案，确保每个部分符合字数要求，并且信息明确。主标题可能需要使用动词或比喻，比如"绽现""焕新"等。副标题要结合节日特惠和产品效果，比如"肌肤焕亮礼遇，3.8节赠玫瑰精华面膜"这样既有产品效果又有赠品信息。祝福语要简洁有力，比如"愿你如春日绽放，时光予你细腻光芒，自信姿态终成隽永风景。"刚好30字。

最后需要确认每个选项是否符合用户的所有要求，特别是字数，避免再次超出限制。同时提供多样化的版本，供用户根据品牌调性选择合适的方向。

图 8-2-13　DeepSeek 文案创作的深度思考过程

（根据规范调整后全新方案）

-----主标题（10字内）----
【绽现肌光 自有锋芒】
【春日焕颜 柔金入肌】
【凝时驻美 礼献芳华】

-----副标题（20字内）----
「3.8节专属购 赠鎏金永生花礼盒」

「透亮加速方程式 限量赠定制丝巾」

「28天黑曜修护力 下单解锁焕新礼」

-----祝福语（30字内）----
「愿温暖浸透每寸时光，温柔力量与肌肤共生长，自有光芒无需借谁的光」

「以春意滋养岁月肌纹，骄傲绽放所有棱角温柔，让时光见证美的答案」

「三月馈赠无需设限的美丽配方，肌肤如羽翼舒展自有高光时刻」

-----创意方向说明----

1. 主标题策略：聚焦"破茧新生+自我价值"概念，符合当代女性追求独立与内外兼修的心理
2. 副标题设计：数据化呈现产品功效（如28天周期）+高价值感赠品组合（永生花/丝巾既实用又有收藏价值）
3. 祝福语升级：弱化传统赞美式表达，转向「妳本自具足」的赋能型文案，采用"肌理隐喻人生"的文学化处理
4. 节日符号转化：将鲜花/丝巾这些妇女节常见意象转化为「不凋谢的永恒赠礼」强化品牌记忆点

图 8-2-14　DeepSeek 根据要求生成的海报文案

用户需要在节日祝福海报中填写 DeepSeek 生成的文案，上传 Midjourney 生成的产品图片，接着单击生成按钮，即可生成带有中文的电商产品节日营销成品海报，如图 8-2-15 所示。

美图设计室会自动生成十张海报，可以单击页面最下方的“生成更多”按钮生成更多节日海报。你也可以滑动到图片上，选择编辑和下载功能，如图 8-2-16 所示。

用户同样可以双击修改海报任意文字，主标题文字、副标题文字、祝福语文字均可随意修改，也可以删除现有文字或添加新的文字。用户如果觉得海报中没有产品图片，可以自行添加产品图片，并使用抠图功能自动抠图即可。编辑修改完成主图后，单击右上角下载按钮，节日海报图片会自动下载，如图 8-2-17 所示。

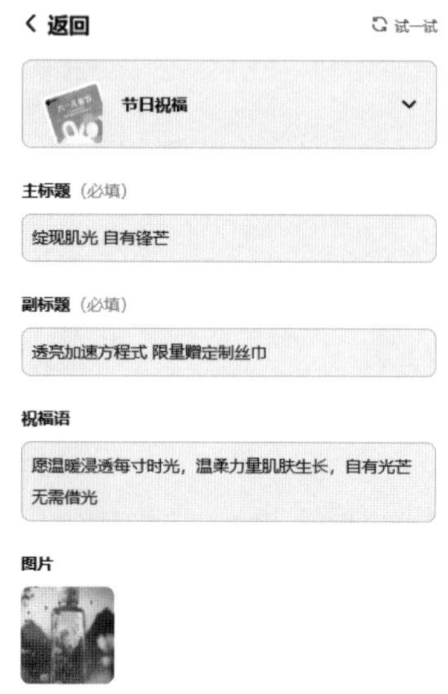

图 8-2-15 美图设计室中海报生成使用流程

图 8-2-16 美图设计室中自动生成了六张海报

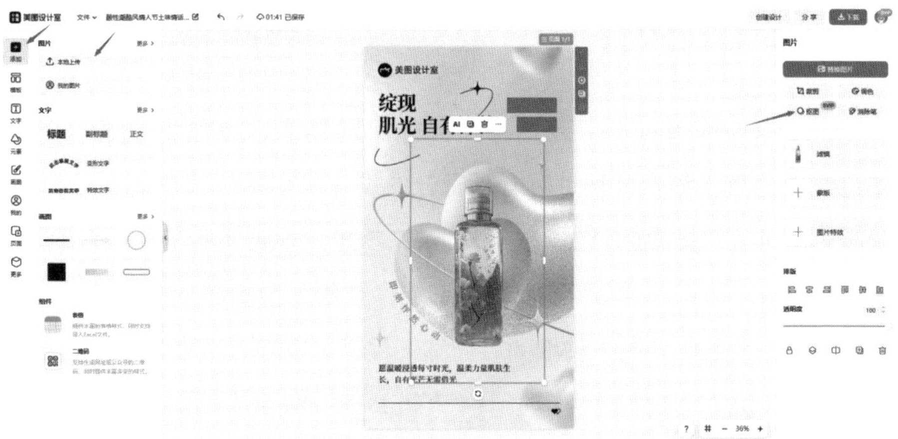

图 8-2-17　DeepSeek 根据要求生成的海报下载页面

最终电商节日营销海报，如图 8-2-18 所示。

图 8-2-18　美图设计室中生成的最终电商节日营销海报

8.2.3 注意事项：规避技术边界与法律风险

DeepSeek+Midjourney+美图设计室的协同体系，本质上是将人类创意、AI计算与工程化处理进行有机融合的设计操作系统。在这个系统内，DeepSeek扮演“概念翻译器”，Midjourney承担“视觉实验场”，美图设计室则进化成“生产流水线”。当三者形成参数级的数据流通时，营销海报设计便从艺术创作升级为精准的可计算工程。未来随着多模态模型的持续进化，这种协同模式将催生出更多“人机共创”的新范式，但核心竞争壁垒始终在于：如何将冰冷的参数代码，转化为触动消费者心智的情感画面。这要求从业者既要有拆解视觉元素的工程思维，更要保持对人性需求的敏锐洞察，毕竟所有技术终将服务于人的情感共鸣。虽然AI设计工具正在重塑营销视觉生产的范式，但其本质仍是“增强智能”而非“替代人类”。DeepSeek与Midjourney的价值在于将设计师从重复性劳动中解放出来，使其更专注于策略性创意与情感化表达。当技术参数与人文洞察形成共振时，产品海报才能真正超越视觉表意，成为连接品牌与消费者的价值纽带。当技术参数与人文洞察形成共振时，产品海报才能真正超越视觉表意，成为连接品牌与消费者的价值纽带。随着多模态模型的持续进化，掌握AI工具特性、建立人机协作范式，将成为数字时代设计师的核心竞争壁垒。

尽管AI工具大幅提升了设计效率，但其技术局限性与合规要求仍需高度重视。**版权归属问题仍然需要重视**，DeepSeek生成的图像默认遵循CC0协议，但若涉及特定艺术家风格（如 --style vanGogh），可能触发知识产权争议；Midjourney的商业授权则需订阅Pro计划。建议企业用户建立生成素材溯源库，对每张海报的提示词、生成时间、修改记录进行存档。

在技术边界方面，需警惕AI的**物理逻辑缺失**。例如表现“水流环绕产品”的场景时，DeepSeek可能生成违反流体力学的水纹走向，此时应通过**迭代修正指令**逐步优化，“水流动线应符合从右上向左下的重力方向，与瓶身接触点产生浪花飞溅”。此外，涉及人脸或特定地标的生成内容必须添加 --no face 与 --no landmark 限制参数，避免伦理争议。

参数滥用是另一个常见陷阱。部分用户为追求视觉效果过度使用 --stylize 1000 等极端参数，**导致海报失去商业传播价值。专业设计师建议将风格化强度控制在 500 ~ 700 区间**，并在生成后使用 DeepSeek 的美学评分系统进行客观评估，该功能可依据色彩对比度、视觉焦点集中度、信息层级清晰度等维度输出优化建议。

8.3 批量设计企业中文海报（DeepSeek+ 美间）

在数字化浪潮席卷全球的今天，企业人才战略的落地方式正经历深刻变革。传统中文海报设计依赖人工构思与反复修改的模式，已难以满足快节奏的宣发需求。DeepSeek 和美间的协同应用，为各个部门提供了从文案生成到视觉呈现的一站式解决方案。这种技术融合不仅降低了设计门槛，更通过智能化工具释放了创意潜能，使各类中文海报从信息载体升级为企业品牌传播的媒介。

8.3.1 新手初学：设计中文日签海报

打开 Cherry Studio 使用 DeepSeek-R1 模型，输入如下提示词：**制作 2025 年 2 月 16 日到 3 月 16 日每天日签海报的文案，文案建议不超过 15 个字，需要结合节日等因素撰写文案。**

这样我们的日签海报的文案 DeepSeek 就帮我们构思好了，不用用户自己费力构思文案，DeepSeek 也温馨地提供了设计建议，如图 8-3-1 所示。

来来

02/16 18:32

制作2025年2月16日到3月16日每天日签海报的文案，文案建议不超过15个字，需要结合节日等因素撰写文案。

Tokens: 54

deepseek-ai/DeepSeek-R1

02/16 18:32

> 已深度思考（用时 128.1 秒）

以下是为2025年2月16日至3月16日设计的每日日签文案（15字以内，结合节日、节气及周末）：

2月16日-2月28日

2/16（初九）：新春启程，向光而行

2/17（初十）：人勤春早，耕耘不负

2/18（初十一·雨水）：雨水润百谷，希望悄然生

2/19（十二）：烟火向星辰，所愿皆成真

2/20（十三）：破茧成蝶日，静待花开时

图 8-3-1 日签海报文案

使用谷歌浏览器打开美间网址 https://www.meijian.com/x/print/ai-poster，选择“AI 创意印刷”，选择“AI 海报”，如图 8-3-2 所示。

图 8-3-2 在美间首页选择“AI 海报”

选择 DeepSeek 生成的任意一天的文案，作者以二月二（龙抬头）这天的文案（抬头揽春光，昂首步从容）为例，将类型选择为日签，风格选择为中国风，共有 AI 推荐、水彩、摄影、插画、中国风、扁平、像素、微缩摄影、剪纸九种风格可供用户选择。单击“立即生成”按钮，如图 8-3-3 所示。

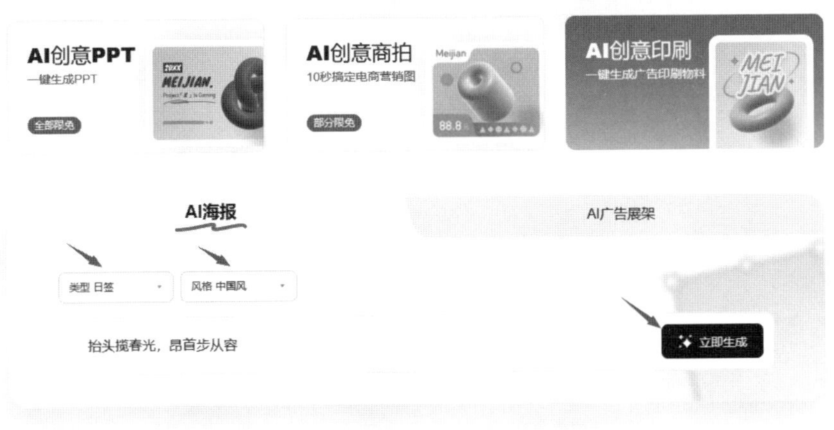

图 8-3-3　在美间使用提示词生成海报

出现美间的登录界面，未注册手机号将自动创建美间账号，输入手机和验证码完成账号自动注册和登录。

登录美间账户后，会自动进入 AI 海报的界面，美间已经自动为我们生成了四张日签海报，用户可以选择任意一张海报进入海报的编辑页面，如图 8-3-4 所示。

进入美间的海报编辑页面，右侧编辑选项卡，可以快速编辑海报上的文字内容，如图 8-3-5 所示。

图 8-3-4　在美间生成的四张海报中选择一张继续

图 8-3-5　在美间编辑海报上的文字内容

用户可以快速地替换海报的图片素材，如图 8-3-6 所示。

选择文字，单击右侧设计选项卡，可以修改文字的各种参数和字体样式，如图 8-3-7 所示。

图 8-3-6　在美间替换海报图片素材

图 8-3-7　在美间修改文字样式

选择图片，单击右侧设计选项卡，可以替换图片、AI 抠图、AI 扩图、AI 细节增强、图片裁切、添加圆角、添加描边、添加阴影、添加倒影、添加模糊、修改图片不透明度、改变图层顺序、锁定图片和删除图片等丰富的图片编辑功能，如图 8-3-8 所示。

图 8-3-8　在美间进一步编辑海报图片

编辑完成后，单击右上角“完成”按钮，选择“下载”，即可下载图片，如图 8-3-9 所示。

图 8-3-9　下载美间生成的海报

用户如果需要更精细化的编辑，可以单击右上角的“自由编辑”，如图 8-3-10 所示。

图 8-3-10　自由编辑功能

美间会打开更加高级的自由编辑器，可以快速地添加素材等丰富功能，可以方便用户对画面进行更加细致的编辑，如图 8-3-11 所示。

图 8-3-11　美间的自由编辑器界面

最终生成日签海报图片，如图 8-3-12 所示。

图 8-3-12 美间生成的日签案例

8.3.2 高手进阶：批量生成中文海报

作者以刚才的日签海报为例，来批量生成 2 月 16 日到 3 月 16 日的日签海报。此时，我们需要单击“完成”按钮，选择批量出图，如图 8-3-13 所示。

图 8-3-13 美间的批量出图功能

接着进入美间批量出图编辑器，界面显示可以批量替换的图片和文字区域。作者的海报有两处图片区域可以批量替换，四处文字区域可以批量替换。图片可以选择填充方式，文字可以选择对齐方式，用户可以按需选择。如果某部分图片和文字用户不需要替换可以选择删除。确认完图片和文字的参数后，用户请单击“下一步”，如图 8-3-14 所示。

图 8-3-14　美间的批量出图编辑器

接着用户进入美间的批量添加数据界面，我们可以选择右侧“批量导入内容”，如图 8-3-15 所示。

图 8-3-15　批量导入内容

用户需要下载批量上传数据的模板，如图 8-3-16 所示。

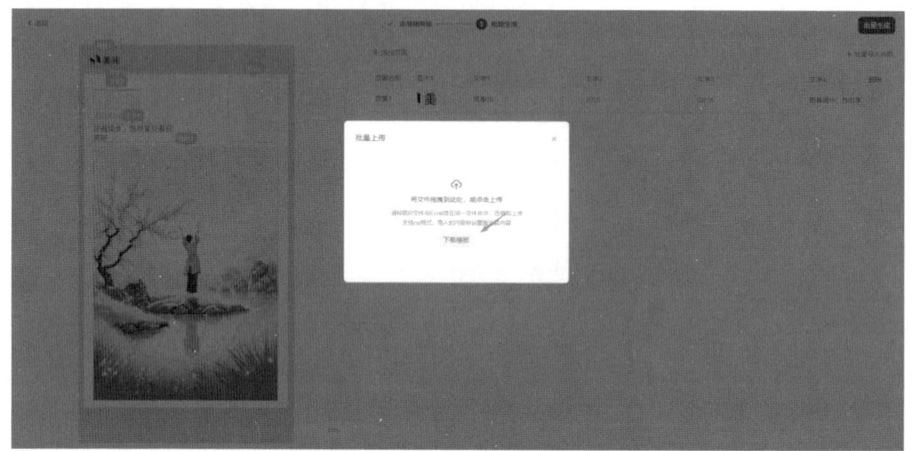

图 8-3-16　下载批量上传数据的模板

下载后是一个压缩包，有图片素材和电子表格文件。用户打开电子表格文件，核心是按照需求修改电子表格的内容即可。页面代表不同的海报文件名称。图片 1 是代表 LOGO 图片，每行的图片内容可以使用同一张，也可以使用不同的 LOGO 图片。图片 2 代表画面中间的图片，作者暂时使用全部一样的图片，用户可以选择不同图片。其他文字都是画面中的文字内容，文字 2 代表年，文字 3 代表不同日期，文字 4 是每天不同的日签文字，这里是之前 DeepSeek 帮助作者生成的，修改文字内容即可。

用户切记保存电子表格和所有图片创建一个 ZIP 格式压缩包，如图 8-3-17 所示。

打开美间的批量编辑器页面，请打开右侧的“批量导入内容”，在出现的“批量上传”弹窗中上传制作好的 ZIP 格式压缩包文件，如图 8-3-18 所示。

1	⚠模板填写需知： 1. 每一行表格的内容将生成一份设计结果，最多仅支持100行数据； 2. 请不要增加，删除，修改表头内容，避免Excel无法导入成功； 3. 请不要合并、拆分单元格，避免Excel无法导入成功； 4. 请将用到的图片文件与Excel放在同一个文件夹中，不支持多层文件夹，打成压缩包后上传； 5. 图片仅需填写文件名，无需填写图片后缀，但请确保图片文件名不重复； 6. 请注意文案的内容输入字数，过多的字数将会导致排版时溢出；						
2	页面	图片1	文字1	文字2	文字3	文字4	图片2
3	页面1	图片1_1	揽春光	2025	2月16	新春启程，向光而行	图片2_1
4	页面2	图片1_1	揽春光	2025	2月17	人勤春早，耕耘不负	图片2_1
5	页面3	图片1_1	揽春光	2025	2月18	雨水润百谷，希望悄然生	图片2_1
6	页面4	图片1_1	揽春光	2025	2月19	烟火向星辰，所愿皆成真	图片2_1
7	页面5	图片1_1	揽春光	2025	2月20	破茧成蝶日，静待花开时	图片2_1
8	页面6	图片1_1	揽春光	2025	2月21	心怀山海，步履不停	图片2_1
9	页面7	图片1_1	揽春光	2025	2月22	月圆人安，灯火可亲	图片2_1
10	页面8	图片1_1	揽春光	2025	2月23	日日是好日，慢慢亦灿烂	图片2_1
11	页面9	图片1_1	揽春光	2025	2月24	春风吹万里，好事正发芽	图片2_1
12	页面10	图片1_1	揽春光	2025	2月25	晨光不负赶路人	图片2_1
13	页面11	图片1_1	揽春光	2025	2月26	低头有路，抬头有星	图片2_1
14	页面12	图片1_1	揽春光	2025	2月27	万物新，心亦新	图片2_1
15	页面13	图片1_1	揽春光	2025	2月28	知足常乐，平凡即福	图片2_1
16	页面14	图片1_1	揽春光	2025	3月1	抬头揽春光，昂首步从容	图片2_1
17	页面15	图片1_1	揽春光	2025	3月2	三月伊始，向美而生	图片2_1
18	页面16	图片1_1	揽春光	2025	3月3	心若向阳，无畏路长	图片2_1
19	页面17	图片1_1	揽春光	2025	3月4	春寒料峭，暖心为上	图片2_1
20	页面18	图片1_1	揽春光	2025	3月5	惊雷唤万物，奋进展新程	图片2_1
21	页面19	图片1_1	揽春光	2025	3月6	前路有光，步履莫慌	图片2_1
22	页面20	图片1_1	揽春光	2025	3月7	温柔半两，从容一生	图片2_1
23	页面21	图片1_1	揽春光	2025	3月8	她力量，自有光芒万丈	图片2_1
24	页面22	图片1_1	揽春光	2025	3月9	春山可望，未来可期	图片2_1
25	页面23	图片1_1	揽春光	2025	3月10	晴耕雨读，岁月不误	图片2_1
26	页面24	图片1_1	揽春光	2025	3月11	春风解意，开门见喜	图片2_1
27	页面25	图片1_1	揽春光	2025	3月12	栽种梦想，绿满心田	图片2_1
28	页面26	图片1_1	揽春光	2025	3月13	日子常新，远方不远	图片2_1
29	页面27	图片1_1	揽春光	2025	3月14	爱在日常，不惧时光	图片2_1
30	页面28	图片1_1	揽春光	2025	3月15	诚行天下，信筑未来	图片2_1
31	页面29	图片1_1	揽春光	2025	3月16	初心如磐，简单致远	图片2_1

图 8-3-17 批量导入模板示例

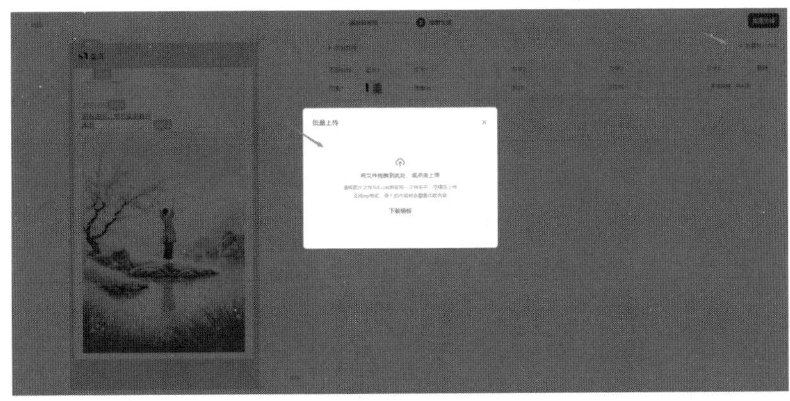

图 8-3-18 上传制作好的 ZIP 压缩包

美间会自动进行文件分析，此时需要等待片刻，如图 8-3-19 所示。

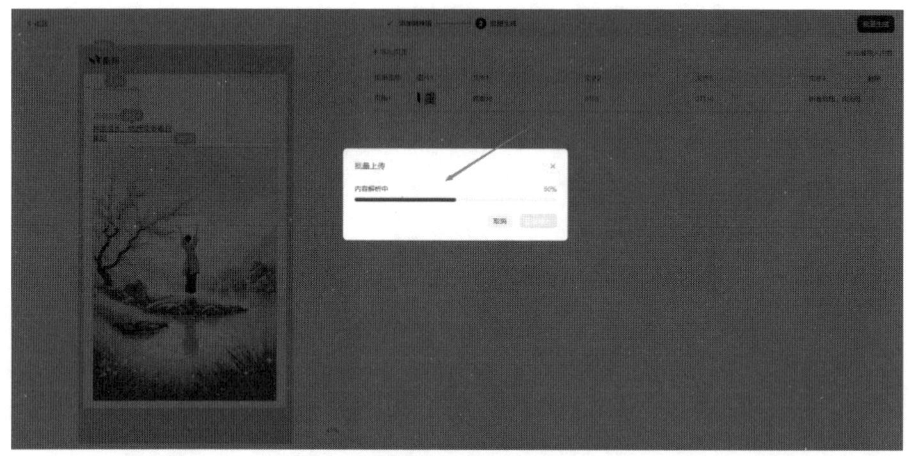

图 8-3-19　文件分析进程

用户成功上传数据后，美间会自动识别所有的批量文字和批量图片数据。用户请单击“批量生成”按钮，如图 8-3-20 所示。

图 8-3-20　批量识别文字和图片数据

美间软件会自动生成批量海报，左侧栏目显示所有批量海报，中间区域是选中的单张海报。用户单击右上角的“完成”按钮，选择“下载”即可下载所有海报图片，如图 8-3-21 所示。

图 8-3-21　下载所有海报图片

下载的弹窗会提醒用户选择页面的数量，默认是全部选择，如图 8-3-22 所示。

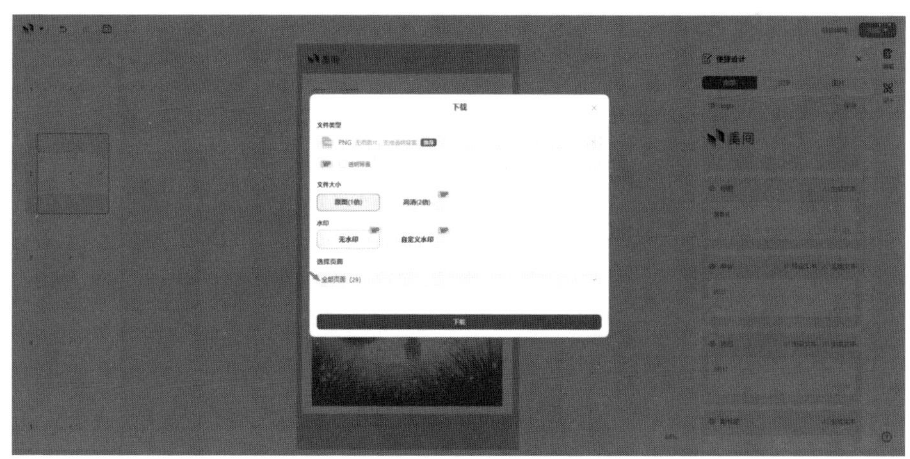

图 8-3-22　选择页面数量

美间会自动以一个压缩包的形式把用户所有的图片都打包下载，此处作者仅示范展示两张日签海报，如图 8-3-23 所示。

图 8-3-23　DeepSeek+ 美间制作的两张日签海报

这场由 DeepSeek 与美间共同驱动的设计革命，重新定义了企业宣传的传达方式。从新手到专家的成长路径中，智能工具始终扮演着能力放大器的角色，既降低了基础操作的门槛，又为创意突破提供了技术支撑。当机器智能与人类洞察深度融合时，每一张企业海报都将成为企业宣传竞争力的立体宣言。这种进化不仅停留在效率层面，更预示着人机协同在组织管理领域的无限可能。

第 9 章

AI 自媒体创作：DeepSeek 实战大全

CHAPTER 9

9.1

小红书批量图文封面（DeepSeek+ 稿定设计）

稿定设计作为国内领先的在线设计平台，原本就为万千用户提供了丰富的模板、海量素材和“小白也能用”的编辑工具——从朋友圈配图到企业宣传海报，从电商产品详情页到短视频封面，动动手指替换文字图片就能快速出图。

而 DeepSeek 的 AI 能力加入后，这个工具变成了会读心的“设计精灵”：当你想做一张端午节促销海报，不再需要从 200 个模板里大海捞针，只需告诉 AI“想要国风粽子主题、突出五折优惠、背景有龙舟元素”，三秒就能生成三个风格方案，连粽叶上的露珠反光都透着专业设计感。

以往最让人头疼的抠图操作，现在用画笔随手圈出主体，AI 瞬间就能把猫咪从杂乱背景中完美剥离；调整版式时就像有个隐形的设计总监在指导，原本拥挤的文字排版经过 AI 自动优化后，字号、间距、配色突然变得舒适又高级。

更神奇的是，这个组合能读懂不同场景的“潜规则”：给中年用户群体设计养生品广告时，AI 会自动调大字体、采用稳重的深蓝色系；换成年轻人喜欢的潮牌文案，立刻切换成荧光色碰撞和手写字体。

这种结合就像给每个普通人配了私人设计团队，既有专业设计师的审美能力，又像贴心助理一样随时待命，让创意不再被技术门槛限制，让好设计真正成为人人都能轻松掌握的“表达力工具”。

9.1.1 新手必学：2 分钟制作 100 张爆款图文

稿定设计是一款在线就能使用的作图工具。以往制作图片需要找模板，找对应的素材内容，相对比较烦琐。而现在有 DeepSeek 的帮助，简直如虎添翼。DeepSeek 的强大之处就在于对我们需求的理解和超强的搜索总结能力。本小节以书摘语录图文为例，笔者将演示如何用 2 分钟制作 100 张爆款图文。

（1）打开官方网址 https://www.gaoding.com/。单击右上角“登录 / 注册”，如图 9-1-1 所示。

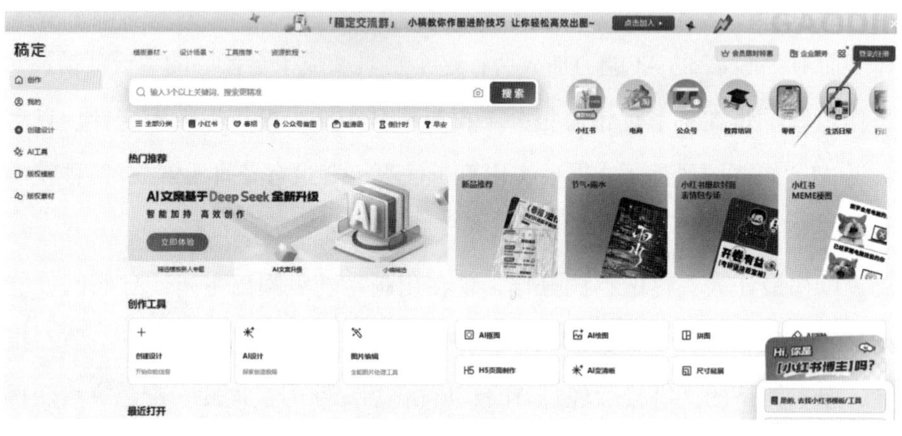

图 9-1-1　稿定设计在线作图工具界面

（2）单击后，默认微信扫描二维码可以直接登录，未注册的用户会自动创建账号，读者也可以选择用手机号、花瓣号、QQ、企业微信、邮箱等方式进行登录。

（3）登录成功后即可进入稿定设计的首页。

（4）打开 DeepSeek 对话框，输入提示词“我现在需要做书摘语录，你帮我提供 30 个经典书籍中的金句，需要包含金句、金句作者、金句来源这三个字段内容。不需要其他字段和排序，用表格的形式帮我展现出来。示例：其实地上本没有路，走的人多了，也便成了路。鲁迅——《故乡》”，如图 9–1–2 所示。

我现在需要做书摘语录，你帮我提供30个经典书籍中的金句，需要包含金句、金句作者、金句来源这三个字……

Tokens: 109

图 9–1–2　生成书摘金句表格的提示词示例

（5）等待 DeepSeek 思考后给出金句表格。这时我们可以直接进行下一步操作，如图 9–1–3 所示。

deepseek-ai/DeepSeek-R1
02/16 17:19

> 已深度思考（用时 120.6 秒）

以下是符合要求的30条经典书籍金句表格（严格校对作者及出处准确性）：

金句	作者	金句来源
真正的高贵应该是优于过去的自己	海明威	——《真实的高贵》
所有伟大事物都矗立在暴风雨中	柏拉图	——《理想国》
世间所有的相遇，都是久别重逢	白先勇	——《台北人》
人间不会有单纯的快乐，快乐总夹杂着烦恼和忧虑	杨绛	——《我们仨》
生命好在无意义，才容得下各自赋予意义	米兰·昆德拉	——《不可

图 9–1–3　DeepSeek 生成书摘金句表格示例

（6）打开稿定网站的首页，在搜索框中输入“书摘”，单击“搜索”，如图 9–1–4 所示。

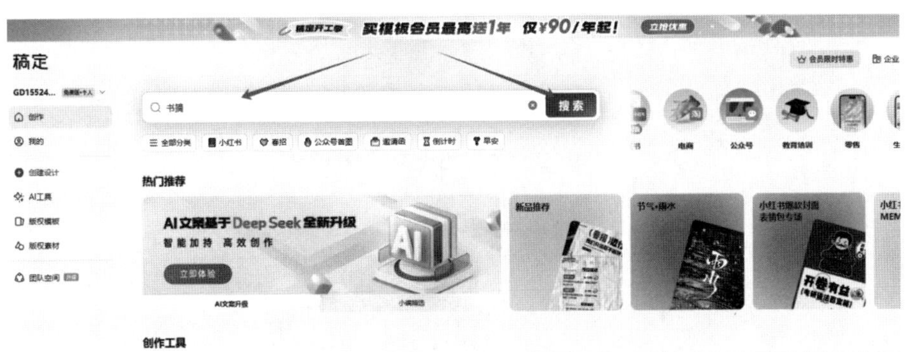

图 9–1–4　稿定设计网站书摘搜索界面

（7）选择一个模板，如笔者选择的这个模板，如图 9-1-5 所示。

图 9-1-5　稿定设计网站模板选择界面

（8）单击模板后会出现模板编辑页面，在这个页面可以对模板进行编辑，如图 9-1-6 所示。

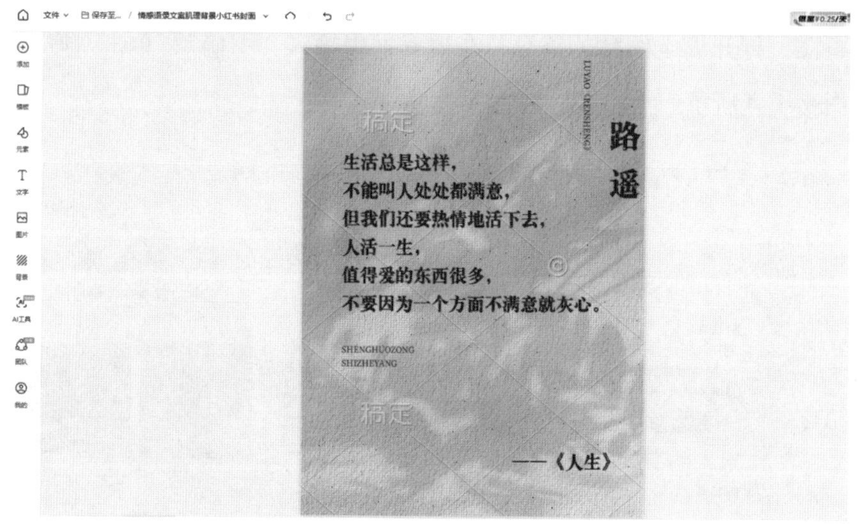

图 9-1-6　稿定设计网站模板编辑界面

（9）单击稿定设计的左上角“添加”按钮，再单击下方的“批量套版”按钮，如图 9-1-7 所示。

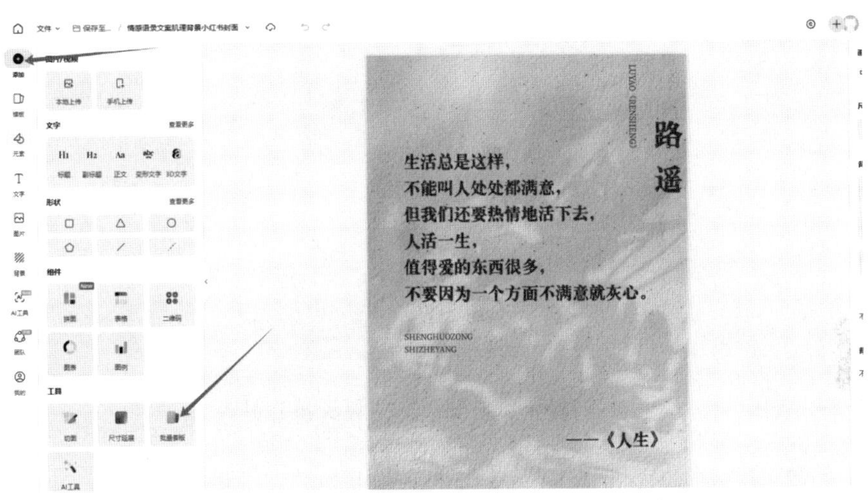

图 9-1-7　稿定设计批量套版功能操作界面

（10）接着按照给 DeepSeek 要求的顺序，分别把金句、金句作者、金句来源三个文本块“添加替换项”，如图 9-1-8 所示。

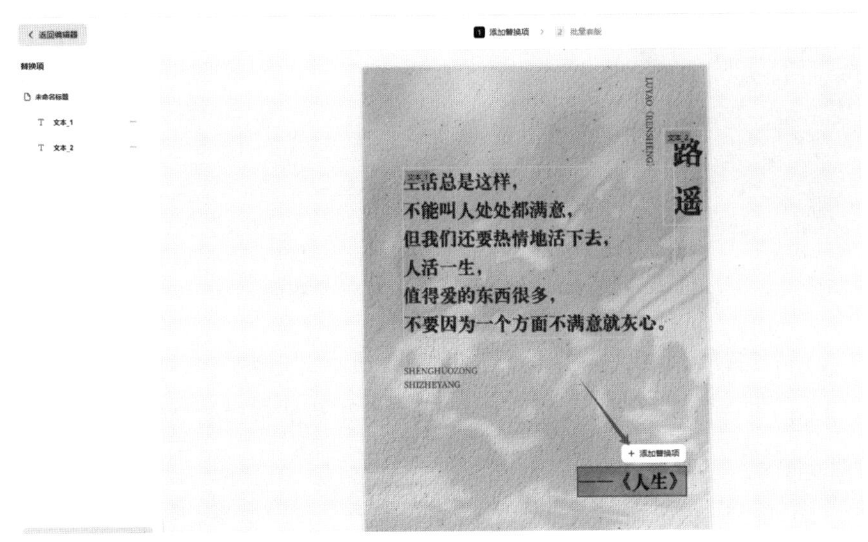

图 9-1-8　稿定设计批量替换文本功能界面

（11）单击下一步，准备进入批量模板操作界面，如图 9-1-9 所示。

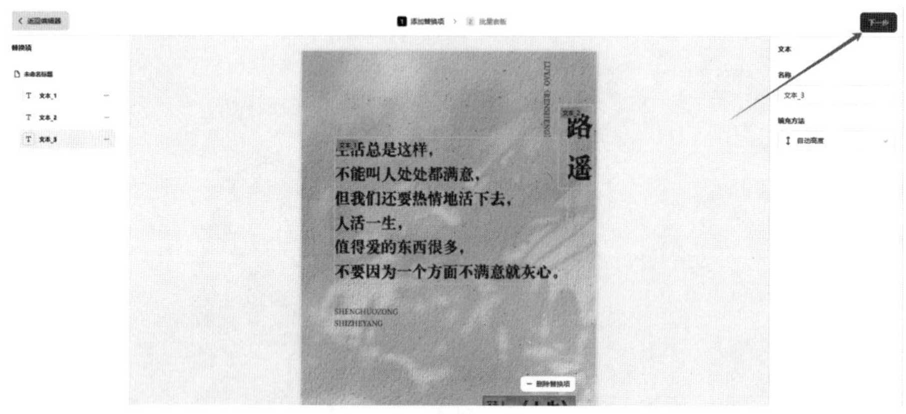

图 9-1-9　稿定设计批量模板操作界面

（12）进入模板预览页面，单击表格左上角的“批量导入内容”下载模板，如图 9-1-10 所示。

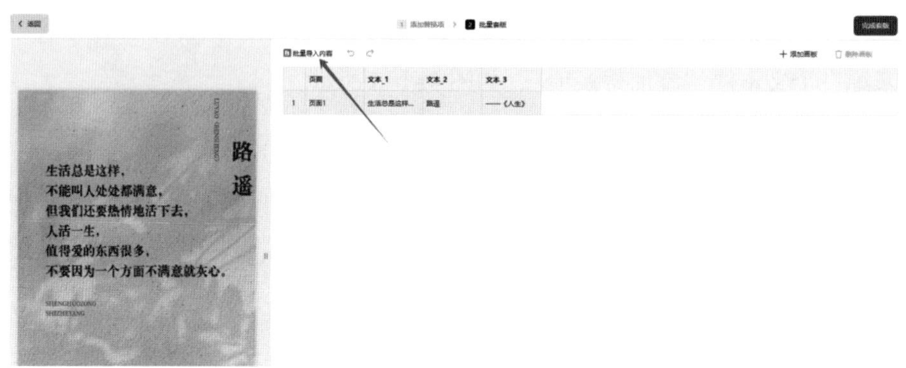

图 9-1-10　批量导入内容界面

（13）选择“下载模板”，如图 9-1-11 所示。

（14）回到 DeepSeek 界面，把 DeepSeek 生成的金句书摘表格全部复制，如图 9-1-12 所示。

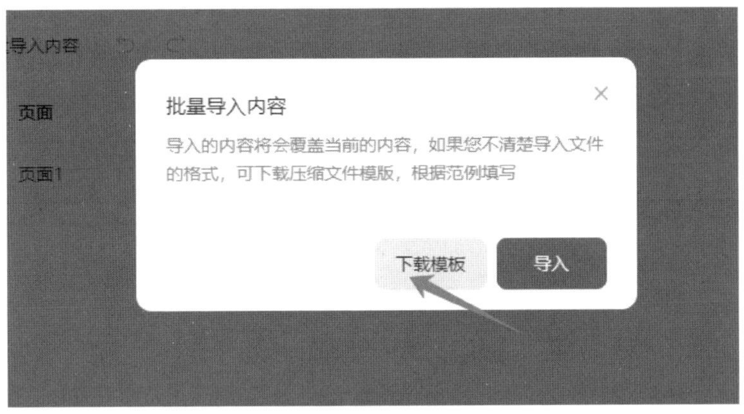

图 9-1-11　稿定设计下载模板界面

deepseek-ai/DeepSeek-R1
02/16 17:19

> 已深度思考（用时 120.6 秒）

以下是符合要求的30条经典书籍金句表格（严格校对作者及出处准确性）：

金句	作者	金句来源
真正的高贵应该是优于过去的自己	海明威	——《真实的高贵》
所有伟大事物都矗立在暴风雨中	柏拉图	——《理想国》
世间所有的相遇，都是久别重逢	白先勇	——《台北人》
人间不会有单纯的快乐，快乐总夹杂着烦恼和忧虑	杨绛	——《我们仨》
生命好在无意义，才容得下各自赋予意义	米兰·昆德拉	——《不可承受的生命之轻》
每个冬天的句号都是春暖花开	加缪	——《加缪手记》
人的眼睛是由黑、白两部分组成的，可是神为什么要让人只通过黑的部分去看东西呢？	纪伯伦	——《沙与沫》
你担心什么，什么就控制你	约翰·洛克	——《人类理解论》
你灵魂的欲望，是你命运的先知	霍姆斯	——《霍姆斯读本》
我本可以忍受黑暗，如果不曾见过太阳	狄金森	——《狄金森诗选》
勇者愤怒，抽刃向更强者	鲁迅	——《华盖集·杂感》
人类的一切智慧都包含在这两个词中：等待和希望	大仲马	——《基督山伯爵》
爱情太短，而遗忘太长	聂鲁达	——《二十首情诗与绝望的歌》
爱是想触碰又收回手	塞林格	——《破碎故事之心》
每个人都是月亮，总有阴暗面不让人看见	马克·吐温	——《赤道环游记》
卑鄙是卑鄙者的通行证，高尚是高尚者的墓志铭	北岛	——《回答》
你记得所有的事，唯独忘记自己是谁	石黑一雄	——《被掩埋的巨人》
所有命运馈赠的礼物，都已在暗中标好了价格	茨威格	——《断头王后》

图 9-1-12　在 DeepSeek 中复制书摘金句文案

（15）打开刚才在稿定下载的模板表格文件，把从 DeepSeek 复制的内容粘贴到模板表格中，如图 9-1-13 所示。

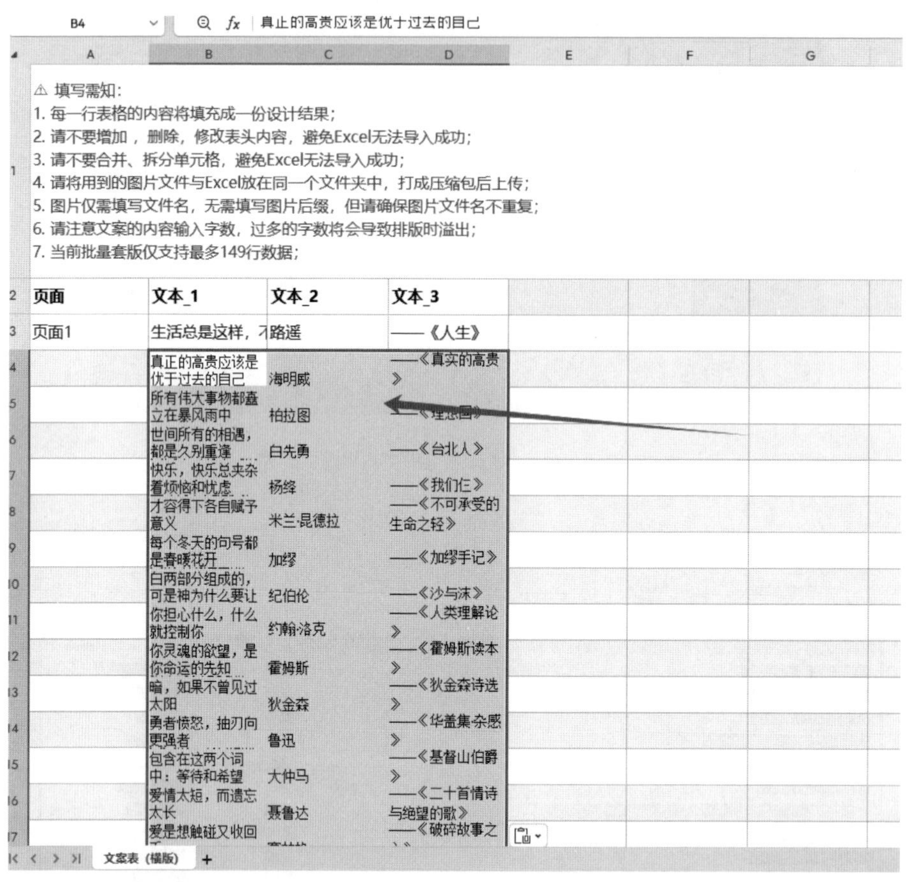

图 9-1-13　稿定设计模板表格内容填充指南

（16）填充第一列页面，直接按顺序填充即可，然后保存表格文件。最终模板表格如图 9-1-14 所示。

（17）回到稿定页面。再次单击“批量导入内容”，再单击“导入”。注意，这里是选择“导入”，如图 9-1-15 所示。

（18）选择需要导入的模板文件，注意这里需要把表格文件打包成 ZIP 格式的压缩包再选择，如图 9-1-16 所示。

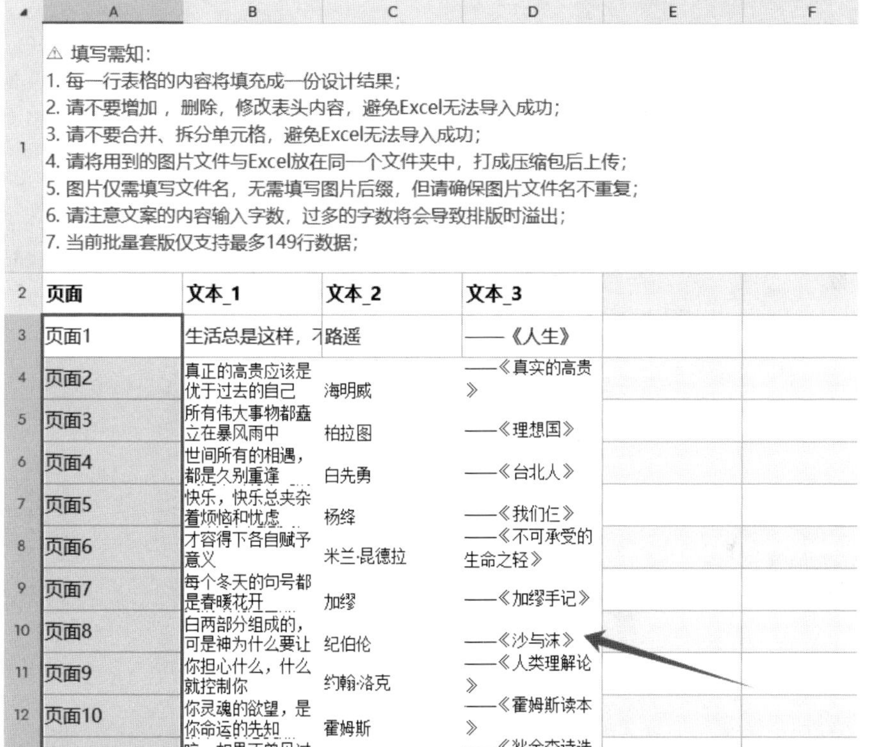

A3 | fx | 页面1

⚠ 填写需知：
1. 每一行表格的内容将填充成一份设计结果；
2. 请不要增加，删除，修改表头内容，避免Excel无法导入成功；
3. 请不要合并、拆分单元格，避免Excel无法导入成功；
4. 请将用到的图片文件与Excel放在同一个文件夹中，打成压缩包后上传；
5. 图片仅需填写文件名，无需填写图片后缀，但请确保图片文件名不重复；
6. 请注意文案的内容输入字数，过多的字数将会导致排版时溢出；
7. 当前批量套版仅支持最多149行数据；

页面	文本_1	文本_2	文本_3
页面1	生活总是这样，不	路遥	——《人生》
页面2	真正的高贵应该是优于过去的自己	海明威	——《真实的高贵》
页面3	所有伟大事物都矗立在暴风雨中	柏拉图	——《理想国》
页面4	世间所有的相遇，都是久别重逢	白先勇	——《台北人》
页面5	快乐，快乐总夹杂着烦恼和忧虑	杨绛	——《我们仨》
页面6	才容得下各自赋予意义	米兰·昆德拉	——《不可承受的生命之轻》
页面7	每个冬天的句号都是春暖花开	加缪	——《加缪手记》
页面8	由两部分组成的，可是神为什么要让	纪伯伦	——《沙与沫》
页面9	你担心什么，什么就控制你	约翰·洛克	——《人类理解论》
页面10	你灵魂的欲望，是你命运的先知	霍姆斯	——《霍姆斯读本》
页面11	暗，如果不曾见过太阳	狄金森	——《狄金森诗选》
页面12	勇者愤怒，抽刃向更强者	鲁迅	——《华盖集·杂感》
页面13	包含在这两个词中：等待和希望	大仲马	——《基督山伯爵》
页面14	爱情太短，而遗忘		——《二十首情诗

图 9-1-14　稿定设计模板表格数据填充界面

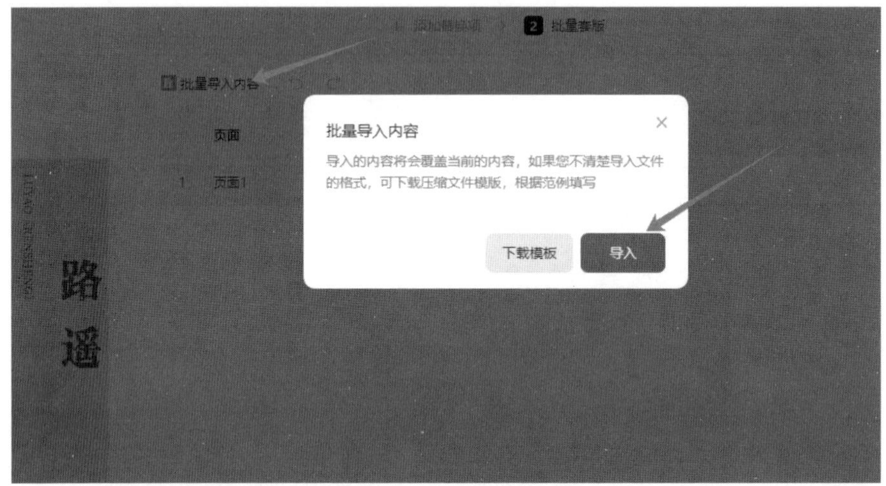

图 9-1-15 稿定设计“批量导入内容”指南

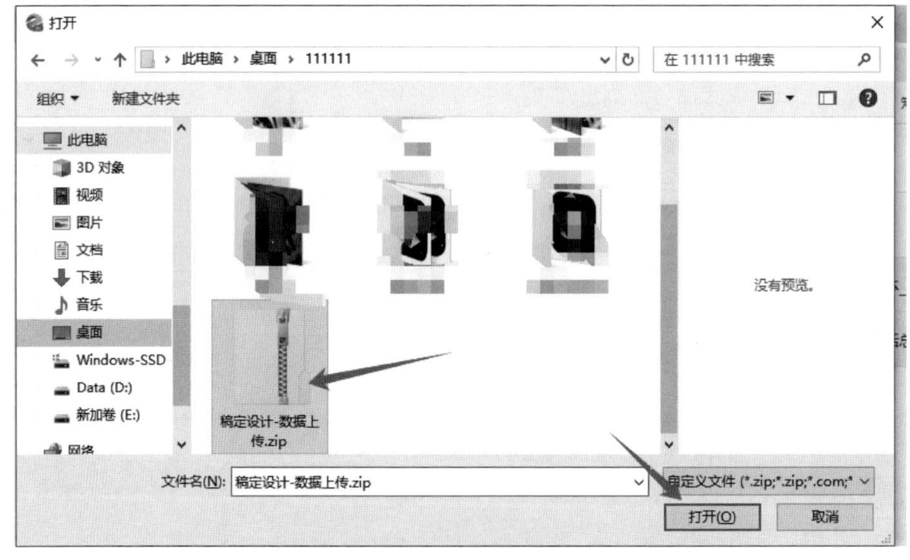

图 9-1-16 稿定设计工具导入 ZIP 压缩包操作示例

（19）导入成功后即会把所有的金句、金句作者、金句来源展示出来，如图 9-1-17 所示。

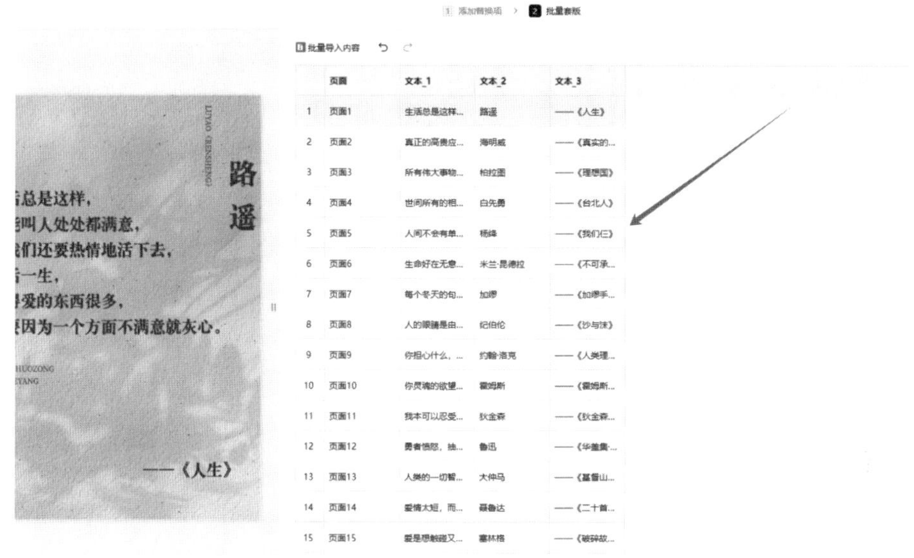

	页面	文本_1	文本_2	文本_3
1	页面1	生活总是这样...	路遥	——《人生》
2	页面2	真正的高贵应...	海明威	——《真实的...
3	页面3	所有伟大事物...	柏拉图	——《理想国》
4	页面4	世间所有的相...	白先勇	——《台北人》
5	页面5	人间不会有单...	杨绛	——《我们仨》
6	页面6	生命好在无意...	米兰·昆德拉	——《不可承...
7	页面7	每个冬天的句...	加缪	——《加缪手...
8	页面8	人的眼睛是由...	纪伯伦	——《沙与沫》
9	页面9	你担心什么，...	约翰·洛克	——《人类理...
10	页面10	你灵魂的欲望...	霍姆斯	——《霍姆斯...
11	页面11	我本可以忍受...	狄金森	——《狄金森...
12	页面12	勇者愤怒，抽...	鲁迅	——《华盖集...
13	页面13	人类的一切智...	大仲马	——《基督山...
14	页面14	爱情太短，而...	聂鲁达	——《二十首...
15	页面15	爱是想触碰又...	塞林格	——《破碎故...

图 9-1-17 稿定设计批量导入金句信息界面

（20）单击右上角“完成套版”，等待出图，如图 9-1-18 所示。

	页面	文本_1	文本_2	文本_3
1	页面1	生活总是这样...	路遥	——《人生》
2	页面2	真正的高贵应...	海明威	——《真实的...
3	页面3	所有伟大事物...	柏拉图	——《理想国》
4	页面4	世间所有的相...	白先勇	——《台北人》
5	页面5	人间不会有单...	杨绛	——《我们仨》
6	页面6	生命好在无意...	米兰·昆德拉	——《不可承...
7	页面7	每个冬天的句...	加缪	——《加缪手...
8	页面8	人的眼睛是由...	纪伯伦	——《沙与沫》
9	页面9	你担心什么，...	约翰·洛克	——《人类理...
10	页面10	你灵魂的欲望...	霍姆斯	——《霍姆斯...

图 9-1-18 稿定设计“完成套版”操作界面

（21）自此。两分钟已完成所有书摘图片，单击右上角“下载”按钮即可使用，如图 9-1-19 所示。

注：一次性最多生成张数可以参考下载后模板中显示的数量。如本次

书摘图文，最多可一次性生成 149 张数据图片。

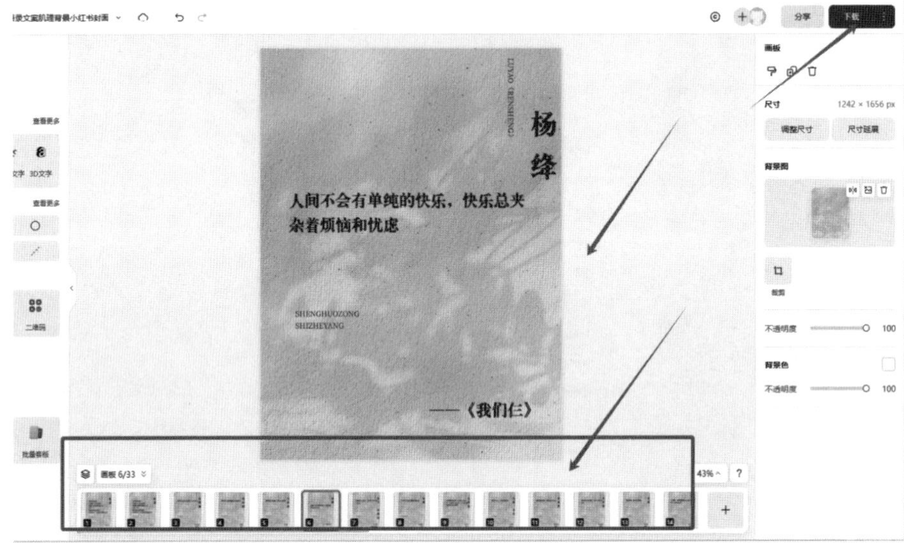

图 9-1-19 稿定设计生成并下载书摘图片

9.1.2 高手进阶

以上是 AI+ 稿定批量化的操作，读者可以根据自己的需求选择对应的模板和素材进行操作。当我们操作熟练后，可以将原本需要几天，甚至半个月才能完成的内容，在短时间内制作完成。若是觉得风格太单一，想改改风格、背景、样式等，还可以在当前页面进行编辑。

（1）单击页面左边的菜单栏上的“添加”，可以上传其他图片作为素材。下方可以添加不同样式的文字。选择不同的形状来对图片进行装饰和修改，如图 9-1-20 所示。

（2）如果觉得当前模板用的次数过多，想切换模板，可单击左边菜单栏中的“模板”，在上方可以输入想要的模板关键词进行搜索，如图 9-1-21 所示。

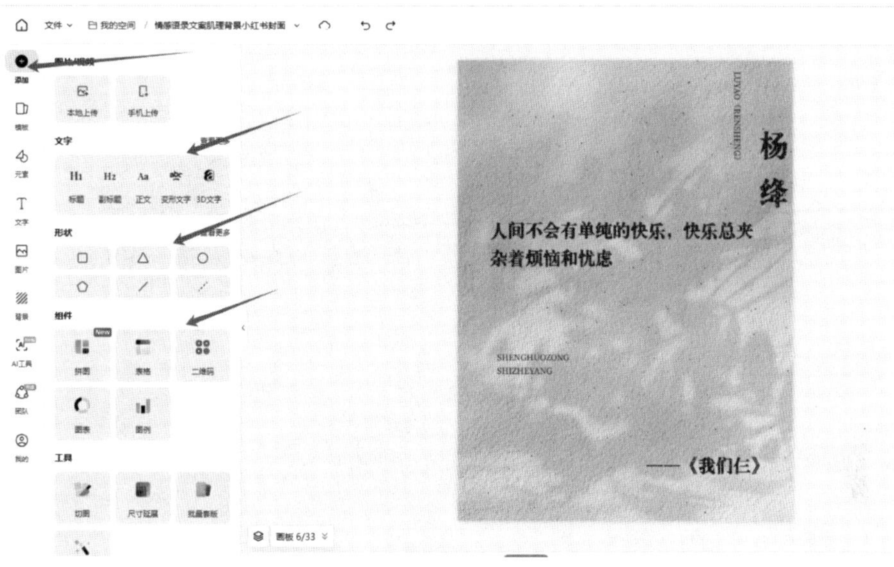

图 9-1-20　稿定设计素材添加界面

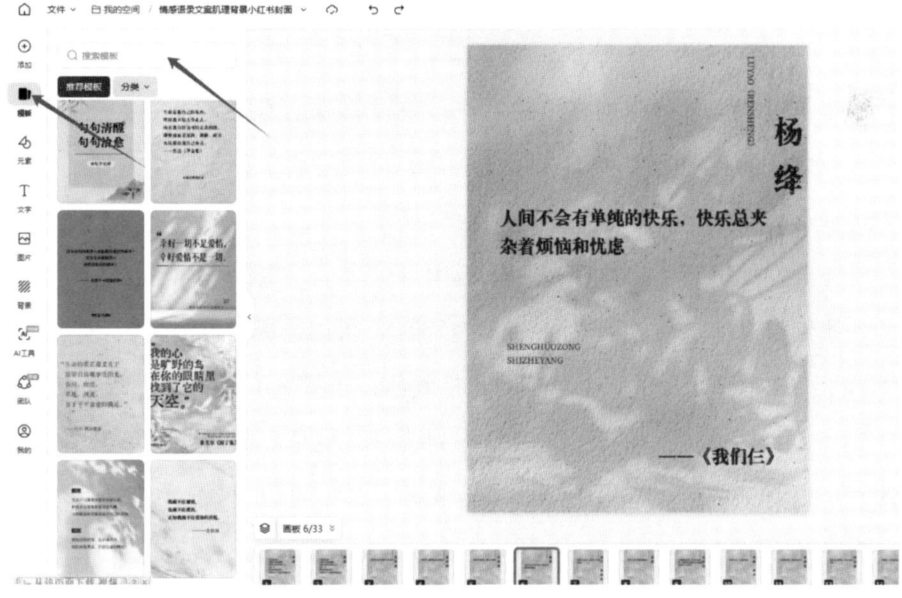

图 9-1-21　稿定设计切换模板操作

（3）如果感觉画面太单调，可以单击左侧菜单栏中的“元素”，可以理解成贴纸。在贴纸上方依然可以按需对贴纸进行搜索，如图 9–1–22 所示。

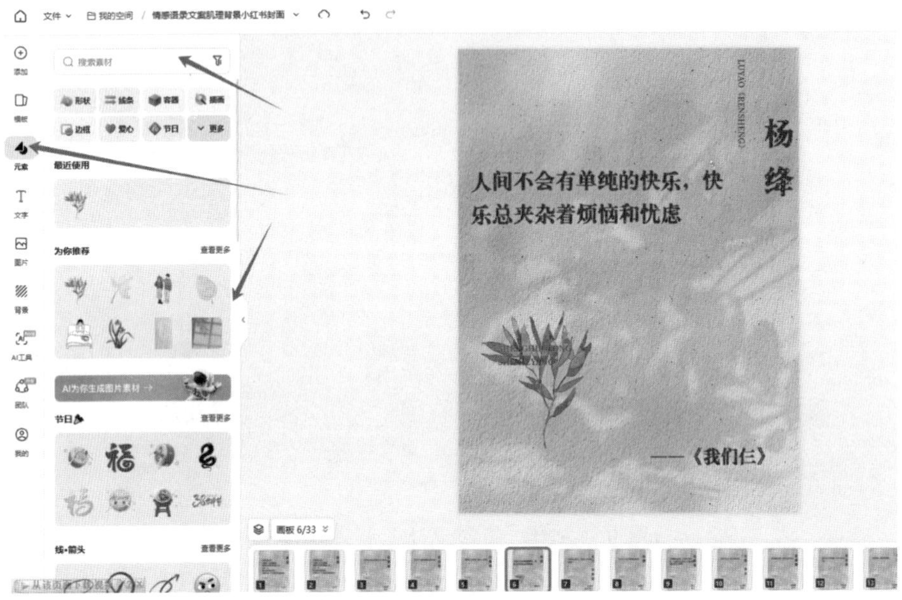

图 9–1–22　稿定设计中的元素添加界面

（4）对于想单独添加文字的用户，左边侧边栏中提供了文字模板，有各种拟定好的变现文字、3D 文字模板等，以及适合节假日使用的加了样式和边框等的成品文字模板，如图 9–1–23 所示。

（5）例如笔者觉得这个图片模板用得太多了，想换个背景，也是可以的。我们可以单击左边侧边栏中的“背景”，可以选择纯色背景、各种纹理等背景。如笔者切换了一个渐变的背景颜色，如图 9–1–24 所示。

（6）如果想替换成自己的图片作为背景，也是没问题的。单击图片主体，可以看到右边菜单栏中出现了背景图，其中可以选择上传图片，也可以在背景库中寻找合适的图片作为背景，如图 9–1–25 所示。

（7）其中最有趣的还得是“AI 工具”，在“AI 工具”中，有“AI 背景”“AI 绘画”“AI 扩写”等各种实用的 AI 功能，如图 9–1–26 所示。

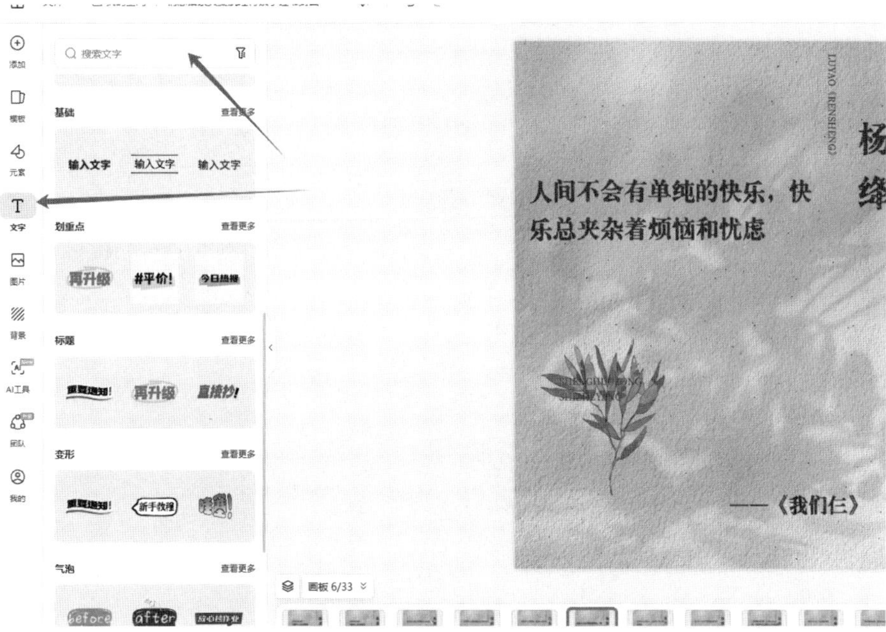

图 9-1-23　稿定设计文字模板添加界面

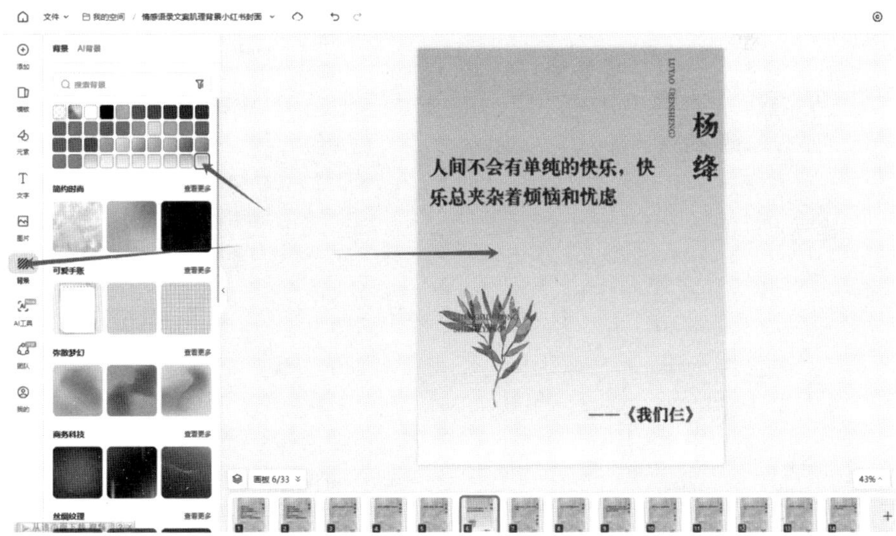

图 9-1-24　稿定设计背景切换界面

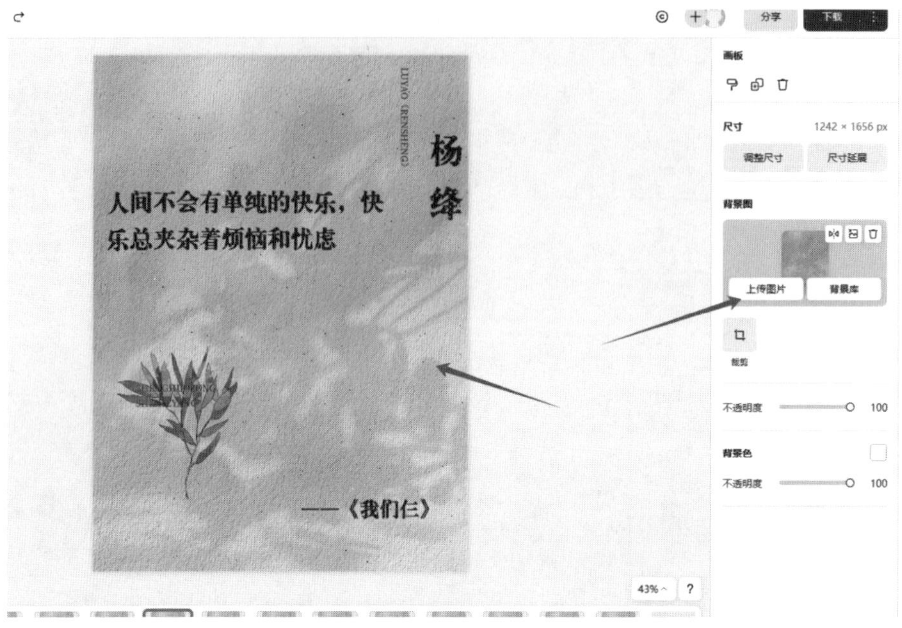

图 9-1-25 稿定设计自定义背景上传功能界面

图 9-1-26 稿定设计 AI 工具功能概览

例如“AI 背景”功能可以上传一张产品图，通过选择不同的场景，无须提示词，即可生成对应的背景。

而“AI 扩写”功能，可以让短短的几句话，扩写成一大段文字，用来当作文案再好不过。

9.1.3 新手小任务

（1）完成稿定平台的注册。

（2）找到合适的模板，把需要替换的内容“添加替换项”，做成模板。

（3）使用 DeepSeek 结合模板批量生成 10 张图片。

公众号批量图文封面（DeepSeek+ 即梦）

即梦 AI 是一款能把你脑中画面快速变成高质量图片的智能绘图工具，就像给想象力插上翅膀的魔法画笔。它最大的特点就是用最简单的方式画出专业级效果——不需要懂设计软件，不用背复杂参数，只要输入描述文字，比如“穿汉服吃糖葫芦的猫猫在故宫看烟花”，30 秒内就能生成色彩明艳、细节丰富的图片，连猫胡子上的糖渣和琉璃瓦的反光都清晰可见。

这款工具特别擅长理解普通人的语言，哪怕你说“想要夏天汽水广告那种亮晶晶的感觉”，它也能自动匹配清爽的蓝绿色调和玻璃瓶上的水珠特效，生成的图片分辨率高达 8K，放大看连广告文案上的小字都清清楚楚。操作界面跟聊天一样简单，既有内置的“情人节告白”“电商美食”等 100 多种模板一键应用，也支持用白话描述定制专属画面，比如加上“韩系 ins 风滤镜”或“动画里的云朵”，系统就会自动优化光影层次和构图比例。

更让用户惊喜的是出图质量稳定，画人脸很少出现歪眼睛掉鼻子的现象，做产品图能大幅度保留 LOGO 完整度，支持中英文描写。就连最难处理的透明婚纱和火焰特效都能细腻呈现，好多网友说“比公司花大价钱请人做的还精致”。现在不仅是设计师用它找灵感，学生做 PPT、小店主设计促销海报、情侣做纪念相册都在用它，真正实现了“动动嘴就能出海报”的智能创作。笔者将演示如何使用 DeepSeek 出提示词，用即梦 AI 来生成图片的具体流程。

9.2.1 新手必学：辅助软件准备工作

首先我们需要注册即梦 AI，打开官网网址 https://jimeng.jianying.com/ai-tool/home，单击“登录”，此时会跳转到另一个界面，再次单击“登录”，使用抖音扫描或者手机号登录即可，未注册的用户会自动注册。

这时我们“即梦”的网站就登录成功了，别关闭这个网站。接下来登录注册“海螺 AI”。打开海螺 AI 视频官网 https://hailuoai.com/video，单击右上角“登录”。可以选择手机号或者微信扫码登录，未注册的用户会自动注册。自此，我们的准备工作就完成了。

注：使用微信扫描第一次登录需要绑定手机号。

9.2.2 高手进阶

接下来笔者将通过 DeepSeek 给出提示词，然后用即梦根据 DeepSeek 出的提示词来生成图片，以下将使用 DeepSeek+ 即梦生成情人节的封面图为例。

（1）在即梦 AI 首页选择“AI 作图”中的“图片生成”，单击“图片生成”按钮，如图 9-2-1 所示。

图 9-2-1　即梦 AI 作图工具指南

（2）此刻进入即梦 AI 用描述词生成图片的页面，如图 9-2-2 所示。

图 9-2-2　即梦 AI 生成图片页面

（3）切换到 DeepSeek 的对话框中，我们需要让 DeepSeek 来帮我们生成提示词，所以我们在 DeepSeek 对话框中输入“我想在即梦 AI 中生成一张情人节的海报封面图，请帮我生成一段提示词”，如图 9-2-3 所示。

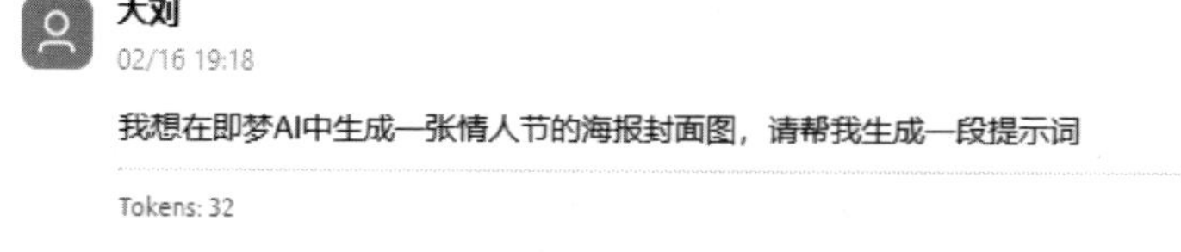

图 9-2-3　DeepSeek 生成海报提示词对话框

（4）等待 DeepSeek 答复后，把 DeepSeek 给出的提示词复制出来。这里 DeepSeek 给出了基础提示词和进阶版的提示词，为方便演示，可以先用基础版的提示词试一下效果。复制基础版提示词，如图 9-2-4 所示。

图 9-2-4　DeepSeek 生成情人节海报基础版提示词示例

（5）粘贴到即梦 AI 图片生成页面中提示词文本框中。选择图片比例后，单击左下角的“立即生成”按钮，进行图片生成，如图 9-2-5 所示。

（6）生成效果查看，可以看到，DeepSeek 给出的提示词结合即梦 AI 生成的图片，效果非常不错，如图 9-2-6 所示。

图 9-2-5　即梦 AI 图片提示词输入与生成界面

图 9-2-6　结合 DeepSeek 提示词即梦 AI 生成的效果图

（7）可以看到，整体的主题温馨浪漫，有气球和玫瑰花等装饰。如果我们需要更多类似的图片，可以在即梦 AI 中继续单击“立即生成”。也可以让 DeepSeek 给我们批量生成不同的提示词，用表格的形式展现。再把每个提示词放入即梦 AI 中进行图片生成，如图 9-2-7 所示。

图 9-2-7　即梦 AI 生成英文情人节海报效果图

9.2.3 新手小任务

（1）打开即梦官方网址，注册登录即梦 AI。

（2）拿出日历查看即将到来的是什么节日或节气。

（3）让 DeepSeek 根据节日或节气生成一段提示词。

（4）把提示词复制粘贴到即梦 AI 中进行图片生成。

9.3

B 站视频封面（DeepSeek+ 美图设计室）

在数字化营销如同视觉竞技场的今天，决定产品能否抓住用户注意力的关键，往往就藏在单击屏幕前的那一眼画面里。过去设计师需要在 Photoshop 里层层打磨的海报效果，如今通过 AI 对话就能快速实现——这就像用语音助手订外卖一样，输入“国潮奶茶店开业海报，要有手绘插画感和热闹氛围”，AI 组合工具便能将模糊的灵感转化为精致画面：从冷饮杯壁冒出的水珠，到招牌上的毛笔字细节，甚至连光影投射角度都能精准呈现。

在这场效率革命中，DeepSeek 与美图设计室的组合如同“智能文案 + 全能美工”的双人搭档，前者擅长把用户零散的想法翻译成专业设计指令，比如自动补充“森系风格需搭配 60% 草木绿与描金线条”，后者则能把文字描述变成可直接商用的视觉设计，就连新手容易翻车的人物手部畸变、金属反光质感等细节都能自动优化。这套组合拳的实际应用比想象中更简单：化妆品店主想推七夕限定礼盒，只需对 AI 说“想要粉紫色系的仙女主题，突出水晶包装和樱花元素”，系统瞬间生成三版不同构图方案；奶茶店要做节日促销，输入“表情包风格设计，突出第二杯半价”，五分钟就能得到可直接打印的店面海报。数据显示，使用这套工具的新晋运营人员，制作营销素材的效率提升超 300%，而学习成本仅为传统设计软件的十分之一——就像智能手机让所有人都变成摄影师，AI 工具的进化正让“专业级设计”成为人人可掌握的数字化生存技能。

当然，如同美颜相机需要手动调节滤镜强度一样，AI 创作也需掌握关键诀窍：明确的场景描述比抽象形容词更有效，“学生党平价彩妆”比“年轻化设计”能生成更精准的构图；合理选择风格标签能让事半功倍，“小红书爆款排版”或“超市促销立体字”这类指令会触发 AI 的特定模板库；最后不要忘记人工核验品牌标识等关键元素，就像自动导航仍需司机把握方向一样。本文将以真实案例拆解这套工作流，揭秘如何用日常对话替代专业术语，让 AI 工具读懂你对“高级感”“接地气”的真实定义，手把手带你从“生成第一张合格海报”，在这场视觉传达的效率革命中抢占先机。

9.3.1 新手必看

（1）打开浏览器，输入美图设计室的官方网址 https://www.designkit.com/tools，单击右上角登录按钮进行登录，我们可以使用手机号、美图秀秀 App 扫描、微博、微信、QQ 等方式登录，如图 9-3-1 所示。

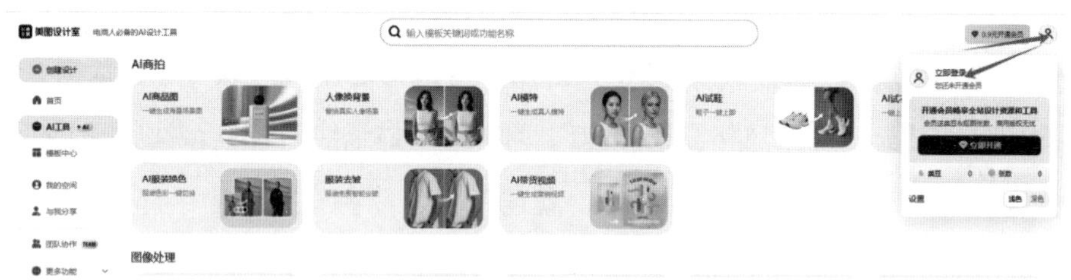

图 9-3-1 美图设计室官方网站界面

（2）登录完成后，单击左边菜单栏的“AI 工具”，即可看到美图设计室中有很多 AI 相关的功能。可以看成是一个专门集成了 AI 常用处理图片的网站，如图 9-3-2 所示。

（3）打开 DeepSeek 对话框，这里以在 B 站生成一张科幻类视频的封面图为例。要想让 DeepSeek 帮我们生成对应的描述词，需要先给 DeepSeek 提出需求。示例：“我制作了一个科幻视频准备发布到 B 站上，现在我需要一张科幻类的封面图，请你帮我写一段提示词，我将用美图设计室的 AI 文生图来使用你的提示词。”如图 9-3-3 所示。

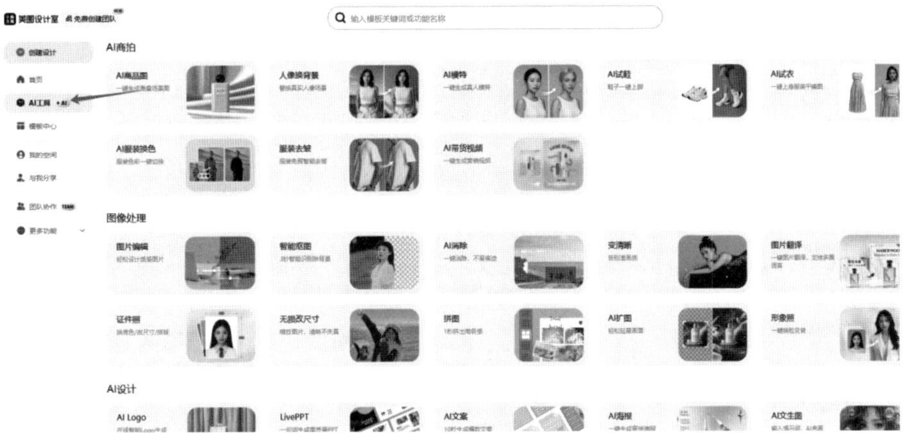

图 9-3-2　美图设计室 AI 集成工具展示

我制作了一个科幻视频准备发布到B站上，现在我需要一张科幻类的封面图……

Tokens: 68

图 9-3-3　DeepSeek 生成科幻视频封面提示词示例

（4）等待片刻，DeepSeek 完成提示词的描写，可以看到这次 DeepSeek 给出了三个提示词，分别为基础框架版、进阶动态版、神秘探索版。笔者先复制基础框架版的提示词用以演示，如图 9–3–4 所示。

（5）我们切换到美图设计室的网站。单击页面右下角的“AI 文生图”，如图 9–3–5 所示。

（6）在 AI 文生图中可以看到左边可以选择提示词，我们把刚才在 DeepSeek 中复制的提示词粘贴到 AI 文生图的提示词框中，如图 9–3–6 所示。

（7）粘贴好提示词后，可以调整生图模型、画面比例和生成张数，这里笔者只调整了画面比例为 9∶16。单击左下角的“立即生成”按钮。等待 AI 自动完成图片生成，如图 9–3–7 所示。

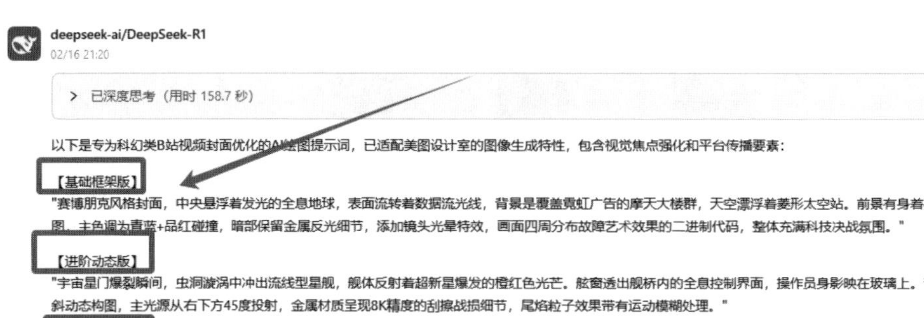

图 9-3-4 DeepSeek 不同版本提示词展示

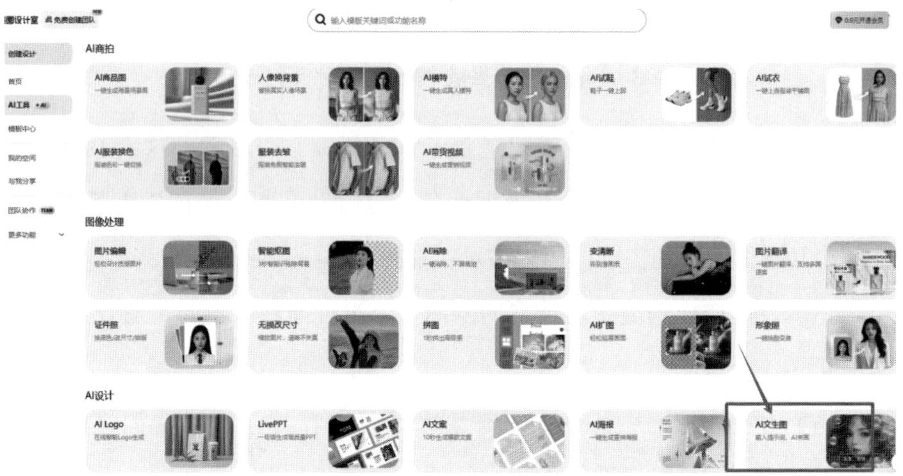

图 9-3-5 美图设计室 AI 文生图功能入口

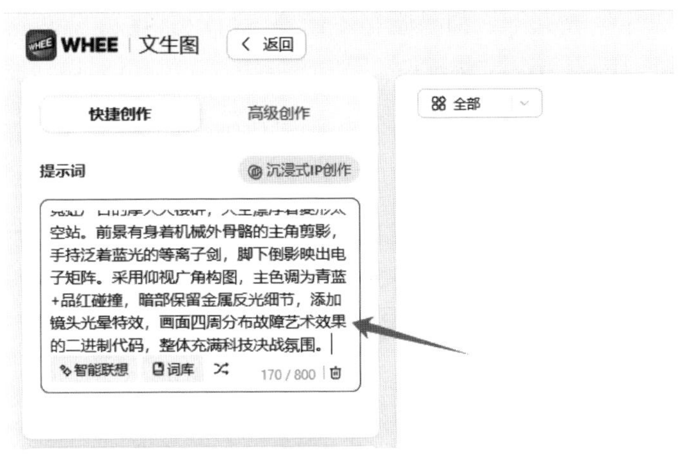

图 9-3-6　美图设计室 AI 文生图提示词应用

图 9-3-7　美图设计室图片模式调整界面

（8）图片生成完毕，如果觉得不满意，可以直接再次单击左下角的“立即生成”按钮，让 AI 帮我们重新生成图片。也可以切换一下模型，再次生成。我们现在先单击图片进去看下效果如何，如图 9-3-8 所示。

图 9-3-8　美图设计室 AI 文生图效果图

（9）可以看到这次生成的图片有一张远景、两张近景和一张特写，如图 9-3-9 所示。

（10）如果对生成的图片满意，可以单击右边菜单栏中的“下载”按钮进行下载，也可以对图片进行处理。如“AI 扩图”“AI 无痕消除”等，如图 9-3-10 所示。

（11）如果需要对图片添加其他效果，如文字、贴纸等，可以下载图片后，回到美图设计室，单击左边菜单栏“首页”，再单击网页右边的“图片编辑”，即可对图片进行编辑，如图 9-3-11 所示。

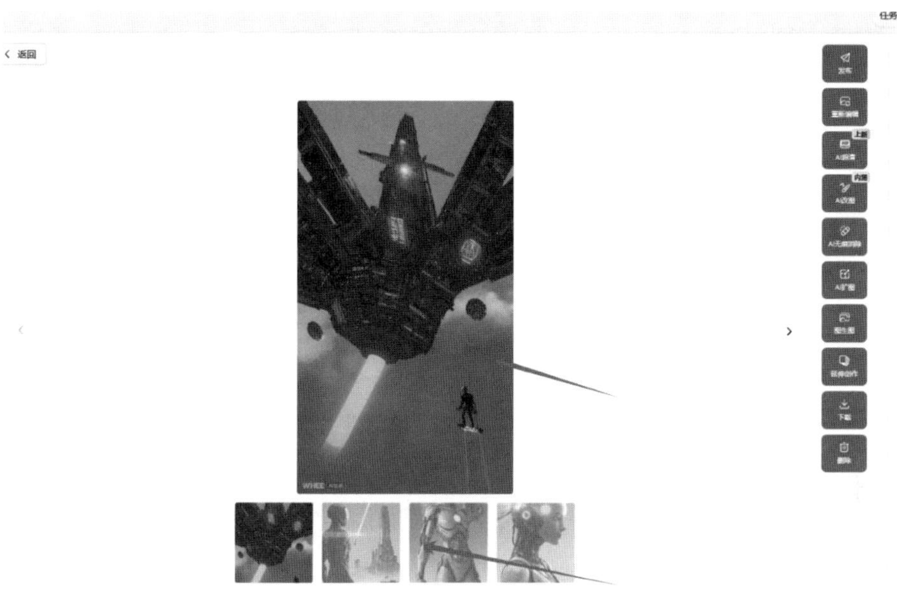

图 9-3-9　科幻视频封面图片多方位展示图

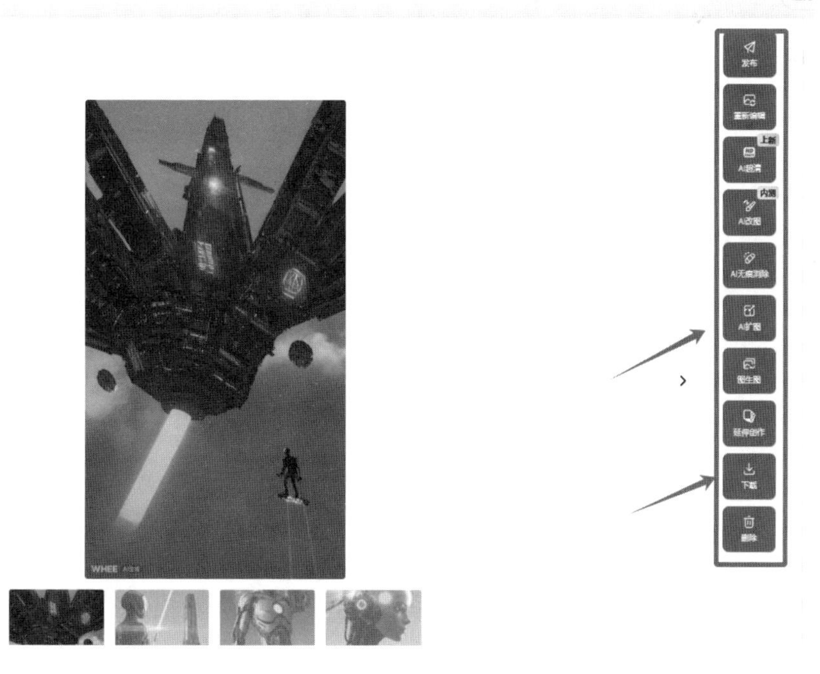

图 9-3-10　图片处理与下载

图 9-3-11　美图设计室图片编辑功能

至此，本阶段就完成了 DeepSeek+ 美图设计室的基础联合操作了。DeepSeek 提供结构化创意提示词，美图完成图片生成和编辑，两者可以形成一个简单的工作流。

9.3.2 高手进阶

美图设计室中的 AI 功能较多，我们这里以制作一份精美的 PPT 为例。2025 年刚开启，我们用美图来帮我们制作一份“2025 年运营工作规划”。如果没有灵感，可以找 DeepSeek 帮我们出出主意。

（1）输入一下提示词：“我是一名 B 站 UP 主，自己运营了一个账号，日常更新科幻类视频，请帮我写一个关于 2025 年运营工作规划 PPT 主题，大约 30 字。”如图 9-3-12 所示。

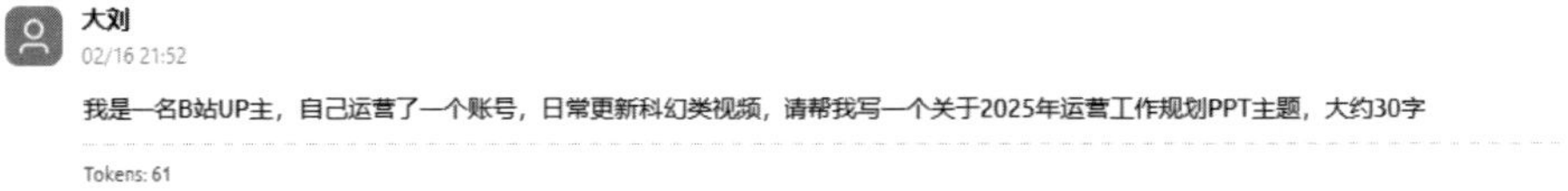

大刘
02/16 21:52
我是一名B站UP主，自己运营了一个账号，日常更新科幻类视频，请帮我写一个关于2025年运营工作规划PPT主题，大约30字
Tokens: 61

图 9-3-12　Deepseek 生成工作规划 PPT 的提示词示例

（2）DeepSeek 给出提示词后，我们直接复制提示词，如图 9-3-13 所示。

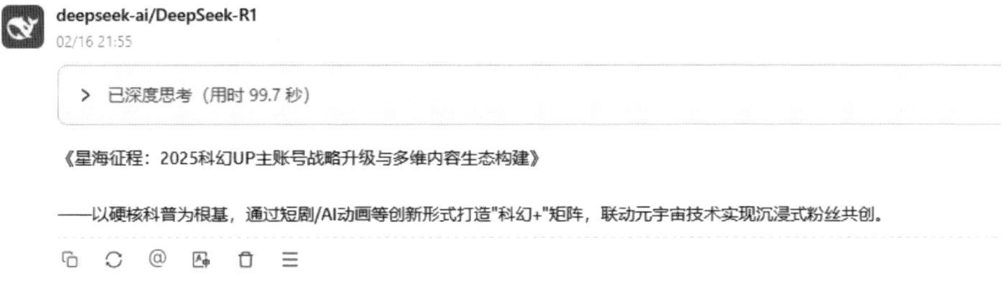

图 9-3-13　DeepSeek 提示词的复制

（3）单击美图工作室左侧边栏菜单的“AI 工具”，再单击页面最下方的“LivePPT”，如图 9-3-14 所示。

图 9-3-14　美图工作室 AI 工具的 LivePPT 功能入口

（4）浏览器会自动跳转到 LivePPT 制作页面，在这个页面可以选择 PPT 的页数，平台对接了“DeepSeek-R1”模型，如需使用，可以单击一下“DeepSeek-R1”，当背景变成蓝色，即表示开启了 DeepSeek 模型。将提示词粘贴至 PPT 提示词框中，单击右侧的“免费生成大纲”按钮，如图 9-3-15 所示。

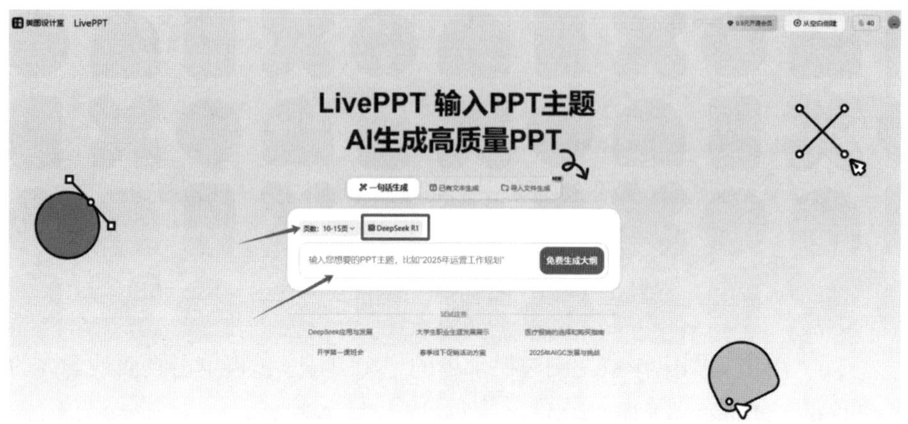

图 9-3-15　DeepSeek-R1 平台和 LivePPT 功能对接

（5）等待大纲生成，大纲生成完毕后，如果不满意可以单击左下角的“重新生成大纲”按钮来重新生成。如果满意则单击右边的“选择模板”按钮。笔者选择右边的“选择模板”，如图 9-3-16 所示。

图 9-3-16　PPT 大纲的调整与模板的选择

（6）选择模板，这里笔者选择了科技分类下的一个模板。单击“开始生成 PPT”。鼠标放在模板上可以预览模板样式，如图 9-3-17 所示。

图 9-3-17　PPT 的生成界面

（7）PPT 已经生成完毕，可以查看效果。其中需要修改的部分，可以单击文字或样式直接进行修改。左侧侧边菜单栏中可以进行更多的调整，如调整模板、文字、元素贴纸等。页面的右上方可以选择“演示”来查看效果。当我们修改完成后，可以单击右上角的“下载”按钮，下载 PPT 到本地电脑中，如图 9-3-18 所示。

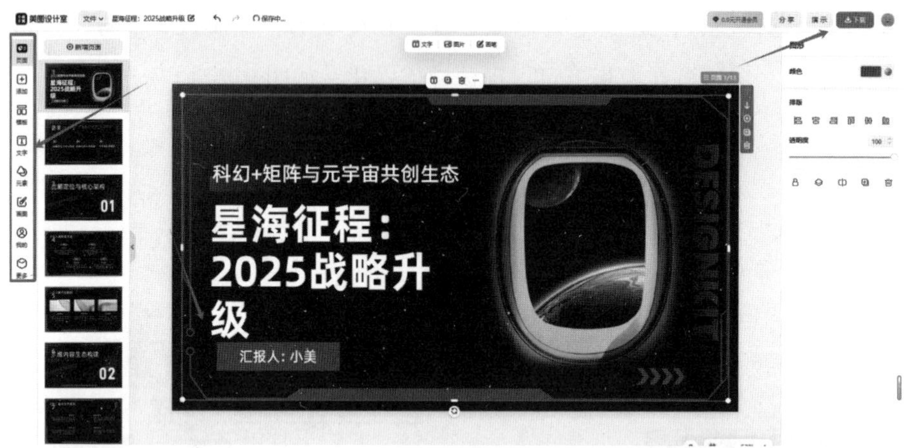

图 9-3-18　PPT 各部分的修改与下载

此时我们已经完成了本小节的内容，值得注意的是，因为制作 PPT 只给了一个主题，而其中的内容则由 AI 全自动填充，所以在生成的 PPT 中，我们仍需要手动进行部分内容的修改，如时间的对齐、数据的修正等。虽然目前的 AI 还不能完美执行指令，但仅凭目前的发展水平，它已帮助我们提高了不少的效率。别忘了，AI 还年轻。

第 10 章

AI 辅助编程：DeepSeek 实战攻略

CHAPTER 10

像“编程助手”一样提升效率，AI 编程工具就像一个 24 小时在线的资深程序员搭档，能自动补全代码、快速解决重复性任务。比如写一个登录功能时，AI 可以自动生成表单验证代码、加密算法实现甚至测试用例。原本需要手动查找资料的工作（如“用 Python 生成二维码”），现在只需一句自然语言描述就能得到可直接使用的代码，开发效率提升了 50% 以上，让开发者更专注于核心逻辑设计。

打破技术门槛的“超级说明书”，传统编程需要记忆大量语法规则和接口文档，而 AI 通过理解人类语言就能生成代码。人们可以用“让网页背景每小时自动变一次颜色”这样的口语化指令，就直接得到 JavaScript 实现方案；老手遇到不熟悉的编程语言或框架时，AI 会在代码旁自动标注解释，如同随身携带着全栈工程师的知识库。这种“对话式编程”极大降低了技术学习成本。

智能质检员与优化专家二合一，AI 能像 X 光机一样扫描代码隐患：自动检测密码明文存储、网络请求未加密等安全问题，还能识别“内存泄露”等性能瓶颈。更神奇的是，它会用人类想不到的方式优化程序。例如，当发现一段计算斐波那契数列的递归代码效率低下时，AI 会建议改用动态规划算法，并自动重构代码，让程序运行速度提升数十倍。

这种技术正在改变编程的本质——开发者逐渐从“代码打字员”转变为“架构指挥官”，而 AI 承担了精准执行的角色。就像汽车替代了马车，AI 不是取代了程序员，而是让创造数字世界的过程更智能、更人性化。

自动化脚本生成（DeepSeek+Photoshop）

Photoshop（PS）是一个强大的修图软件，有众多使用者。但是很多时候我们可能需要处理的图片步骤相同，有大量的重复工作，令人疲倦。PS能支持脚本运行，很多读者没有大量的时间专门学习编程。当有了 AI 加持后，这个问题迎刃而解了。而目前的 AI 模型中，DeepSeek 模型当属其中的佼佼者，给出的脚本代码对于不同的 PS 版本有更好的适配性。本章主要分享如何使用 DeepSeek 来编写脚本，对于一些重复性的工作，用 PS 来运行脚本帮我们处理图片，解放双手。

10.1.1 新手必学

1.DeepSeek 生成脚本代码

（1）为方便更多读者更好地使用，且 DeepSeek 对文字理解能力较强。笔者使用 DeepSeek 提示词时偏向通俗易懂，只需要告诉 DeepSeek 我们的需求即可。笔者示例“请帮我写一个 PS 的脚本，需要选择一张图片，然后把图片亮度 +20，柔光 +12，最后再添加一个纹理”，如图 10-1-1 所示。

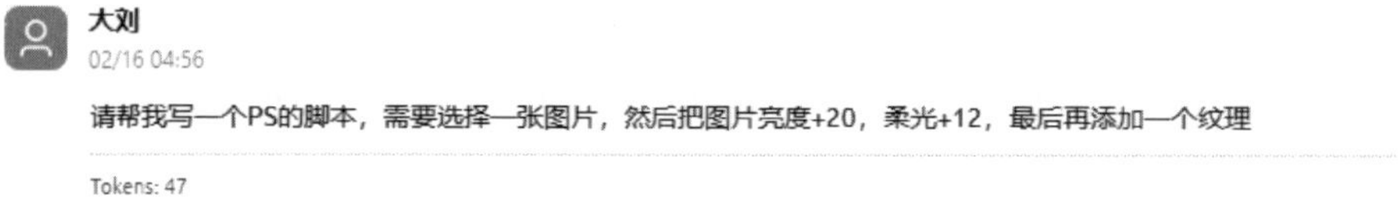

大刘
02/16 04:56
请帮我写一个PS的脚本，需要选择一张图片，然后把图片亮度+20，柔光+12，最后再添加一个纹理
Tokens: 47

图 10-1-1 笔者需求示例

（2）DeepSeek 生成了可以使用的代码，如图 10-1-2 所示。

（3）DeepSeek 还贴心地给出了使用步骤，如图 10-1-3 所示。

（4）在代码区的右上角有个“复制”的图标，单击即可复制 DeepSeek 给出的代码，如图 10-1-4 所示。

（5）在电脑桌面新建一个文本文档，如图 10-1-5 所示。

（6）把 DeepSeek 中的代码粘贴到新建的文本文档中，按“Ctrl+S”保存，如图 10-1-6 所示。

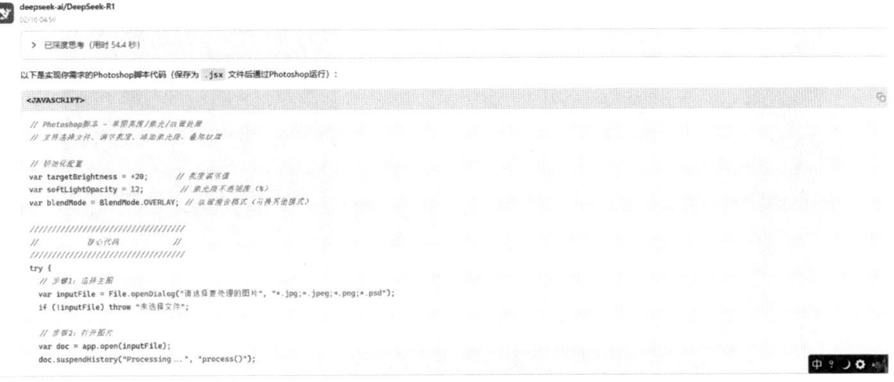

图 10-1-2　DeepSeek 代码的运行结果

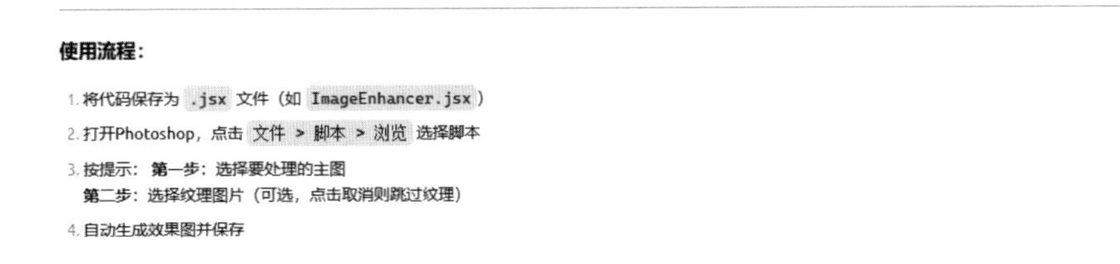

图 10-1-3　DeepSeek 给出的使用步骤示意图

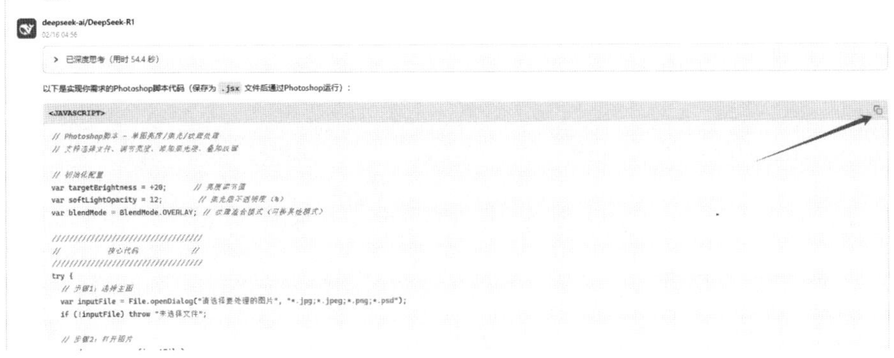

图 10-1-4　复制代码

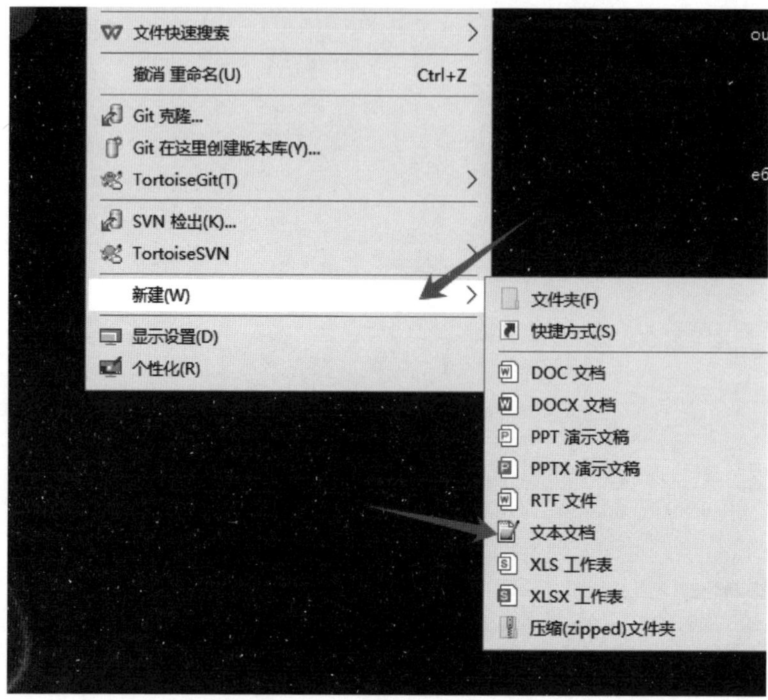

图 10-1-5 创建文本文档

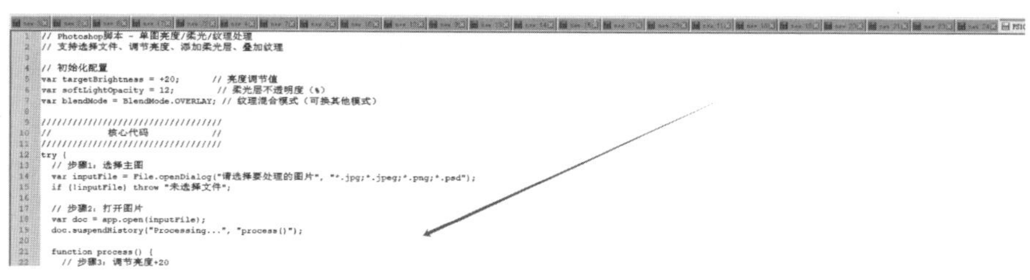

图 10-1-6 代码保存至文本文档

（7）文本文档默认后缀是“.txt”，我们需要修改文本文档的后缀，修改后的后缀为“.jsx”，如图 10-1-7 所示。

注：出现重命名提示框后，单击“是”即可。

前面的文件名自定义即可，为防止莫名兼容的错误，建议不要使用中文。

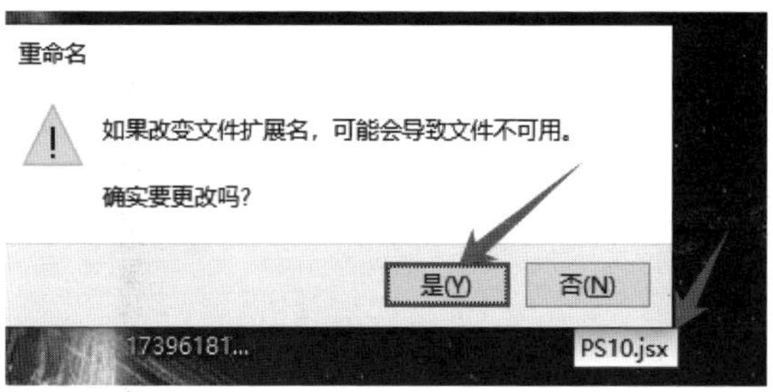

图 10-1-7　修改文本文档后缀

2.PS 运行脚本代码

（1）打开 PS，单击菜单栏的文件 > 脚本 > 浏览，如图 10-1-8 所示。

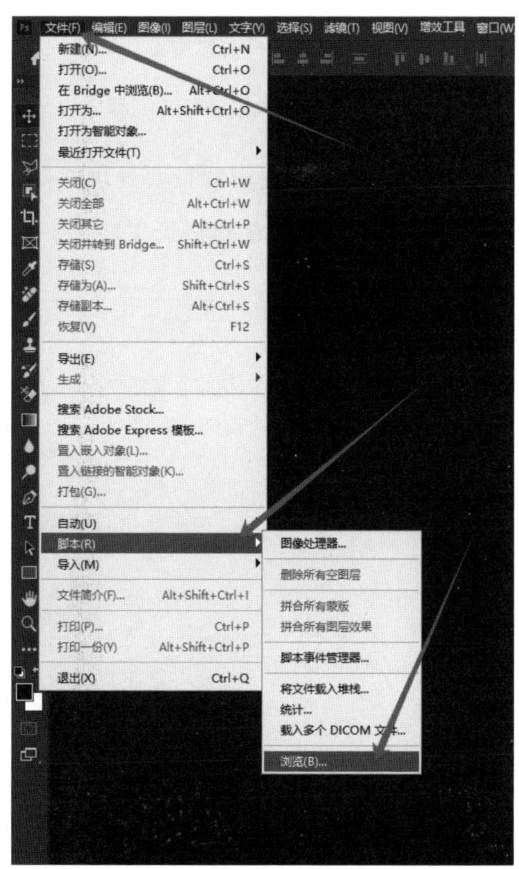

图 10-1-8　脚本代码载入 PS

（2）选择保存的 .jsx 文件，如图 10-1-9 所示。

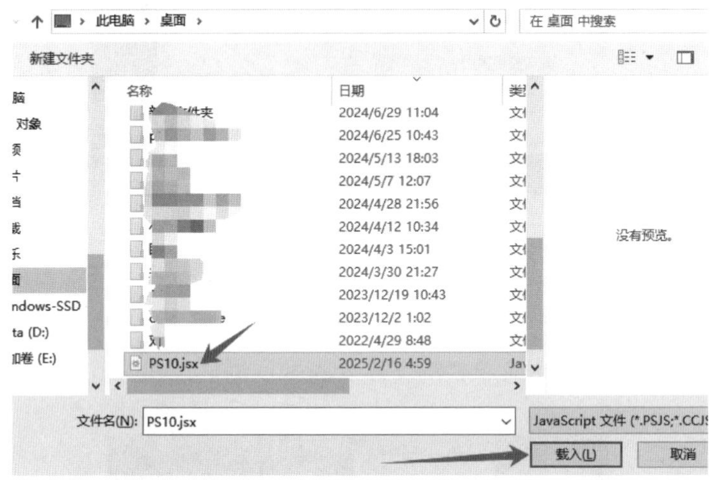

图 10-1-9　文件载入 PS 流程图

（3）运行脚本后，第一步需要我们选择要处理的图片，单击图片后，单击“确定”。等待处理完成后可以在同目录文件夹下找到对应文件，如图 10-1-10 所示。

图 10-1-10　处理后照片的存储位置界面

10.1.2 高手进阶

以上是单独处理一张图片的脚本步骤，接下来我们再来生成批量操作的脚本。

（1）如笔者的需求是“实现批量操作一些图片，要求把每张图片的尺寸调整为 600*600px，加上朦胧感”，提示词如图 10-1-11 所示。

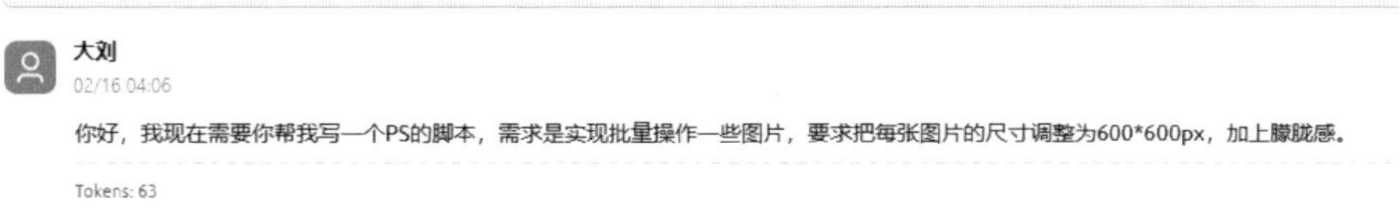

你好，我现在需要你帮我写一个PS的脚本，需求是实现批量操作一些图片，要求把每张图片的尺寸调整为600*600px，加上朦胧感。

Tokens: 63

图 10-1-11　笔者需求示例

（2）DeepSeek 生成结果。因为要求和目标过多，导致没有给出结果，如图 10-1-12 和图 10-1-13 所示。

图 10-1-12　DeepSeek 未能给出结果（例 1）

```
originalLayer.duplicate();

// Apply Gaussian Blur
var blurRadius = 10; // 可调整数值，例如用户可能需要更大的模糊效果
doc.activeLayer = doc.artLayers[0]; // 新复制的图层?
// 或者确保当前活动层是新复制的层
// 可能需要更具体的获取图层的方式，比如原始图层是背景层，复制后的位于其上。

app.activeDocument.activeLayer = doc.artLayers[0]; // 假设复制后的层位于顶层

// 应用高斯模糊
var desc = new ActionDescriptor();
desc.putUnitDouble( charIDToTypeID('Rds '), charIDToTypeID('#Pxl'), blurRadius );
executeAction( stringIDToTypeID('gaussianBlur'), desc, DialogModes.NO );

// 设置图层混合模式为柔光
doc.activeLayer.blendMode = BlendMode.SOFTLIGHT;

// 调整不透明度为50%
doc.activeLayer.opacity = 50;

// 合并图层
doc.mergeVisibleLayers();

这种方式是否可行？或者应当使用更可靠的方法获取复制的图层？

或者，对于DOM操作：

// 复制当前图层（假设原图层是背景）
var newLayer = originalLayer.duplicate();

// 对新的图层应用高斯模糊
newLayer.applyGaussianBlur(blurRadius);

// 设置混合模式和不透明度
newLayer.blendMode = BlendMode.SOFTLIGHT;
newLayer.opacity = 50;

//
```

Tokens: 4137 ↑41 ↓4096

图 10-1-13　DeepSeek 未能给出结果（例 2）

（3）选择让 DeepSeek 继续，这次正常给出结果，写出了完整的代码，如图 10-1-14 和图 10-1-15 所示。

（4）在代码区的右上角有个“复制”的图标，单击即可复制 DeepSeek 给出的代码，如图 10-1-16 所示。

（5）在电脑桌面新建一个文本文档，把 DeepSeek 中的代码粘贴到新建的文本文档中，按“Ctrl+S”保存，如图 10-1-17 所示。

（6）文本文档的默认后缀是“.txt”，我们需要修改文本文档的后缀，修改后的后缀为“.jsx”，如图 10-1-18 所示。

注：前面的文件名自定义即可，为防止莫名兼容的错误，建议不要使用中文。

图 10-1-14　DeepSeek 继续生成给出的结果（例 1）

```
        doc.close(SaveOptions.DONOTSAVECHANGES);
    } catch (e) {
        alert("处理文件时出错: " + file.name + "\n错误信息: " + e);
    }
}

function saveAsJPG(doc, outputFile) {
    var jpgOptions = new JPEGSaveOptions();
    jpgOptions.quality = 10; // JPG质量 (1-12, 推荐10)
    doc.saveAs(outputFile, jpgOptions, true);
}
```

使用步骤:

1. **配置脚本:**
   - 修改 `blurRadius`（模糊强度）和 `opacity`（不透明度）的值以调整朦胧感。
   - 如果需要保留原始比例并填充，可将 `resizeImage` 改为 `resizeCanvas`。
2. **运行脚本:**
   - 打开Photoshop，点击菜单栏 `文件 > 脚本 > 浏览`，选择保存的 `.jsx` 文件。
   - 按提示选择输入文件夹（原始图片路径）和输出文件夹。
3. **效果优化:**
   - **朦胧感:** 如果效果不够，可增大 `blurRadius`（例如 `8px`）或降低模糊图层的不透明度（例如 `30%`）。
   - **颜色匹配:** 脚本默认填充前景色（通常为黑色），如需其他底色，可以在填充前通过 `app.backgroundColor = new SolidColor(...)` 设置。

注意事项:

- **强制裁剪:** 脚本会直接将图片拉伸/裁剪为正方形，如需按比例缩放并填充背景，需修改调整尺寸部分的逻辑。
- **文件格式:** 支持处理 `.jpg/.png/.psd` 文件，输出统一为JPG格式。

如果还有具体需求（如保留透明背景、动态调整模糊区域等），可以提供更多细节进一步优化！

图 10-1-15 DeepSeek 继续生成给出的结果（例 2）

脚本功能:

1. **批量处理:** 自动遍历指定文件夹内的所有图片。
2. **尺寸调整:** 强制将所有图片裁剪/调整为 `600x600px`（注意：此脚本使用强制裁剪，会忽略原始比例）。
3. **朦胧感添加:** 通过添加"智能滤镜高斯模糊+图层不透明度调整"实现朦胧效果。
4. **保存优化:** 自动另存为JPG格式到输出文件夹，不覆盖原图。

完整代码（保存为 .jsx 文件）:

<JAVASCRIPT>

```
// Photoshop脚本 - 批量处理600x600照片并添加朦胧感
// 注意：需预先在Photoshop中允许脚本访问文件系统

// 配置参数
var inputFolder = Folder.selectDialog("请选择输入图片的文件夹");
var outputFolder = Folder.selectDialog("请选择保存结果的文件夹");
var targetSize = 600; // 目标尺寸
var blurRadius = 5; // 高斯模糊半径（像素）

if (inputFolder != null && outputFolder != null) {
    var fileList = inputFolder.getFiles();
    for (var i = 0; i < fileList.length; i++) {
        var file = fileList[i];
        if (file instanceof File && file.name.match(/\.(jpg|jpeg|png|psd)$/i)) {
            processImage(file, outputFolder);
        }
    }
    alert("处理完成！");
}
```

图 10-1-16 复制代码

```
// Photoshop脚本 - 批量处理600x600图片并添加朦胧感
// 注意：需预先在Photoshop中允许脚本访问文件系统

// 配置参数
var inputFolder = Folder.selectDialog("请选择输入图片的文件夹");
var outputFolder = Folder.selectDialog("请选择保存结果的文件夹");
var targetSize = 600; // 目标尺寸
var blurRadius = 5; // 高斯模糊半径（像素）

if (inputFolder != null && outputFolder != null) {
    var fileList = inputFolder.getFiles();
    for (var i = 0; i < fileList.length; i++) {
        var file = fileList[i];
        if (file instanceof File && file.name.match(/\.(jpg|jpeg|png|psd)$/i)) {
            processImage(file, outputFolder);
        }
    }
    alert("处理完成！");
}

function processImage(file, outputFolder) {
    try {
        // 打开图片
        var doc = app.open(file);

        // 转换为智能对象以保留编辑灵活性
        doc.activeLayer.smartObject = true;

        // 调整尺寸至600x600（强制裁剪）
        doc.resizeImage(
            UnitValue(targetSize, "px"), // 宽度
            UnitValue(targetSize, "px"), // 高度
            null, // 分辨率不变
            ResampleMethod.BICUBIC // 插值方法
        );

        // 添加高斯模糊
        var blurLayer = doc.artLayers.add();
        blurLayer.name = "Blur Effect";
        doc.activeLayer = blurLayer;
        doc.selection.selectAll();
        doc.selection.fill(app.foregroundColor); // 填充背景色（根据需求调整颜色）
        doc.selection.deselect();

        // 应用高斯模糊智能滤镜
        blurLayer.applyGaussianBlur(blurRadius);

        // 调整不透明度（例如：50%）
        blurLayer.opacity = 50;

        // 保存为JPG
```

图 10-1-17　代码保存至文本文档

图 10-1-18　修改文本文档后缀

（7）打开 PS，单击菜单栏中的文件 > 脚本 > 浏览，如图 10-1-19 所示。

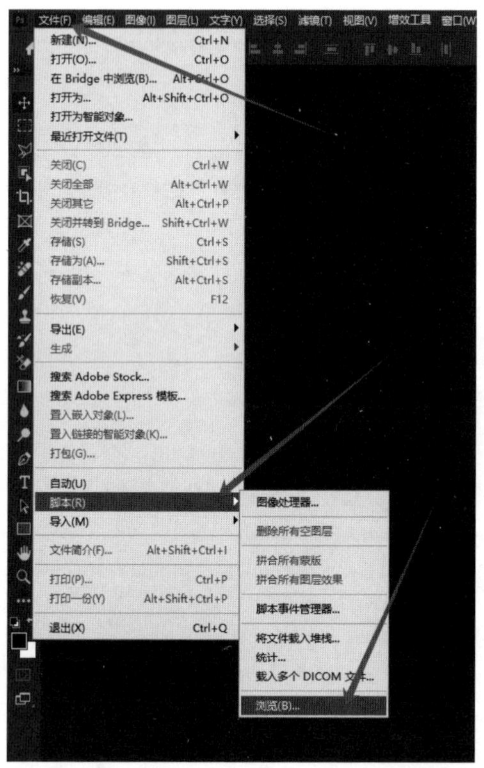

图 10-1-19　脚本代码载入 PS

（8）选择已保存的 .jsx 文件，如图 10-1-20 所示。

（9）因为笔者是批量处理图片的脚本，所以需要选择文件夹，按提示选择“输入文件夹”（原始图片路径），如图 10-1-21 所示。

（10）按提示选择“输出文件夹”，如图 10-1-22 所示。

（11）双手离开键盘，等待脚本自动运行。运行结束后会提示“已经完成”，单击确定即可，如图 10-1-23 所示。

（12）查看效果，图 10-1-24（a）所示文件夹中是原图，图 10-1-24（b）所示文件夹中是处理后的图片，可以看到图片的尺寸发生了变化，且加了模糊和暗色的效果。

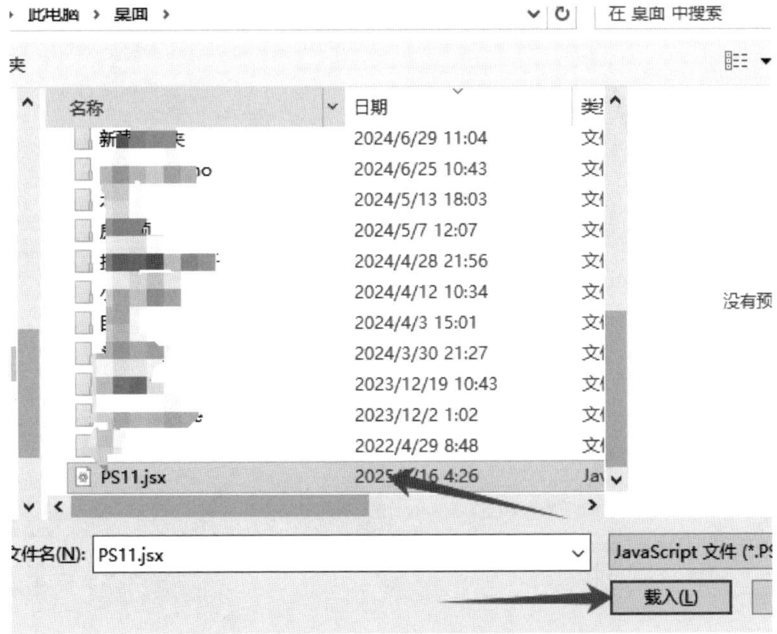

图 10-1-20　文件载入 PS 流程图

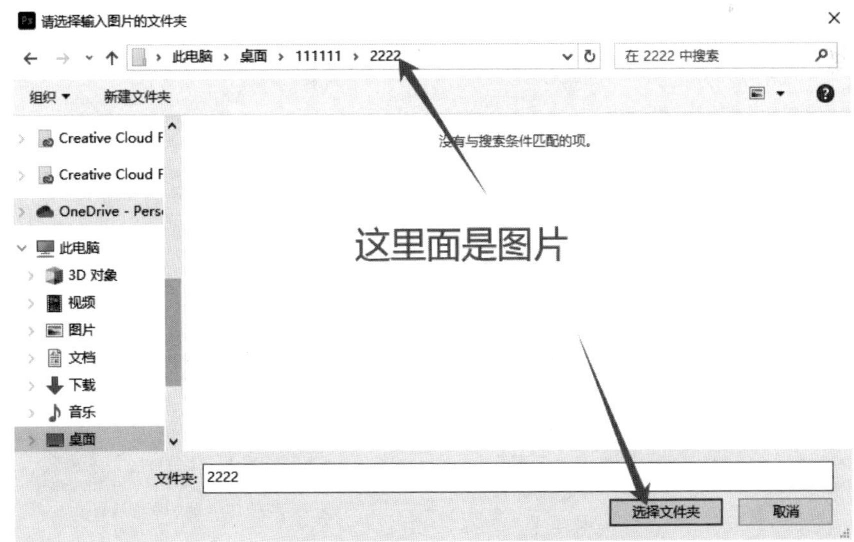

图 10-1-21　选择“输入文件夹”

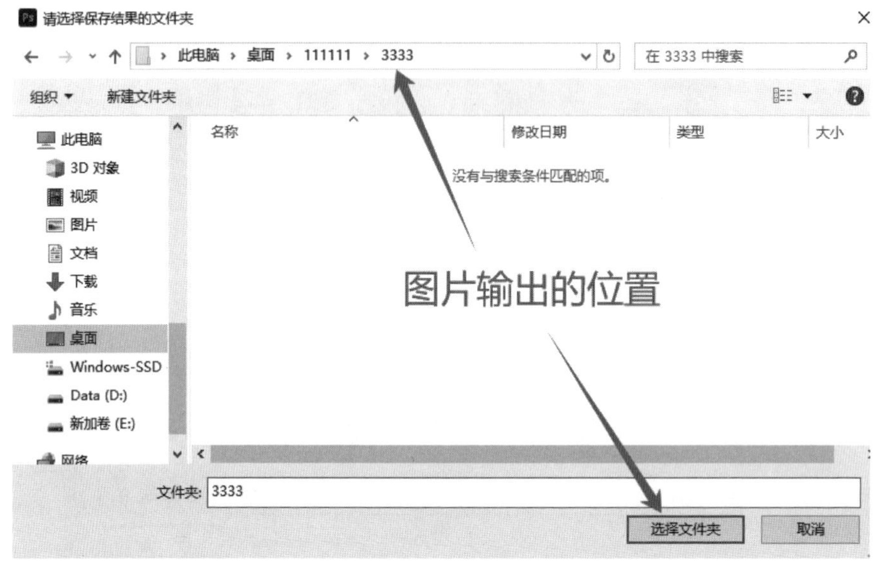

图 10-1-22　选择“输出文件夹”

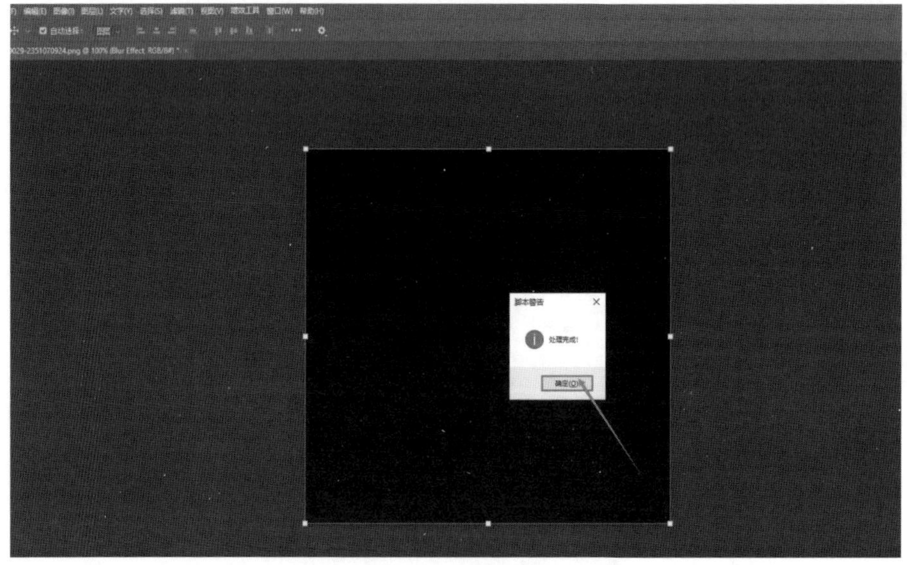

图 10-1-23　脚本运行完成界面

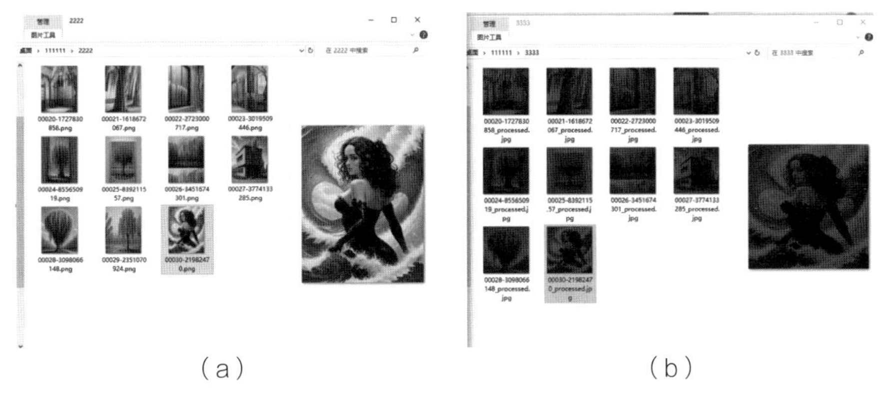

（a）（b）

图 10-1-24　处理前与处理后图像对比图

10.1.3　注意事项

（1）在使用 AI 编写代码时，时常会有报错发生，可能发生在刚开始运行时，也有可能在运行的过程中出现报错。没关系，不用着急，把你的报错信息继续提供给 AI，让 AI 来帮你解决。

（2）建议读者把自己软件的版本也放入提示词中发送给 AI 用作参考。不同版本的软件所使用的脚本会有部分报错不能使用的情况。提供版本号给 AI 可以尽量减少报错。

（3）若需要实现的需求过多，可分段逐步让 AI 来帮你实现，避免冲突。同时注意让 AI 结合上下文。

（4）AI 有个很好的点是它会在代码中写注释，且在结尾还会给出操作步骤和解释。建议可以适当查看全部内容。

10.1.4　新手小任务

（1）使用 DeepSeek 生成一个可以裁剪图片大小的脚本。

（2）在 PS 中使用自己制作的脚本。

（3）尝试与 DeepSeek 一起制作批量操作脚本。

10.2 垂直领域代码生成（DeepSeek+Cursor）

Cursor 是什么呢？简单一句话概括就是，“可以用对话的方式来实现代码编写”。Cursor 是一款 AI 驱动的智能代码编辑器（IDE），广泛用于软件开发中的代码生成、调试与重构，整合 Claude3.5 Sonnet、GPT、DeepSeek、Gemini 等模型实现了自然语言转代码、自动补全和逻辑优化，显著提升了效率。其优势在于通过实时建议减少重复编码，支持多语言和跨平台操作，满足从个人到团队的开发需求。它使用场景涵盖快速编写功能模块、解释复杂代码、修复错误及跨语法转换，同时提供代码审查和质量改进建议，帮助开发者降低技术门槛。借助智能交互与错误检测，Cursor 能缩短调试时间，辅助学习新技术，并加速原型开发，使开发者更专注于核心逻辑而非细节，适用于教学、开源项目及企业级应用，兼顾灵活性与生产力。因为 Cursor 对上下文的理解更加清晰，故可以把其中某部分代码交给 Cursor 来协助处理，这更加适用于有基础的技术人员。因为加入了 DeepSeek 模型，Cursor 的战斗力得到了提升。接下来我们一起用 Cursor 编写一个经典小游戏，来熟悉这款好用的编程工具。

10.2.1 新手必学

（1）本章介绍的是 Cursor，那就需要先安装软件。打开官方网址 https://www.cursor.com/，单击右上角的“Download”下载按钮，进行下载，如

图 10-2-1 所示。

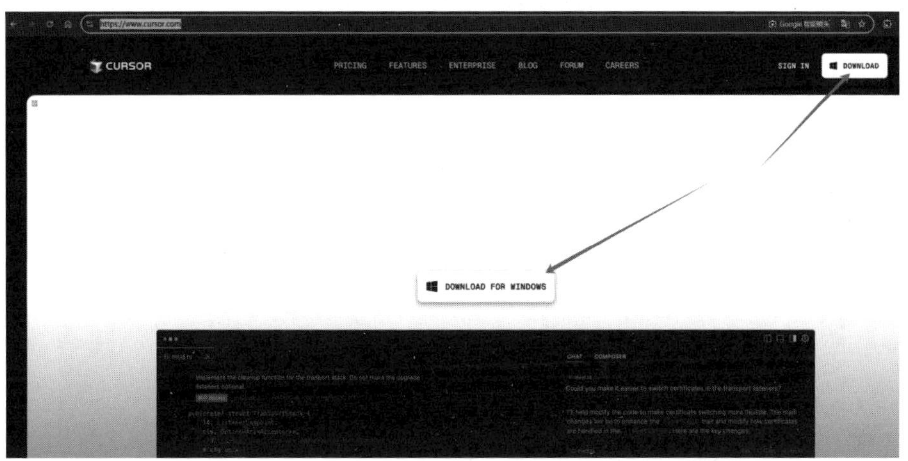

图 10-2-1　Cursor 下载界面

（2）下载完成后双击进行安装，如图 10-2-2 所示。

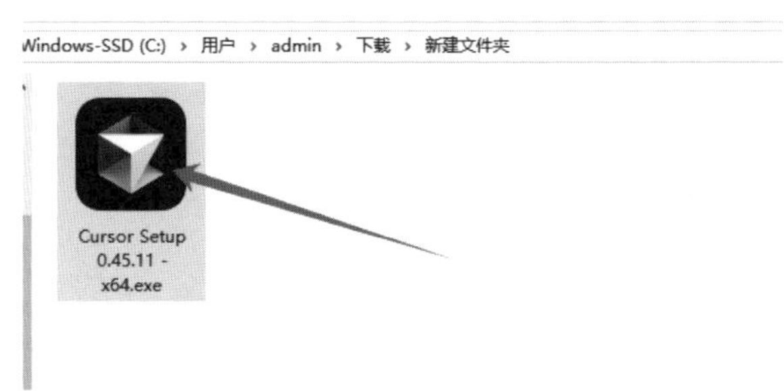

图 10-2-2　Cursor 安装界面

（3）安装完成后，会自动进入设置界面，这里只用设置一下语言即可，单击语言输入框，输入“中文”，再单击右下角的“Continue”按钮，如图 10-2-3 所示。

（4）继续单击确认，这里因为笔者有安装过“VS Code”这个软件，所以会显示。读者若是没有安装也没关系，继续单击确认的图标就可以，如图 10-2-4 所示。

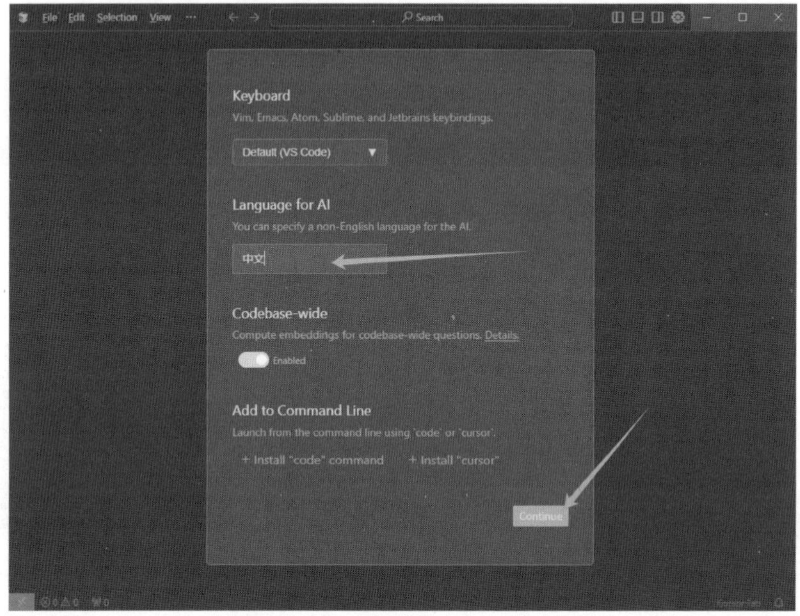

图 10-2-3 Cursor 语言设置界面

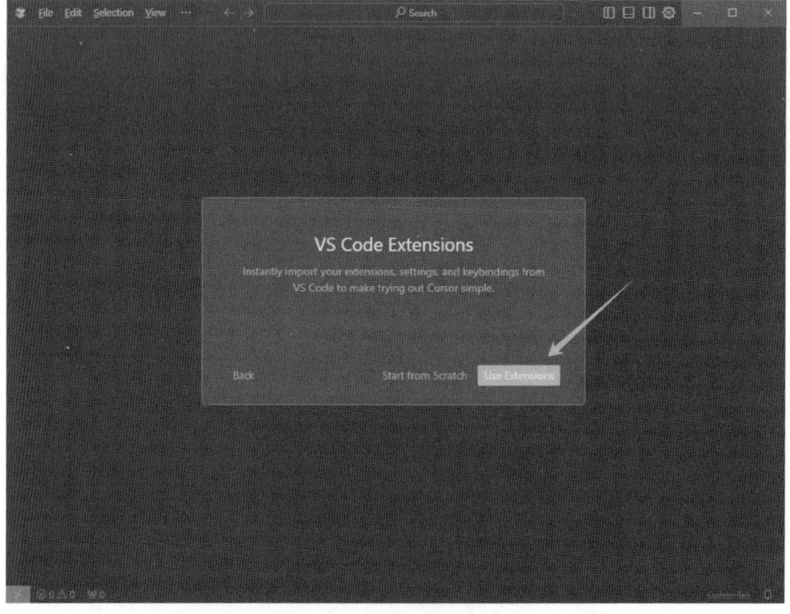

图 10-2-4 VS Code 扩展程序界面

（5）选择是否同意 Cursor 收集部分使用过程中的信息，选左选右都行。单击“Continue”，如图 10–2–5 所示。

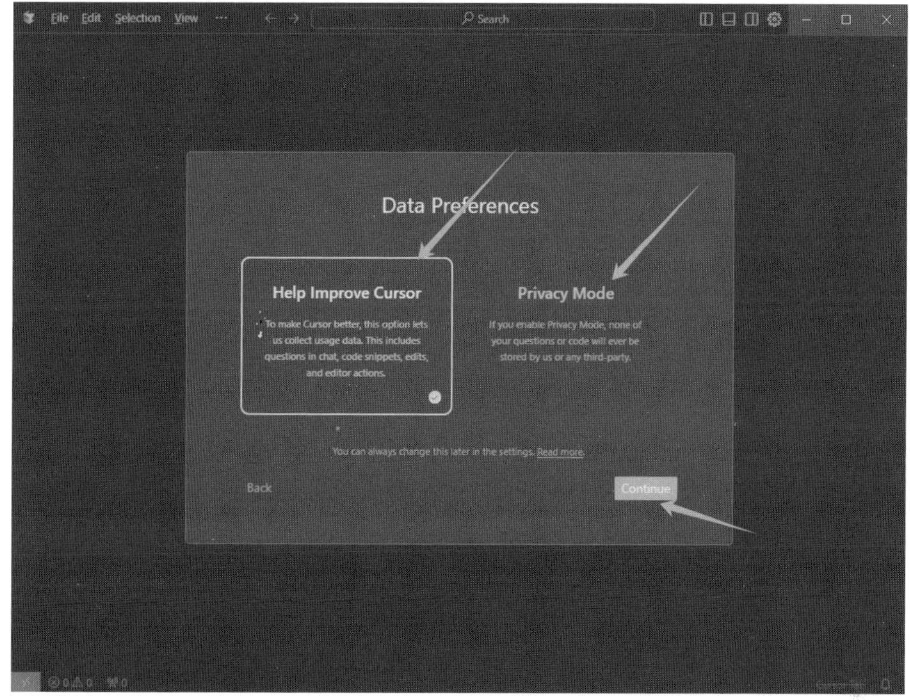

图 10−2−5 Cursor 数据偏好设置界面

（6）安装完成后，接下来到了注册环节。已注册账号的读者点左边的“Log In”登录即可，没有注册过的读者单击右边的“Sign Up”按钮进行注册。读者可以选择用谷歌邮箱或者 GitHub 账号进行注册，或者国内邮箱也可以，如图 10–2–6 所示。

（7）注册完成后会出现“YES，LOG IN”，单击“YES，LOG IN”按钮，如图 10–2–7 所示。

（8）此时我们就注册完账号了，网站页面会提示设置成功，可以直接忽略，如图 10–2–8 所示。

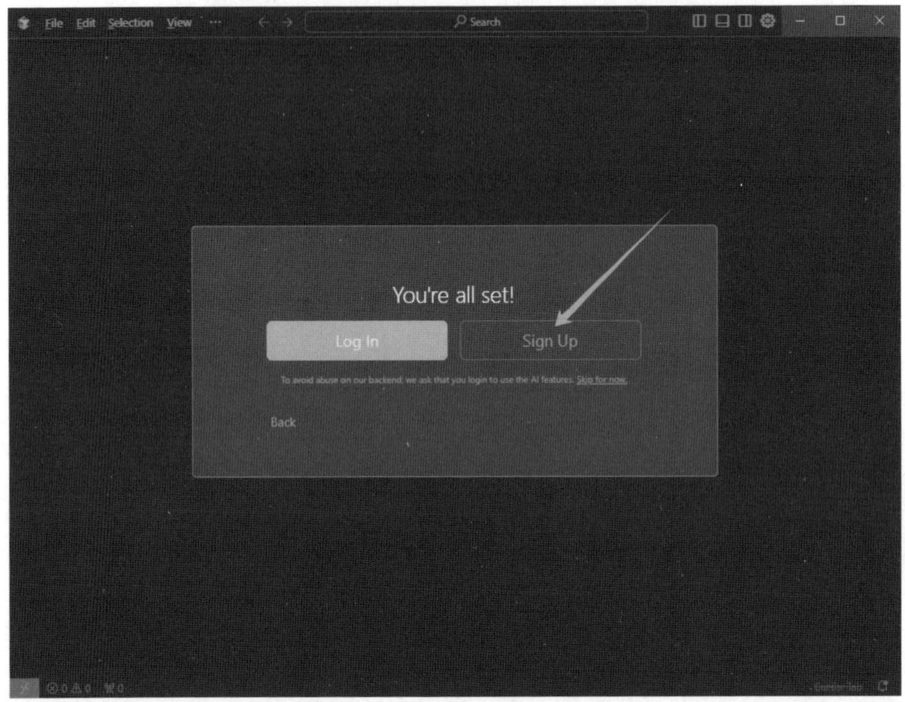

图 10-2-6 用户注册登录界面

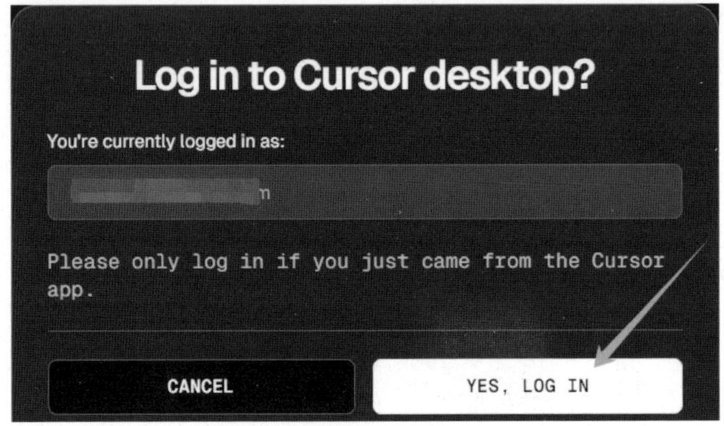

图 10-2-7 Cursor 登录界面

图 10-2-8　账号注册成功提示

（9）返回 Cursor 软件，会显示首页。考虑到部分读者更熟悉中文操作界面，接下来我们安装中文插件，单击右上角的侧边栏图标，打开左侧侧边栏，如图 10-2-9 所示。

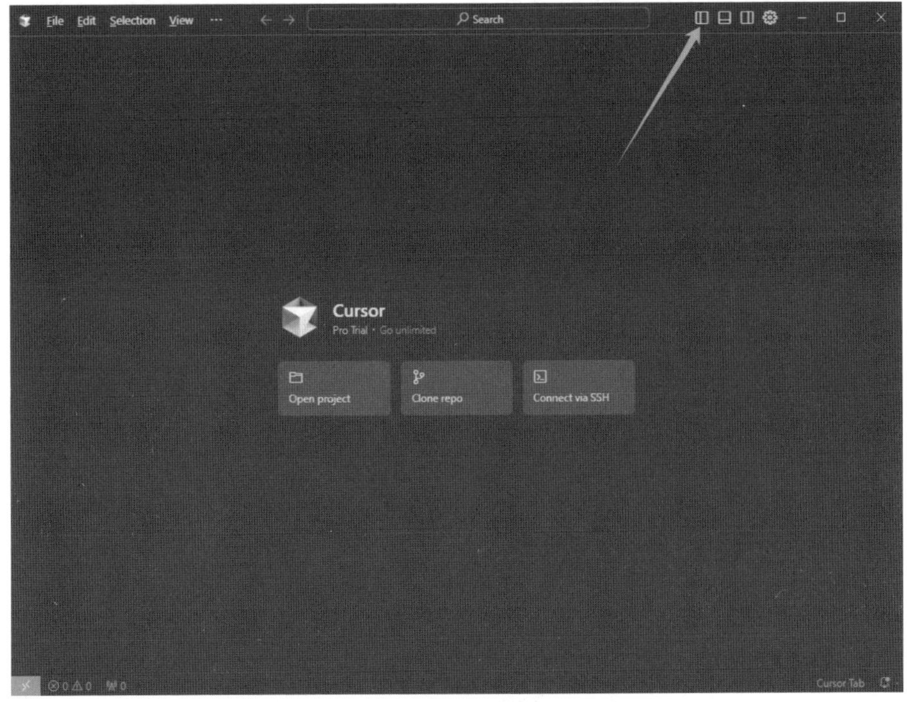

图 10-2-9　左侧侧边栏打开操作图

（10）单击左侧主侧边栏中的插件图标，如图 10-2-10 所示。

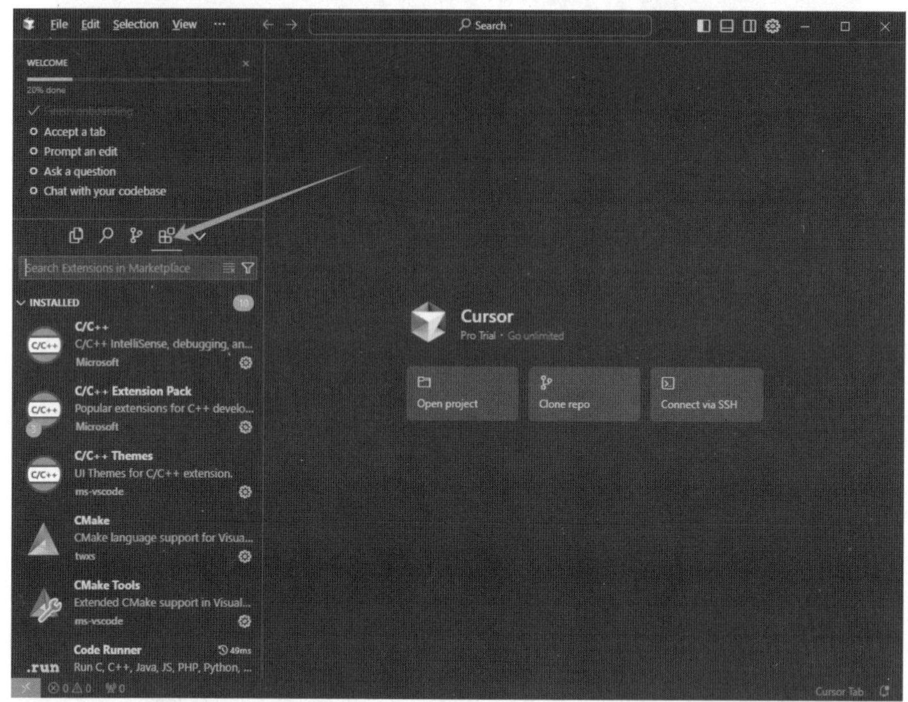

图 10-2-10　插件管理界面示意图

（11）在输入框中输入“Chinese”，等待几秒，即出现很多插件，单击中文简体右边的“Install”按钮进行安装，如图 10-2-11 所示。

（12）安装完成后，左下角会自动出现小弹窗，单击“Change Language and Restart”，这时软件会自动重启，且重启后界面变成了中文模式，如图 10-2-12 所示。

（13）好，这时重启后的界面就是中文的了，如图 10-2-13 所示。

图 10-2-11　中文简体语言包安装示意图

图 10-2-12　切换中文模式

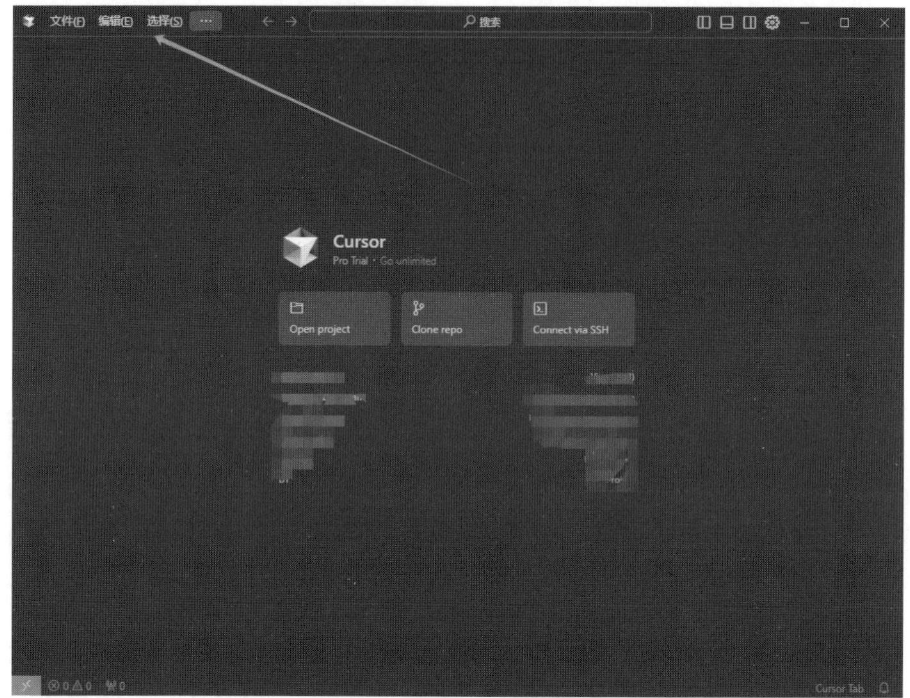

图 10-2-13 中文模式下 Cursor 软件首页界面

10.2.2 高手进阶

（1）接下来我们要开始实现一个小程序了，单击“Open project”选择项目文件夹，如图 10-2-14 所示。

注意：因为笔者之前在里面存有项目，所以显示的是这个界面。部分读者界面显示“Open a folder”，没关系，单击即可选择文件夹。

建文件夹是为了放入我们写的代码，为了方便我们后期查看。

（2）选择文件夹，如图 10-2-15 所示。

（3）在左边主侧边栏中单击新建图标，再单击新建文件图标，我们需要建一个文件来写代码，如图 10-2-16 所示。

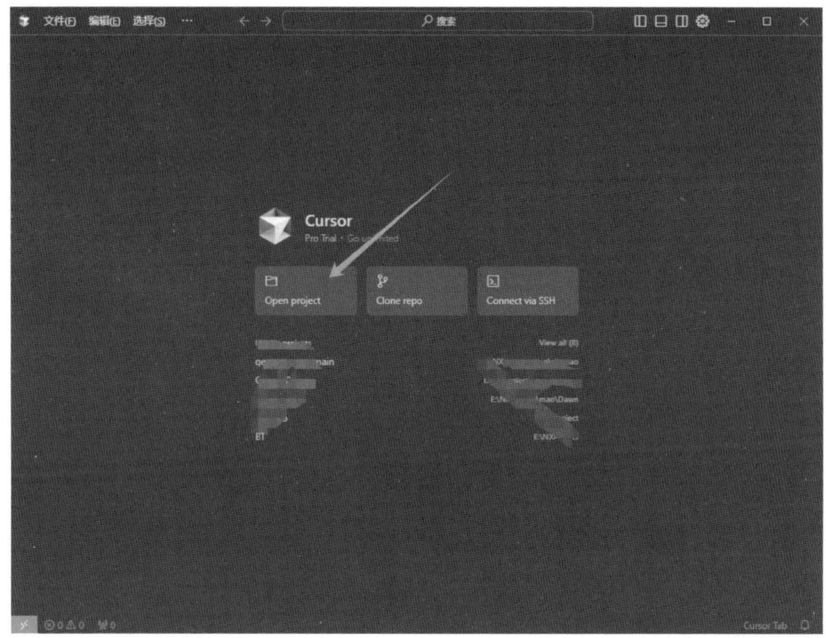

图 10-2-14 Cursor 项目界面示意图

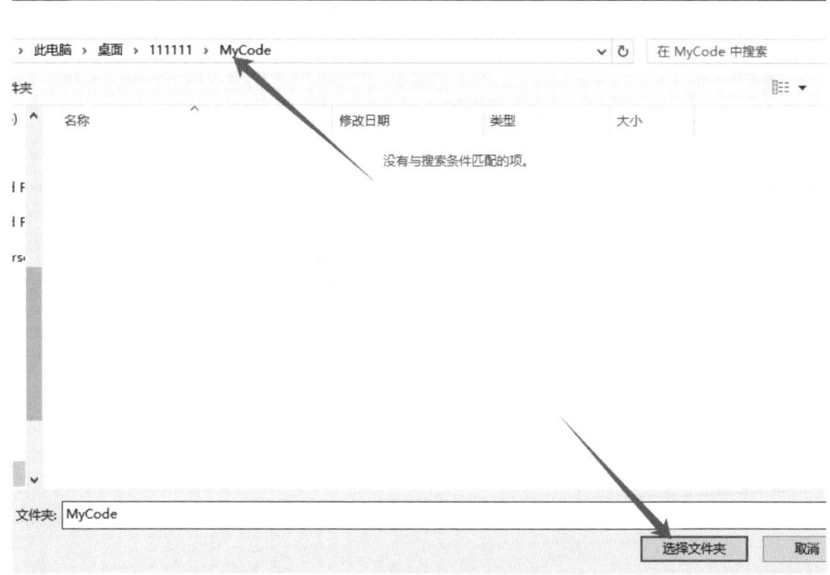

图 10-2-15 选择文件夹操作

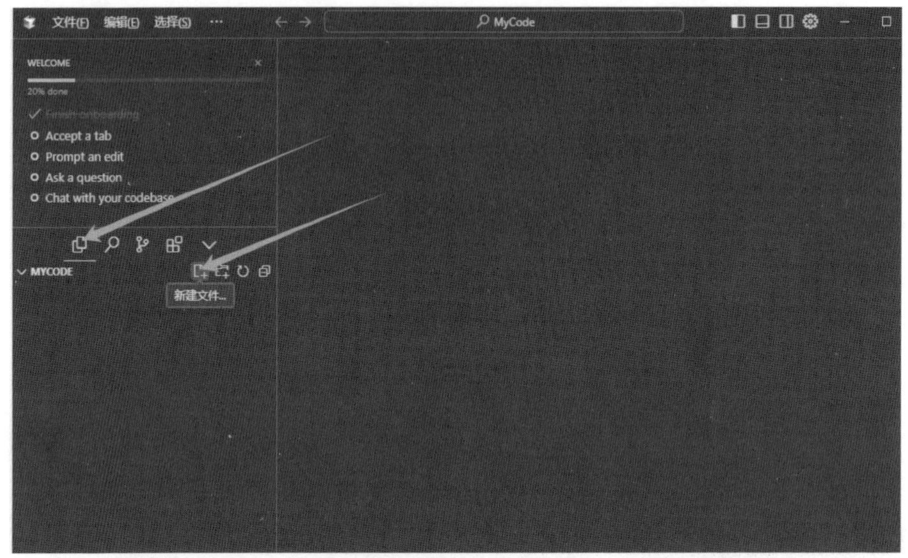

图 10-2-16　新建文件夹

（4）单击后需要在下方输入一个文件名称，名称不重要，重点是后缀一定是“.py”，表示这是一个 Python 文件，如图 10-2-17 所示。

（5）打开 DeepSeek 对话界面，输入提示词：“我是一个没有编程经验的人，我想用 Python 来实现一个贪吃蛇的游戏，我用的电脑是 Win10 系统，请详细告诉我应该怎么做，我将每一步都按照你提供的步骤来操作。当我完成时我会告诉你，你继续指导我，直到完成这整个游戏。”单击键盘回车键即可发送，如图 10-2-18 所示。

（6）等待 DeepSeek 回复，可以看到，首先我们需要做的是安装 Python，单击蓝色的“Python 官网”几个字即会跳转到 Python 官方，根据步骤下载安装即可，一共三小步，如图 10-2-19 所示。

（7）Python 安装完成后，记得“按 win+R 键，输入 cmd，回车”，在黑窗口中输入“pip install pygame”，回车。这一步是安装游戏库。完成后，如图 10-2-20 所示。

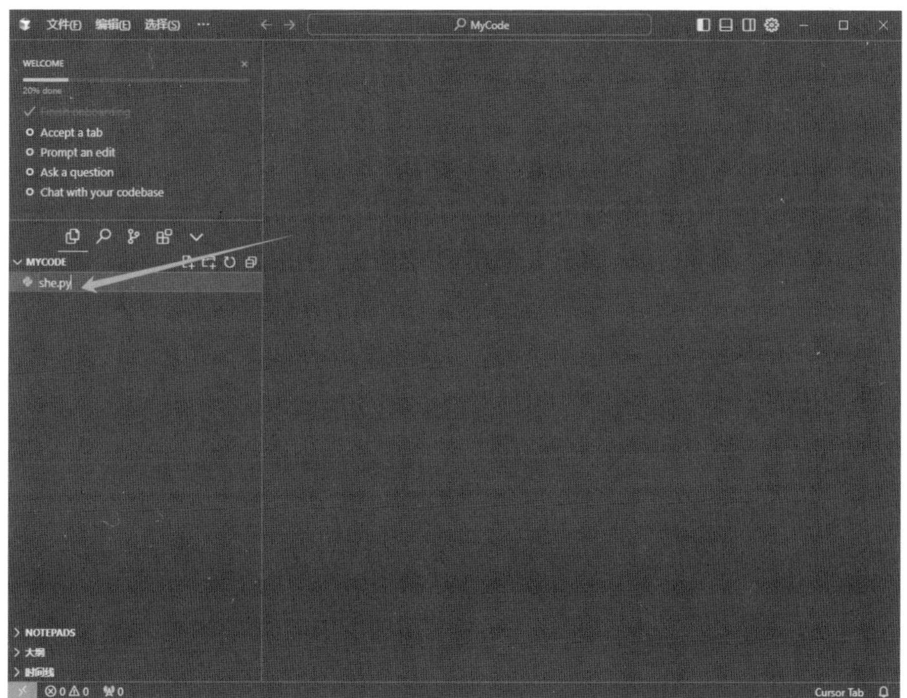

图 10-2-17　输入文件名称及后缀操作

大刘
02/16 13:26
我是一个没有编程经验的人，我想用Python来实现一个贪吃蛇的游戏，我用的电脑是Win10系统，请详细告诉我应该怎么做，我将每一步都按照你给的步骤来操作。当我完成时我会告诉你，你继续指导我，直到完成这整个游戏
Tokens: 104

图 10-2-18　笔者需求示例

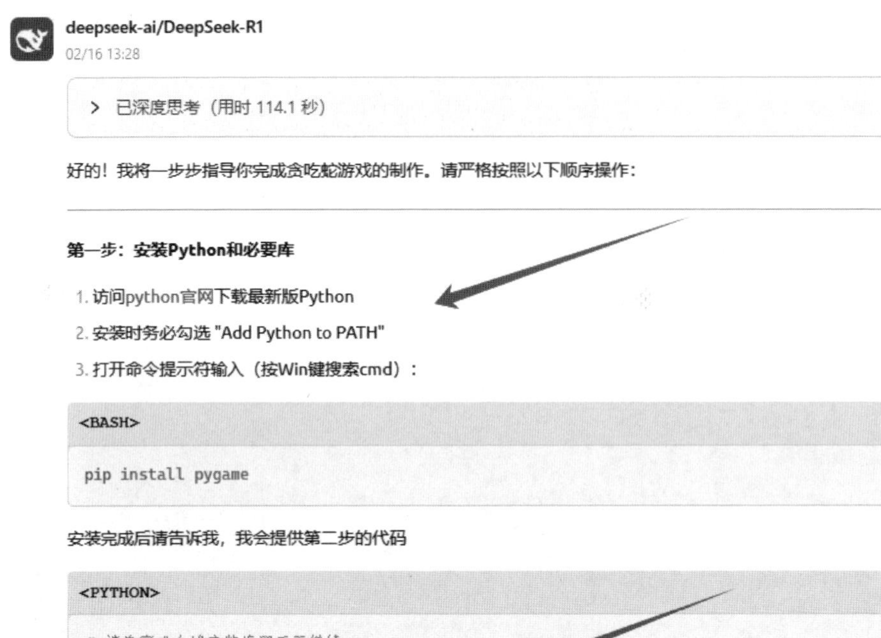

图 10-2-19　Python 安装步骤指南

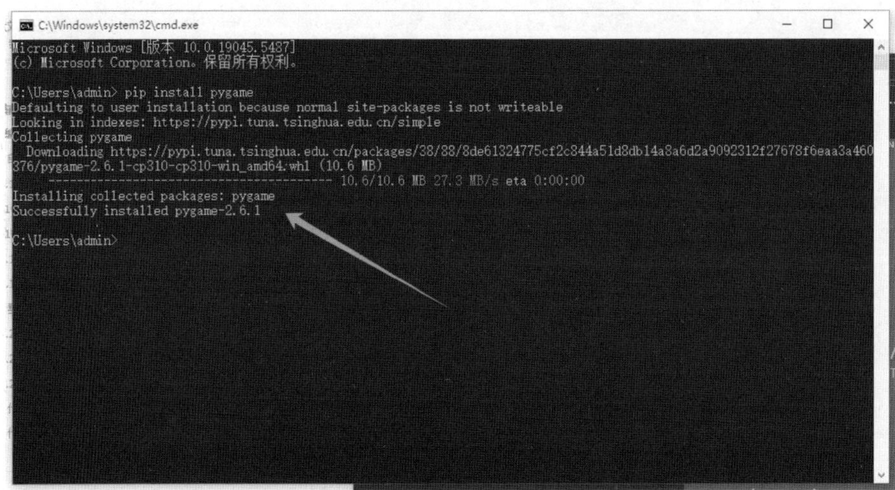

图 10-2-20　安装游戏库

（8）完成安装后告诉 DeepSeek 我们已经完成了以上步骤。提示词为“我已安装好 Python 和 Pygame”，如图 10-2-21 所示。

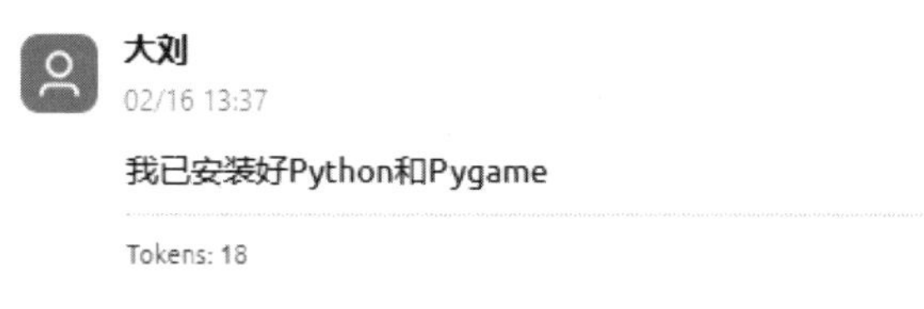

图 10-2-21　Python 和 Pygame 安装完成确认

（9）这时 DeepSeek 告诉我们可以新建一个文件。因为我们已经手动创建完成了，所以直接单击代码块的右上角复制图标，复制代码即可，如图 10-2-22 所示。

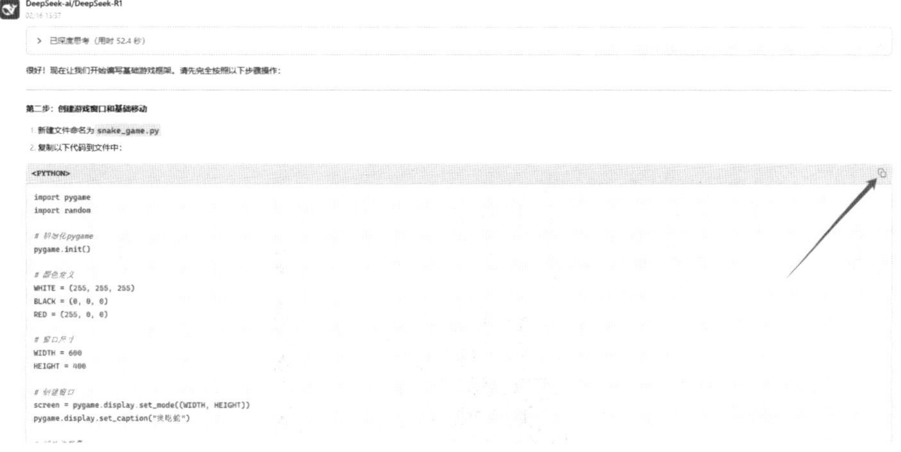

图 10-2-22　复制代码

（10）划到 DeepSeek 最下方可以看到它并没有给出我们完整的代码，只是一部分。好，我们就先复制这一部分，如图 10-2-23 所示。

（11）切换到 Cursor 软件中，单击新建的文件，再单击右边空白处，如图 10-2-24 所示。

（12）按“Ctrl + V”粘贴 DeepSeek 给出的代码到 Cursor 文件中，记得按“Ctrl+S”保存。未保存时文件名右边会有一个“小白点”，如图 10-2-25 所示。

```
        y += 10
    elif direction == 'LEFT':
        x -= 10
    elif direction == 'RIGHT':
        x += 10

    # 插入新蛇头
    snake_pos.insert(0, [x, y])
    snake_pos.pop()  # 保留蛇的长度

    # 绘制蛇
    for pos in snake_pos:
        pygame.draw.rect(screen, WHITE, pygame.Rect(pos[0], pos[1], 10, 10))

    pygame.display.update()
    clock.tick(15)

pygame.quit()
```

运行代码后你应该看到:

- 黑色窗口
- 可以按方向键控制白色方块移动
- 点击右上角×可以关闭窗口

请测试成功后告诉我，我将指导你添加食物和计分功能。
提示：当前蛇还不会变长，这是下一步要实现的功能，现在只是移动测试

常见问题自查:

1. 如果无法运行请检查是否保存了文件
2. 确保不要有中文路径或特殊符号
3. 如果报错"pygame.error"，请检查代码缩进是否正确（所有代码应顶格开始）

图 10-2-23　复制部分代码

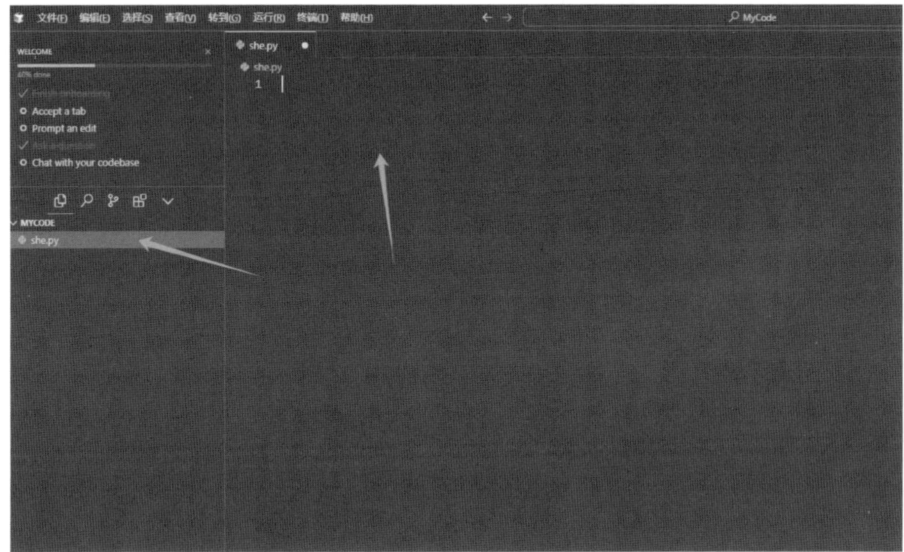

图 10-2-24 Cursor 软件新建文件操作示意图

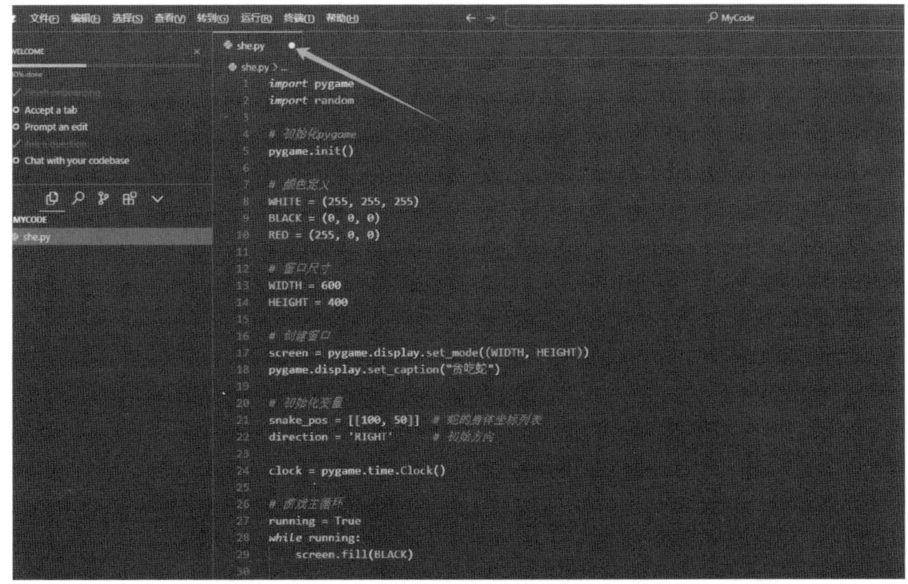

图 10-2-25 粘贴并保存至 Cursor 文件

（13）单击文件右上角的“小三角”图标，这是运行按钮，单击即可开始运行代码，如图 10-2-26 所示。

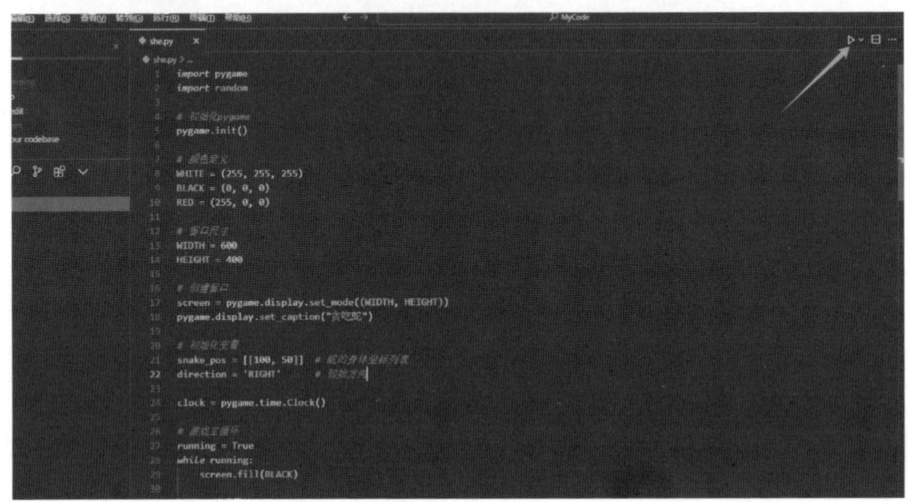

图 10-2-26 运行代码

（14）单击运行后，稍等片刻，可以看到弹出一个对话框，对话框中有一个小像素点，按上下左右方向键可以控制，如图 10-2-27 所示。

图 10-2-27 贪吃蛇游戏控制界面示意图

（15）此刻就完成了 DeepSeek 给出的步骤。现在继续告诉 DeepSeek“我们已经完成测试了”，如图 10-2-28 所示。

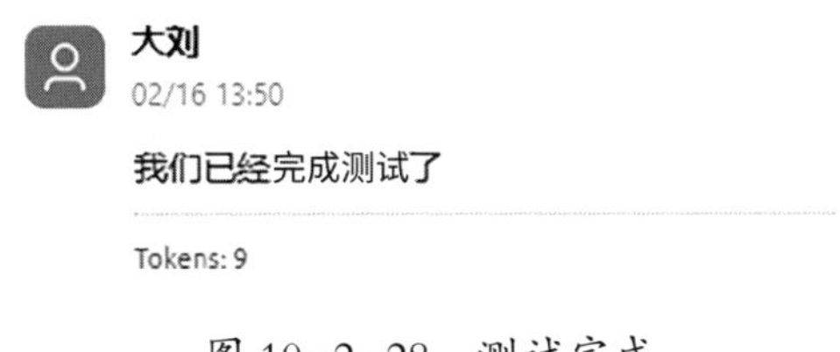

图 10-2-28　测试完成

（16）DeepSeek 回复中给出了完整版的代码，我们还是单击代码块的右上角复制图标进行复制，如图 10-2-29 所示。

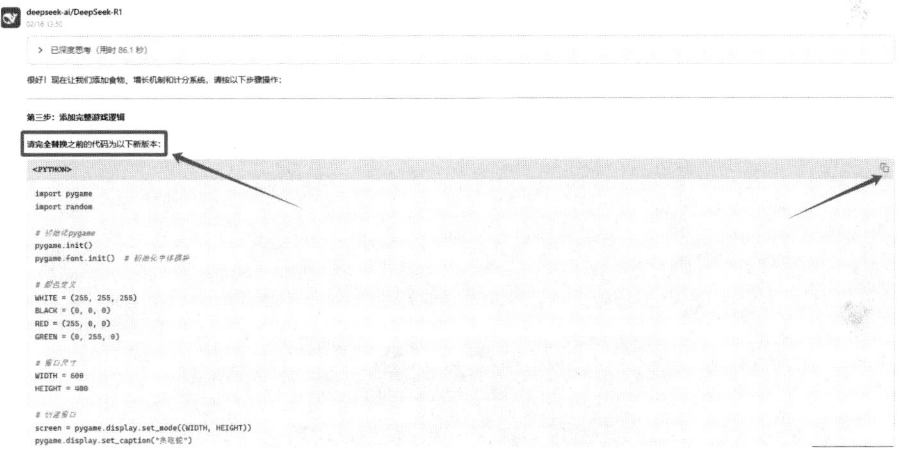

图 10-2-29　复制代码

（17）回到 Cursor 中，把刚才的代码全部删掉，替换成新的完整代码（记得保存），然后单击右上角的“小三角”图标开始运行，如图 10-2-30 所示。

（18）单击运行后稍等片刻，即可开始运行贪吃蛇游戏，如图 10-2-31 所示。

```
        # 吃食物检测
        if new_head == food_pos:
            score += 10
            food_pos = generate_food()  # 生成新食物
        else:
            snake_pos.pop()  # 没吃到食物尾部缩短

    # 绘制元素
    # 绘制蛇
    for idx, pos in enumerate(snake_pos):
        color = GREEN if idx == 0 else WHITE  # 蛇头绿色
        pygame.draw.rect(screen, color, pygame.Rect(pos[0], pos[1], 10, 10))

    # 绘制食物
    pygame.draw.rect(screen, RED, pygame.Rect(food_pos[0], food_pos[1], 10, 10))

    # 显示分数
    score_text = font.render(f'Score: {score}', True, WHITE)
    screen.blit(score_text, (10, 10))

    # 游戏结束提示
    if game_over:
        over_text = font.render('Game Over! Press SPACE to restart', True, RED)
        screen.blit(over_text, (WIDTH//2 - 180, HEIGHT//2 - 20))

    pygame.display.update()
    clock.tick(15)
```

图 10-2-30　运行新的完整代码

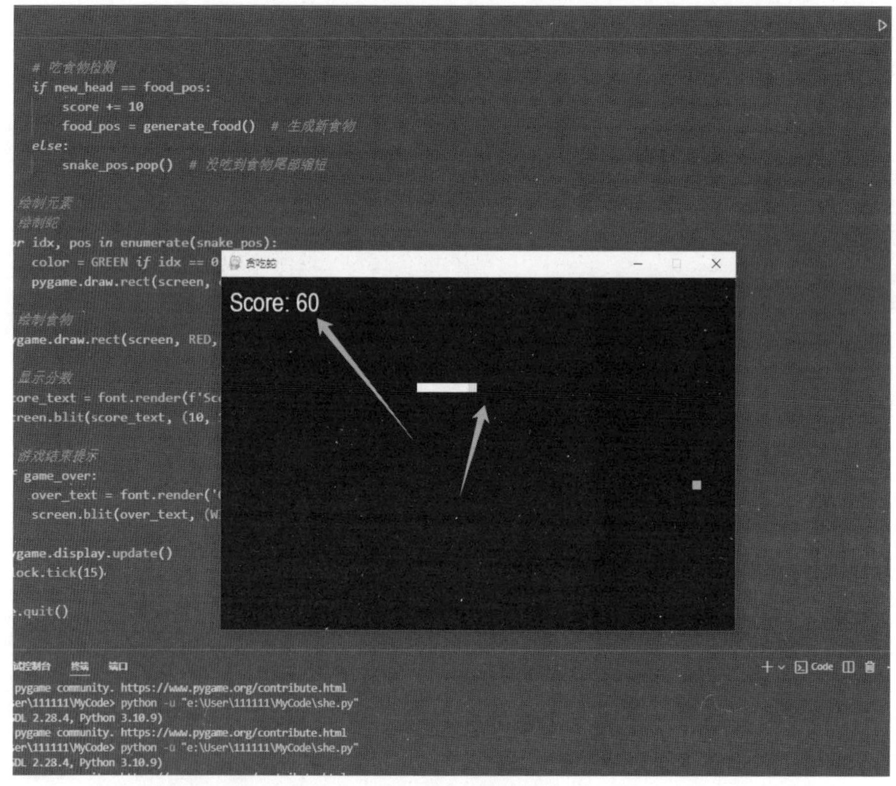

图 10-2-31　贪吃蛇游戏运行界面示意图

10.2.3 大师般的优雅

以上方式是把 DeepSeek 和 Cursor 分开使用，在使用中难免会有点卡顿。目前 Cursor 也默默接上了 DeepSeek 模型，这意味着我们可以直接在 Cursor 中使用 DeepSeek 了。具体步骤请按以下步骤进行设置。

（1）打开 Cursor 软件，依次单击左上角的“文件”→“首选项”→“Cursor Settings”。打开 Cursor 的设置界面，如图 10-2-32 所示。

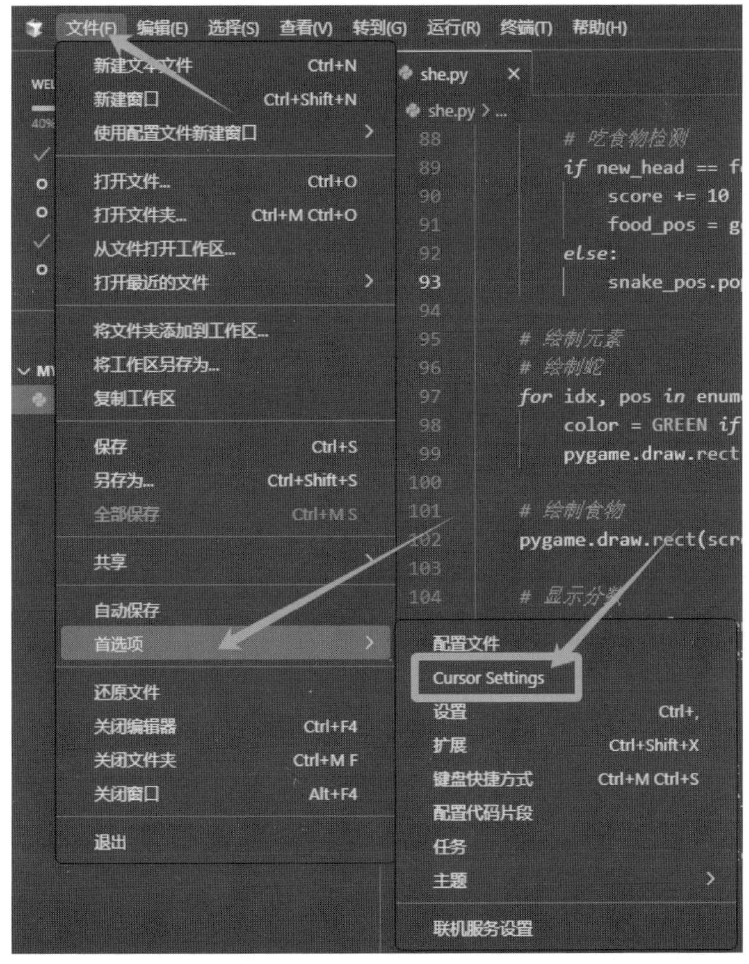

图 10-2-32 Cursor 的设置界面

（2）在设置界面单击“Models”，选择模型。可以看到目前 Cursor 支持很多模型，包括 Claude、DeepSeek、Gemini、GPT 等各个版本模型。这里我们单击勾选 DeepSeek 的 R1 和 V3 模型，如图 10-2-33 所示。

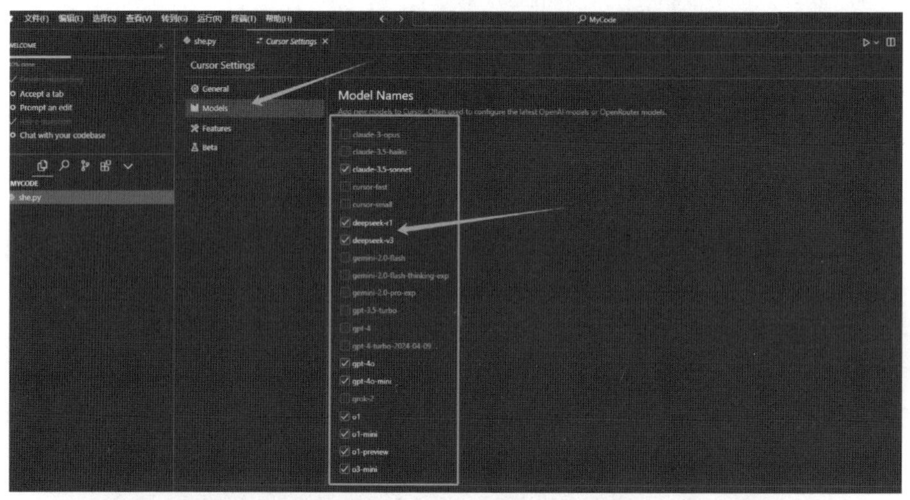

图 10-2-33　Cursor 模型选择界面

（3）现在模型已经添加成功，可以关掉设置页面了。怎么使用 DeepSeek 呢？单击 Cursor 右上角的右侧边栏图标，如图 10-2-34 所示。

图 10-2-34　Cursor 使用 DeepSeek 操作

（4）在右边侧边栏出现的对话框中，单击对话框左下角的模型，选择“DeepSeek-R1”模型，就会自动切换成 DeepSeek 模型，如图 10-2-35 所示。

（5）为了方便测试使用，我们再次清空了贪吃蛇的“she.py”文件内容。现在我们直接使用 Cursor 带的 DeepSeek 模型，来帮我们生成一个贪吃蛇的完整代码。在提示词框中输入“请帮我写一个完整的贪吃蛇的代码”，然后运行，如图 10-2-36 所示。

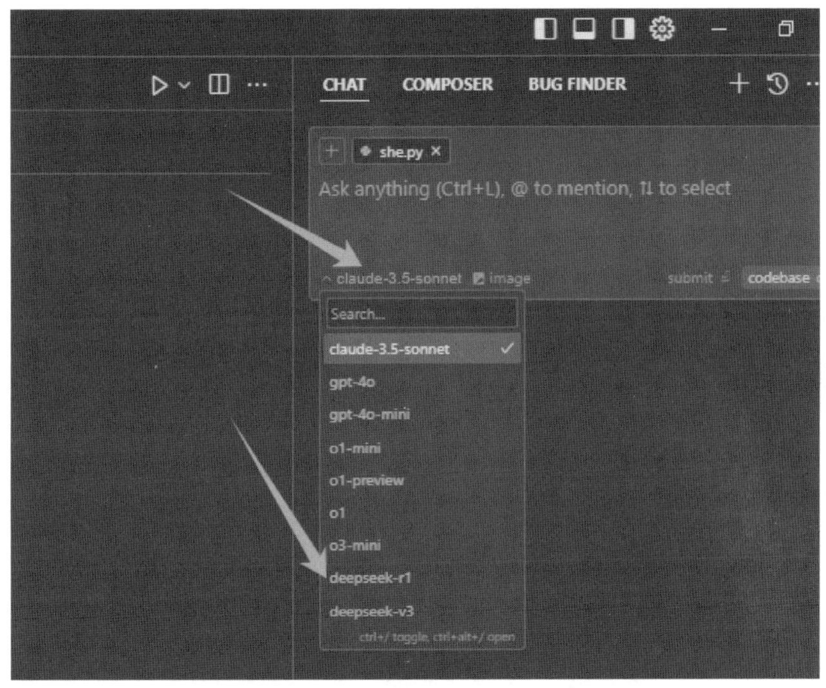

图 10-2-35 切换 DeepSeek 模型

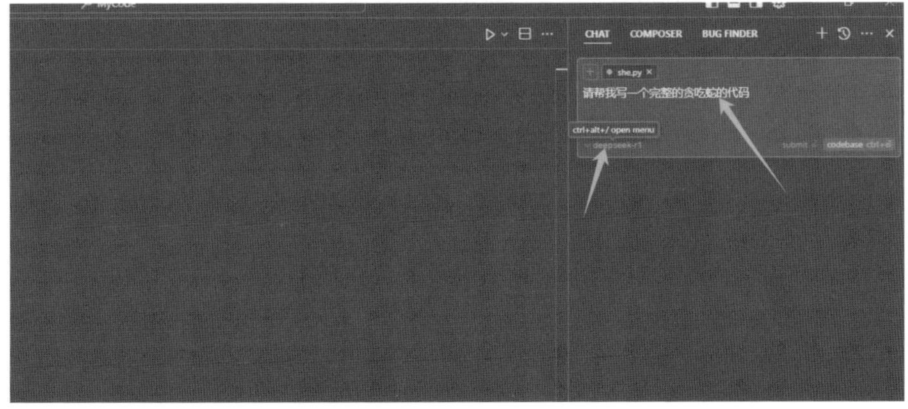

图 10-2-36 在 Cursor 中使用 DeepSeek 模型生成完整代码

（6）可以看到 DeepSeek 给出了代码块，现在单击代码块的右上角“Apply”按钮，即可把代码直接同步到我们的文件中，如图 10-2-37 所示。

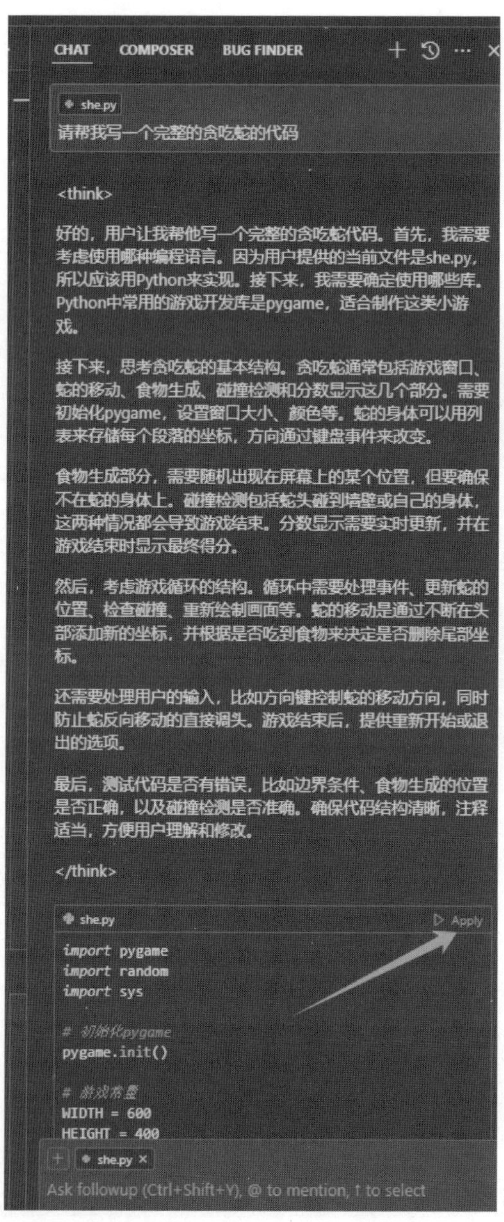

图 10-2-37　将代码同步至文件

（7）同步完成后，记得看一下左上角文件名，后面有小白点，并保存，如图 10-2-38 所示。

图 10-2-38　同步完成界面

（8）单击文件代码区域右上角的绿色按钮即可直接保存，如图 10-2-39 所示。

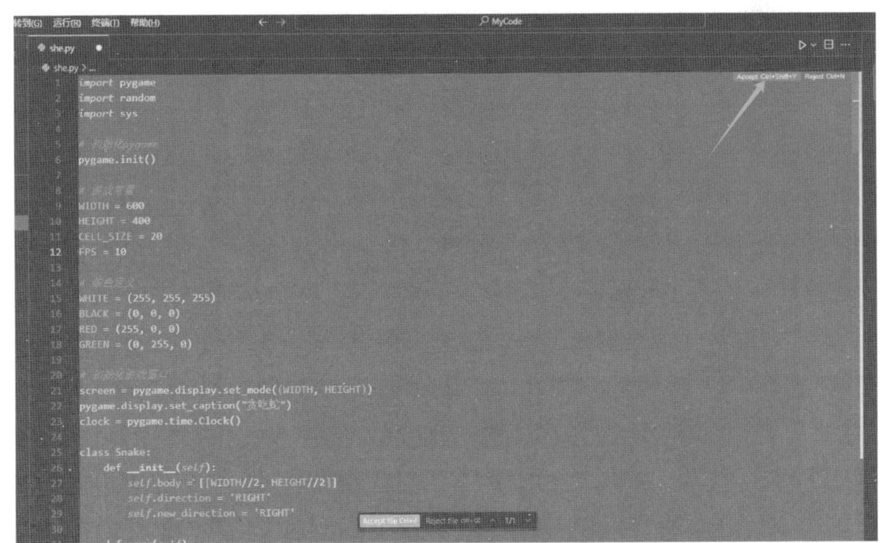

图 10-2-39　直接保存代码

（9）单击右上角运行图标，开始运行代码，如图 10-2-40 所示。

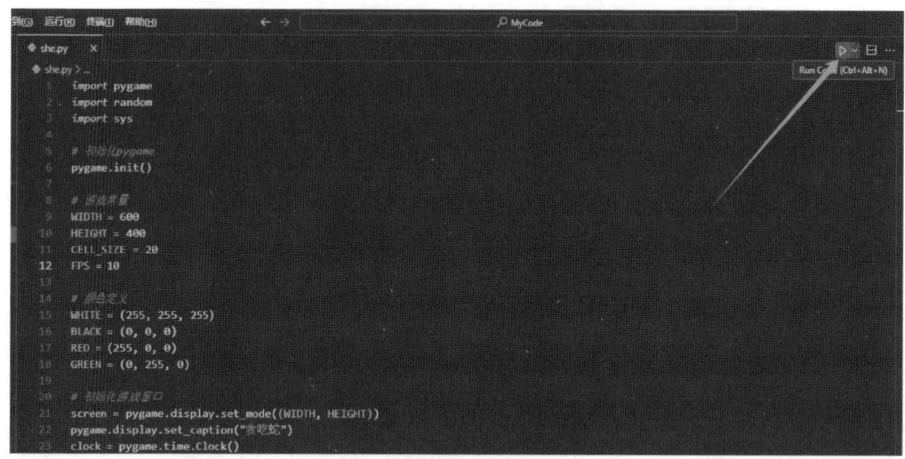

图 10-2-40　运行代码

（10）请优雅地开始操作吧，如图 10-2-41 所示。

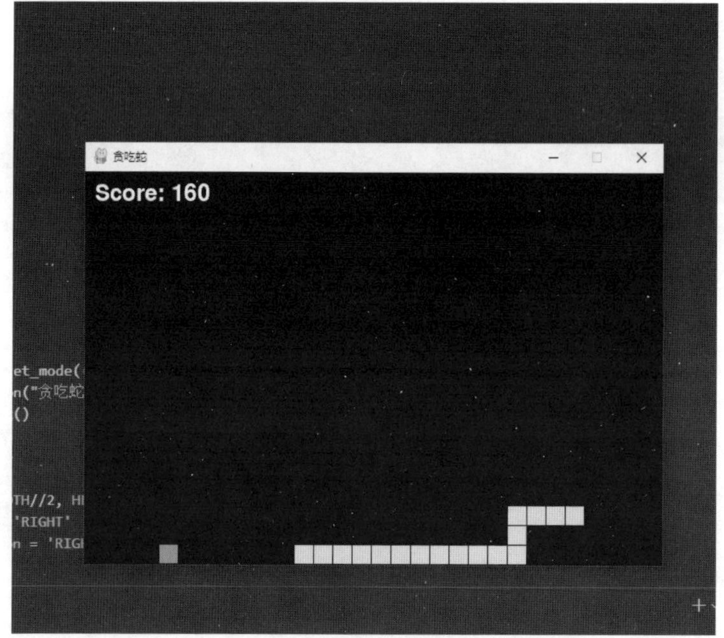

图 10-2-41　贪吃蛇游戏界面

10.2.4 注意事项

（1）代码会报错很正常，不要着急，可以把报错信息复制发给 Cursor，让它来告诉我们怎么操作。安装步骤一步一步来，有问题一步一步解决就好了。

（2）如果没有出现“小三角”的运行图标，别着急，可能是 Python 没有安装好。再安装一下就好啦（安装会需要一点时间）。

（3）首次安装 Python 的读者，建议安装完成后重启一下电脑，让设置的环境生效。有时候莫名出现的问题，有可能是电脑配置没有生效导致的。

（4）同一个对话不宜使用太久，因为上下文太长会加重 Cursor 中模型的推算能力。建议对话稍用一段时间后，切换新对话。

10.2.5 新手小任务

（1）告诉 DeepSeek 你需要安装 Python，让它告诉你怎么做。完成 Python 的安装。

（2）尝试用 Cursor 制作一个小游戏，如贪吃蛇、俄罗斯方块等经典小游戏。

（3）成功运行代码并成功进行游戏到 80 分。加油！

10.3

代码注释自动化（DeepSeek+Windsurf）

Windsurf 是 Codium 发布的，对比 Cursor 来说，属于后起之秀。与 Cursor 一样，Windsurf 也是属于 AI IDE 类。简单来说它就是一个开发、调试工具。以往这类软件使用者通常是技术相关人员。随着 AI 的发展，部分 IDE 集成了 AI，能够让非技术人员也能通过自己的想法来开发一些简单的程序。同时也让原本的技术人员有了更多可靠的小帮手。

Windsurf 的优势在于，它对非技术类人员和简单项目的开发相对更友好。它更适合给出完整的代码和少量的上下文时间理解。但是对于上下文的推理和理解，使用下来个人感觉在模型的取舍方面，Windsurf 在读取上下文中做了部分优化。所以如果有很多代码让 Windsurf 来分析，需要 Windsurf 给出方案，目前效果暂时不是特别理想。当前的 Windsurf 更加适合简单的小项目或者在项目初期使用。

本节会带大家一起体验对话式开发一款经典小游戏。

10.3.1 新手必学

（1）首先我们打开官方网址 https://codeium.com/，单击右上角的“Download”按钮下载，如图 10-3-1 所示。

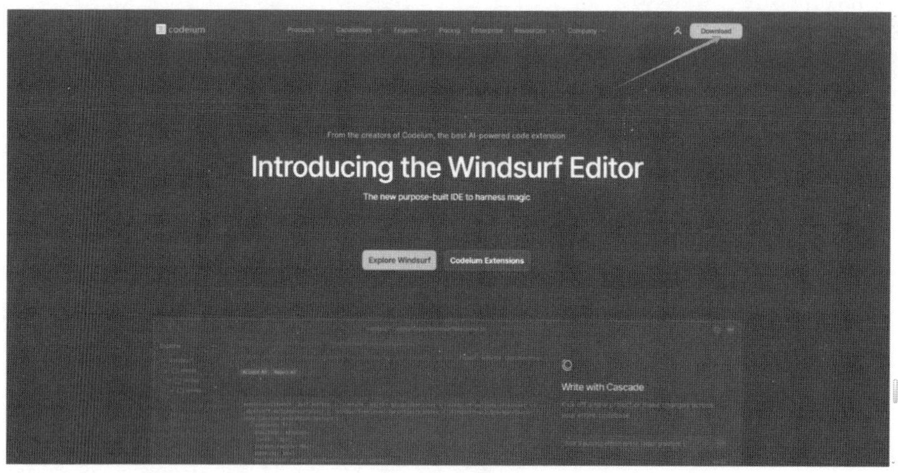

图 10-3-1 Windsurf 官网界面

（2）再次单击页面中的下载，这里会自动匹配电脑的系统，如图 10–3–2 所示。

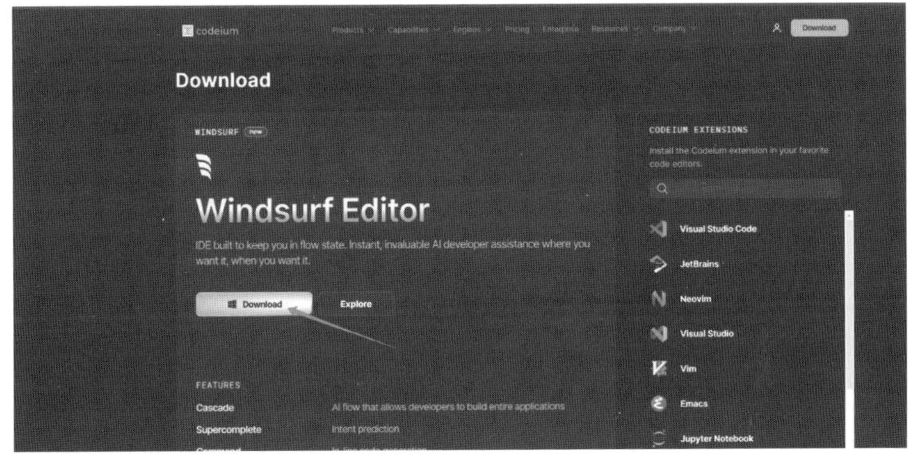

图 10–3–2　Windsurf 的多平台安装界面

（3）下载完成后，双击进行安装，如图 10–3–3 所示。

图 10–3–3　Windsurf 下载完成界面

（4）需要选择同意协议才能进行下一步安装，如图 10–3–4 所示。

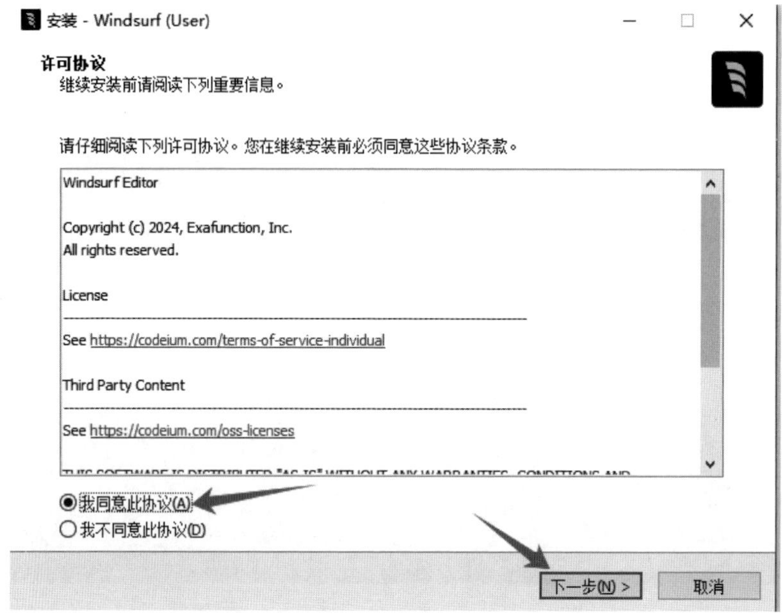

图 10-3-4 安装 Windsurf 许可协议界面

（5）设置安装位置。单击下一步，如图 10-3-5 所示。

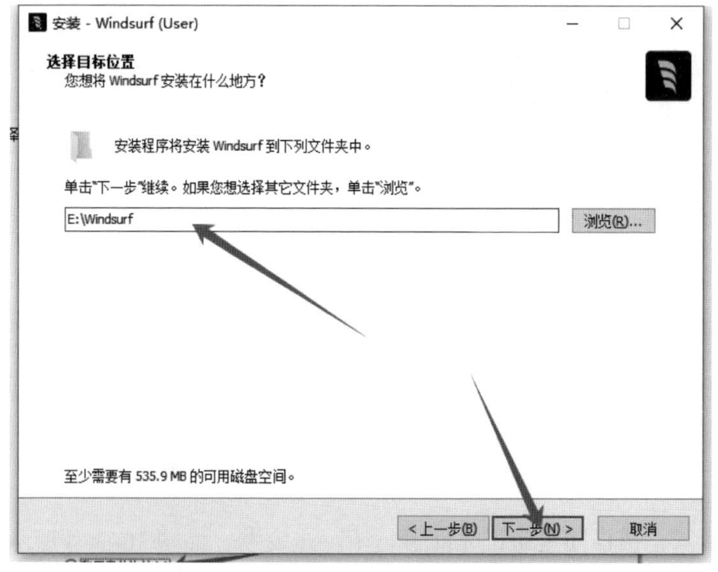

图 10-3-5 Windsurf 安装位置

（6）快捷方式这里不用管，直接单击下一步，如图 10-3-6 所示。

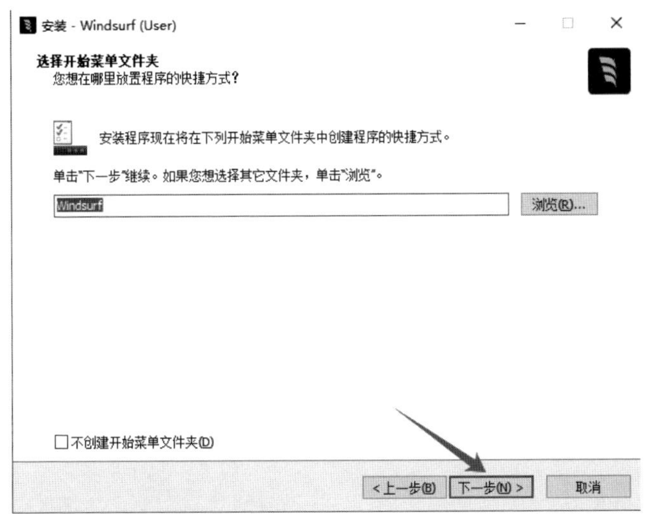

图 10-3-6　安装 Windsurf 程序时的快捷方式选择界面

（7）勾选最后两个选项，单击下一步，如图 10-3-7 所示。

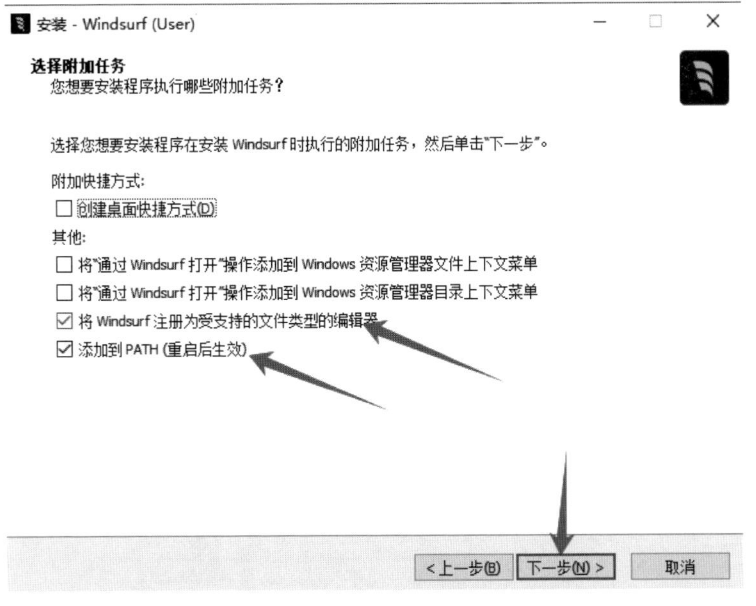

图 10-3-7　Windsurf 安装附加任务选择界面

（8）单击安装，即会开始安装，如图 10-3-8 所示。

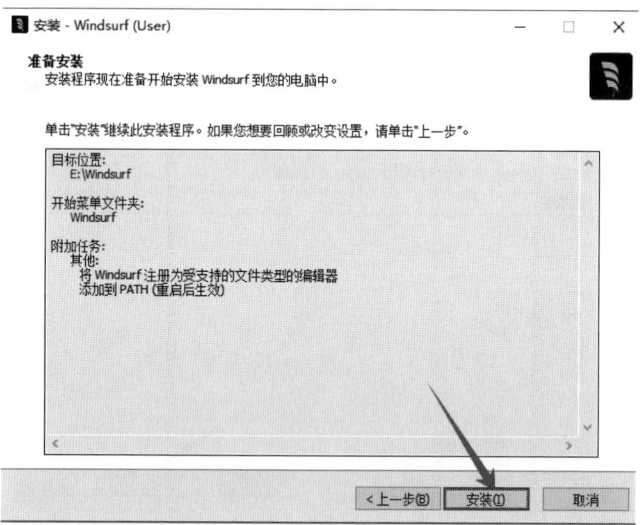

图 10-3-8　Windsurf 安装界面

（9）自动勾选“运行 Windsurf”，单击“完成”按钮即可，如图 10-3-9 所示。

图 10-3-9　Windsurf 安装完成界面

（10）第一次打开 Windsurf，出现欢迎语。单击“Get started”按钮，如图 10-3-10 所示。

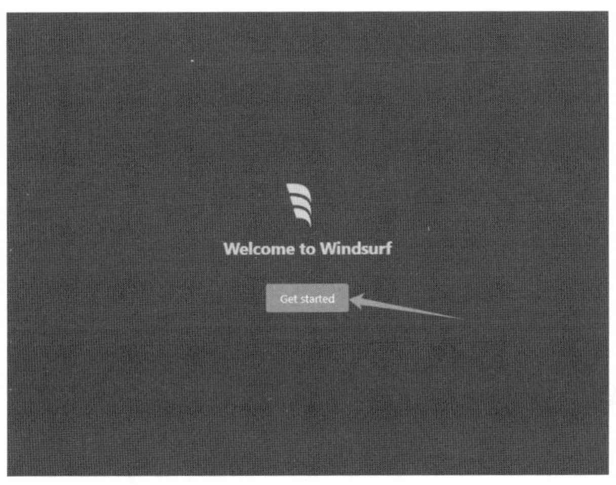

图 10-3-10　Windsurf 初次启动欢迎界面

（11）单击“Start fresh”按钮，表示全新开始，如图 10-3-11 所示。

注意：下面的“√”一定要保留。

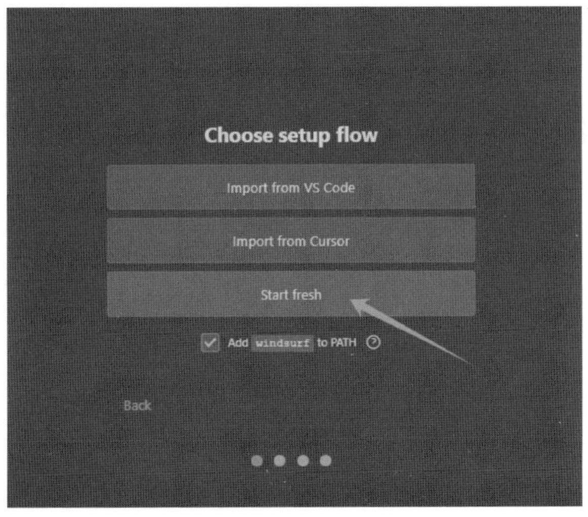

图 10-3-11　全新开始设置流程选择界面

（12）默认选择“Default（VS Code）”，单击“Next”按钮，如图 10–3–12 所示。

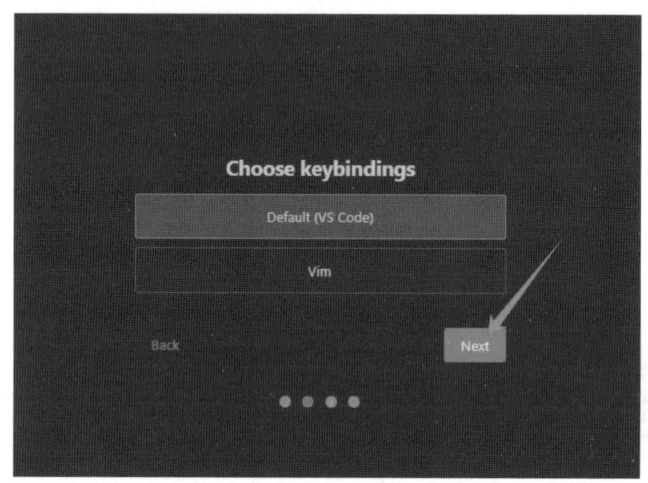

图 10–3–12　选择“Default（VS Code）”界面

（13）选择喜欢的主题，再单击“Next”按钮，如图 10–3–13 所示。

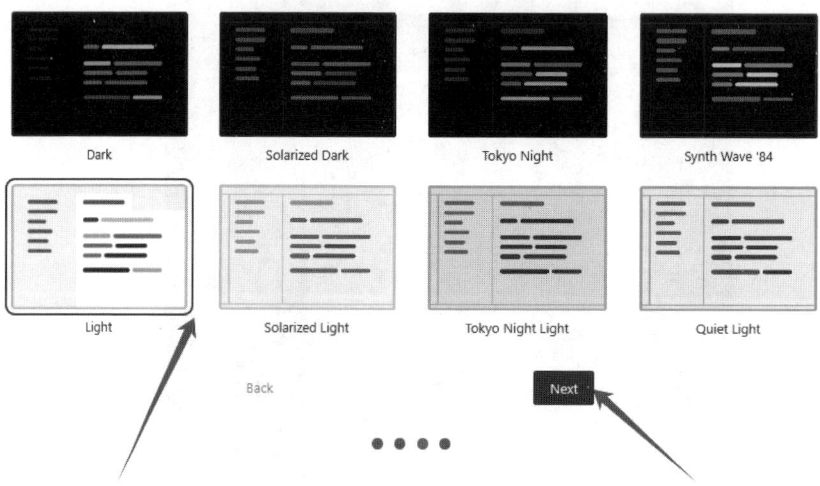

图 10–3–13　主题选择界面

（14）接下来到了注册和登录环节，单击“Sign up”或“Log in”按钮，会自动跳转到浏览器中进行注册和登录。可以使用谷歌邮箱，或者其他邮箱 + 密码、SSO 账号三种方式注册。如果读者有账号，则可以选择单击最下方的“Sign in”直接登录，如图 10-3-14 所示。

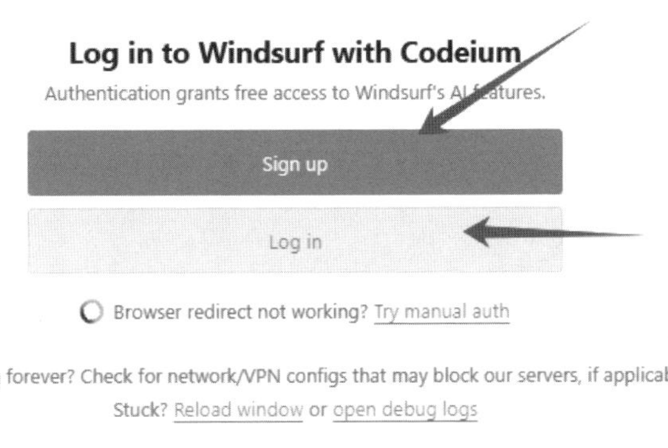

图 10-3-14　用户注册和登录界面

（15）在浏览器中登录成功后会弹出提示框，单击“打开 Windsurf”按钮，即会自动回到 Windsurf 软件中，如图 10-3-15 所示。

图 10-3-15　登录成功后跳转至 Windsurf 操作

（16）登录成功后的 Windsurf 界面，如图 10-3-16 所示。

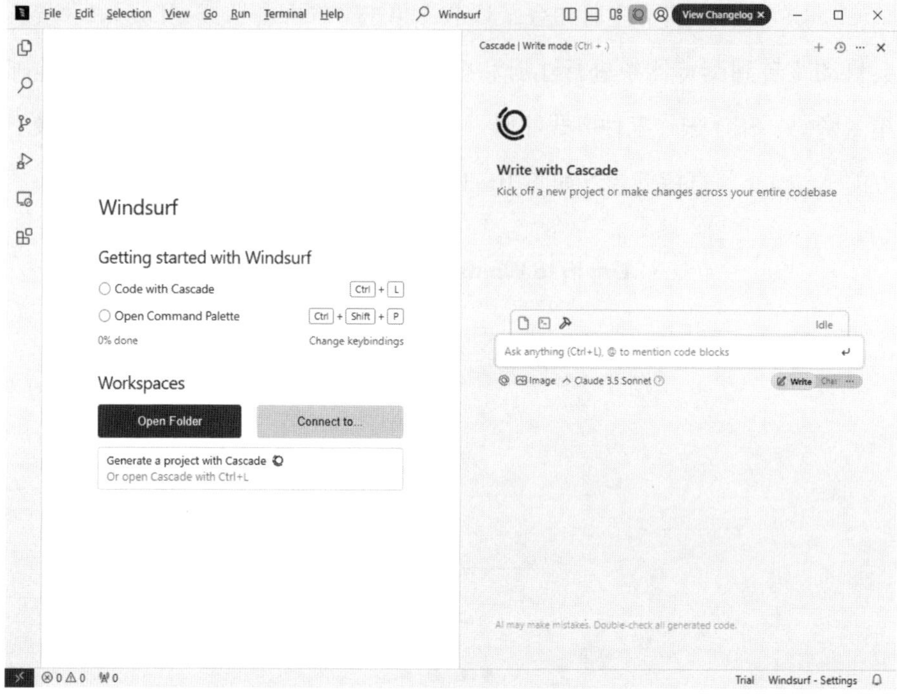

图 10-3-16 登录成功后的 Windsurf 界面

10.3.2 高级进阶：开始第一个代码小游戏

（1）我们可以在第 3 章提到的六种使用 DeepSeek 的方式中任选一种使用方式，这里笔者以“Cherry Studio+ 使用硅基流动第三方 DeepSeek API”方式为例介绍如何使用，输入示例提示词“我是一个没有编程经验的人，我想用 Python 来实现一个俄罗斯方块的游戏，我用的电脑是 Win10 系统，请详细告诉我应该怎么做，我将每一步都按照你提供的步骤来操作。当我完成时我会告诉你，请你继续指导我，直到完成这整个游戏”，如图 10-3-17 所示。

大刘
02/16 06:44

我是一个没有编程经验的人，我想用Python来实现一个俄罗斯方块的游戏，我用的……

图 10-3-17　笔者需求示例

（2）等待 DeepSeek 给出回复，可以看到 DeepSeek 给出了步骤，要先安装 Python。因为我们使用的是 Windsurf 代码编辑器，所以这里的 VS Code 可以不用下载安装，如图 10-3-18 所示。

> 已深度思考（用时 27.5 秒）

好的！我们将分步骤来完成这个俄罗斯方块游戏的开发。以下是详细的步骤指南：

第一步：安装Python和必要工具

1. **安装Python**
   - 访问 Python官网
   - 下载最新版（选择 Windows Installer，勾选 **Add Python to PATH**）
   - 按照默认选项安装。
2. **安装代码编辑器（推荐VS Code）**
   - 下载安装 VS Code
   - 安装完成后，打开VS Code，安装Python扩展（在扩展商店搜索 "Python"）。
3. **安装pygame库**（用于游戏开发）
   - 打开命令提示符（Win + R，输入 `cmd`），输入：

<BASH>

```
pip install pygame
```

第二步：创建项目和代码结构

1. 在你的电脑上创建一个文件夹，例如 `TetrisGame`。
2. 在文件夹中创建一个空白文件，命名为 `tetris.py`（后续的代码都在这里编写）。

第三步：编写基础框架代码

将以下代码粘贴到 `tetris.py` 文件中：

图 10-3-18　俄罗斯方块游戏开发步骤说明

（3）Python 安装完成后，进行 Pygame 库的安装。根据提示步骤开始行动，如图 10–3–19 所示。

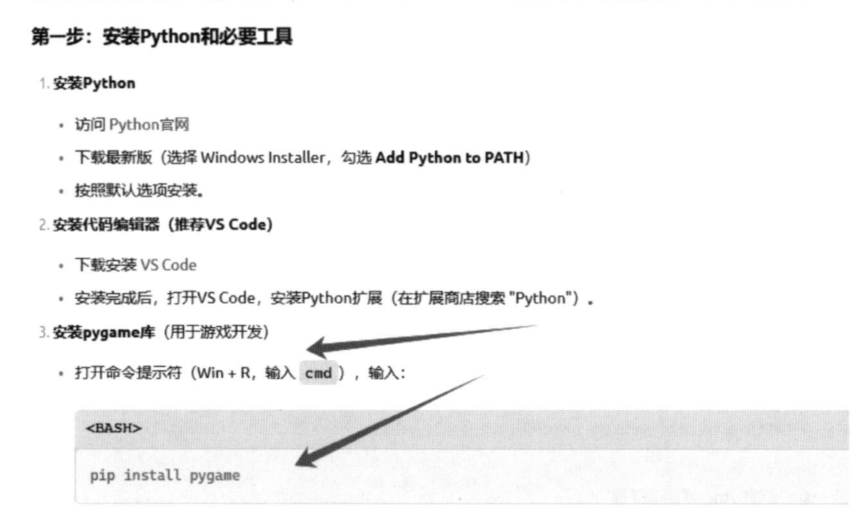

图 10–3–19　Python 和 Pygame 库安装步骤示意图

（4）Pygame 库安装完成，如图 10–3–20 所示。

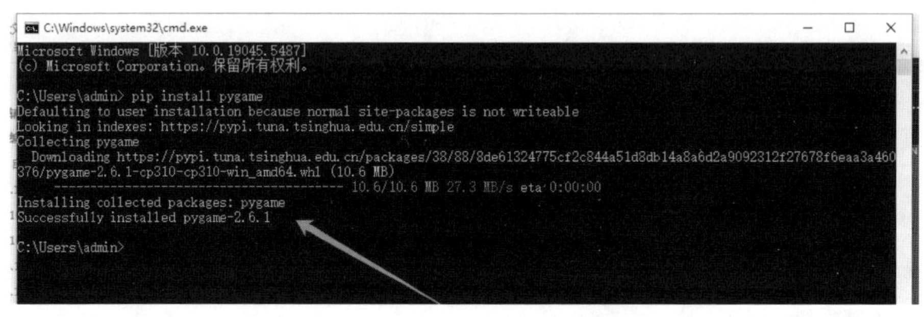

图 10–3–20　Pygame 库安装完成界面

（5）根据 DeepSeek 的提示，接下来创建项目文件夹和文件，如图 10–3–21 所示。

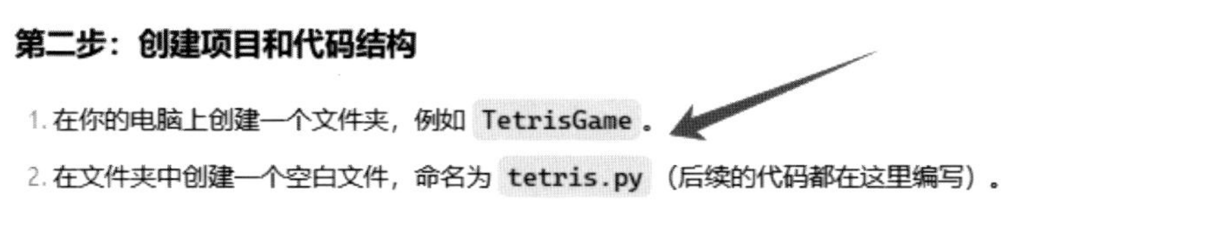

图 10-3-21　项目文件夹和文件创建示意图

（6）创建完成文件夹和空白文件。关于“tetris.py”文件的创建，可以先创建一个“tetris.txt”文本文档，然后再把“.txt”后缀改成“.py”即可，如图 10-3-22 所示。

图 10-3-22　修改文件后缀

（7）告诉 DeepSeek 我们已经安装好软件了，示例提示词为“我已经按照你提供的步骤安装完成了 Python 和 Pygame 库，代码编辑器使用的是 Windsurf，接下来告诉我需要怎么做”，如图 10-3-23 所示。

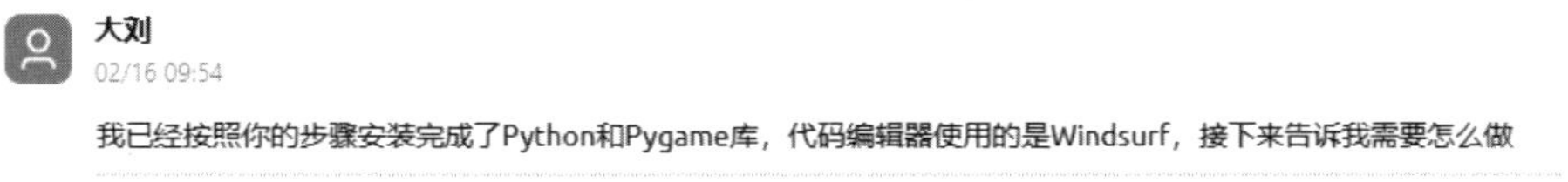

我已经按照你的步骤安装完成了Python和Pygame库，代码编辑器使用的是Windsurf，接下来告诉我需要怎么做

图 10-3-23　安装完成确认示意图

（8）等待 DeepSeek 回复，如果 DeepSeek 给的代码是分段的，如图 10-3-24

所示。

好的！接下来我们将逐步添加俄罗斯方块的核心功能。请将你的代码分成以下几个步骤完成，每一步完成后运行测试再继续。

步骤1：生成并绘制当前方块

修改代码：在Tetris类的__init__方法末尾生成第一个方块

<PYTHON>

```
class Tetris:
    def __init__(self, width=10, height=20):
        # 之前的代码...
        self.new_piece()  # 在初始化时生成第一个方块
```

在main()函数中添加绘制逻辑

将以下函数添加到 Tetris 类中（放在 check_collision 之后）：

<PYTHON>

```
    def draw_grid(self, screen, px_size=30):
        """绘制游戏区域的所有方块（包括固定和当前移动的）"""
        for y in range(self.height):
            for x in range(self.width):
                if self.grid[y][x]:
                    pygame.draw.rect(
                        screen,
                        COLORS[self.grid[y][x]],
                        (x * px_size, y * px_size, px_size - 1, px_size - 1)
                    )

        # 绘制当前下落的方块
```

图 10-3-24　分段代码

（9）则可以要求它给出完整的代码，示例提示词“我不懂编程，请给出详细完整的代码”，如图 10-3-25 所示。

大刘

02/16 10:02

我不懂编程，请给出详细完整的代码

Tokens: 16

图 10-3-25　笔者需求示例

（10）当 DeepSeek 给出完整代码后，先不急着操作。我们打开 Windsurf 软件，单击“Open Folder”按钮来选择项目存放位置，如图 10-3-26 所示。

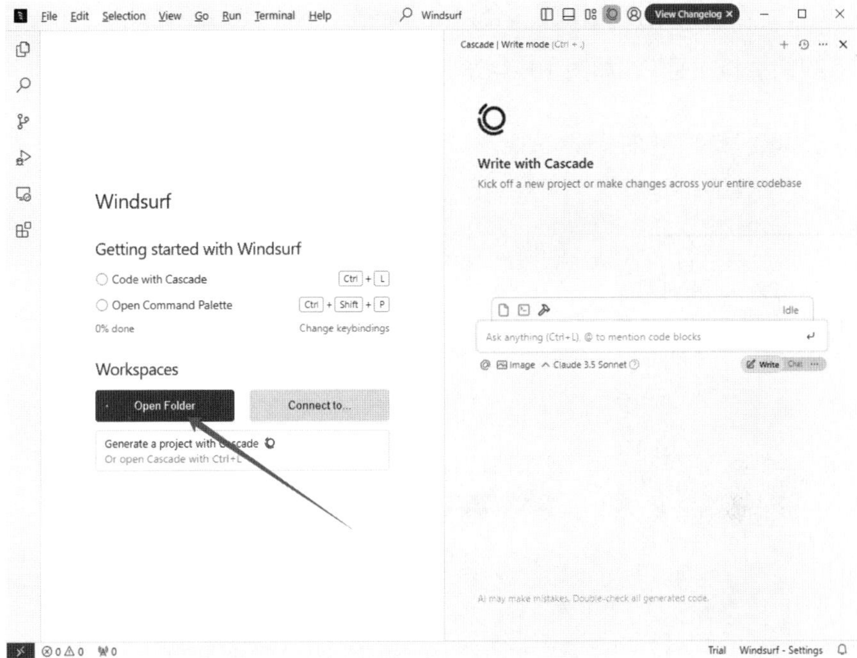

图 10-3-26　选择项目存放位置

（11）选择我们第六步创建的文件夹，如图 10-3-27 所示。

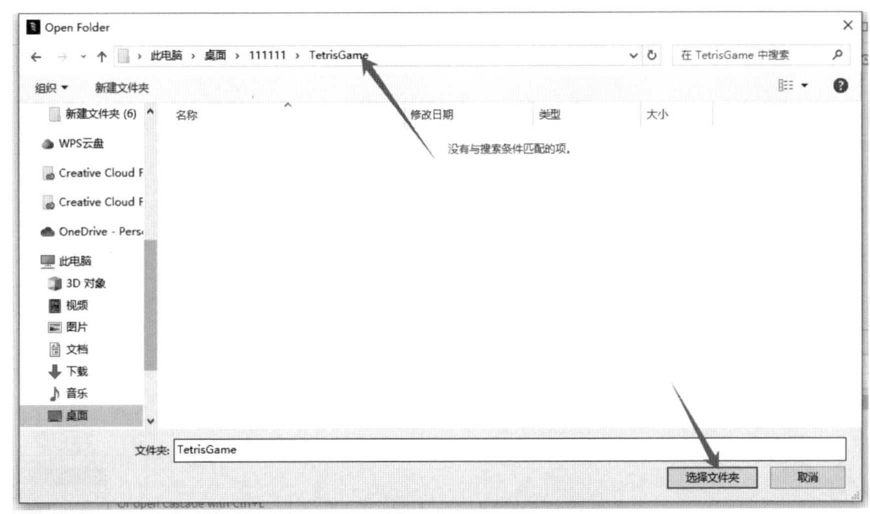

图 10-3-27　选择文件夹

（12）首次使用该文件夹，会弹出提示框，询问是否信任此文件夹及内容。我们选择“是”，如图 10-3-28 所示。

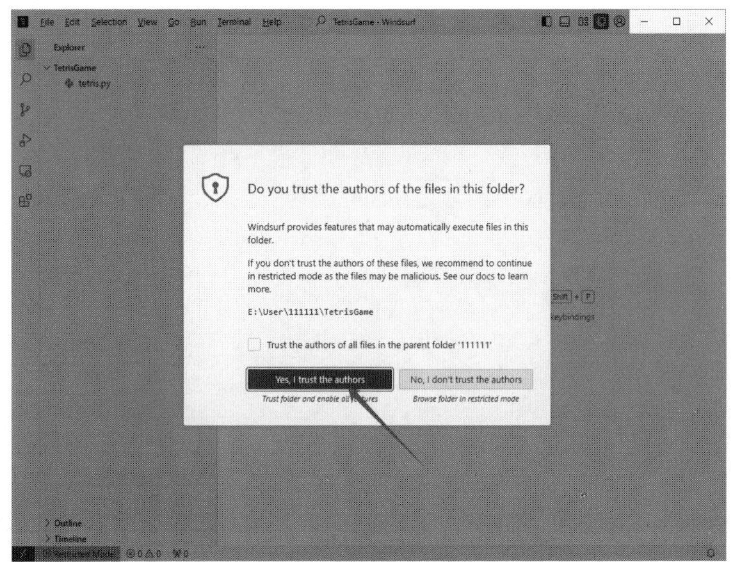

图 10-3-28　首次使用文件夹时的信任提示框

（13）此时 DeepSeek 已经把完整的代码生成完毕。我们单击代码块右上方的复制图标，复制代码，如图 10-3-29 所示。

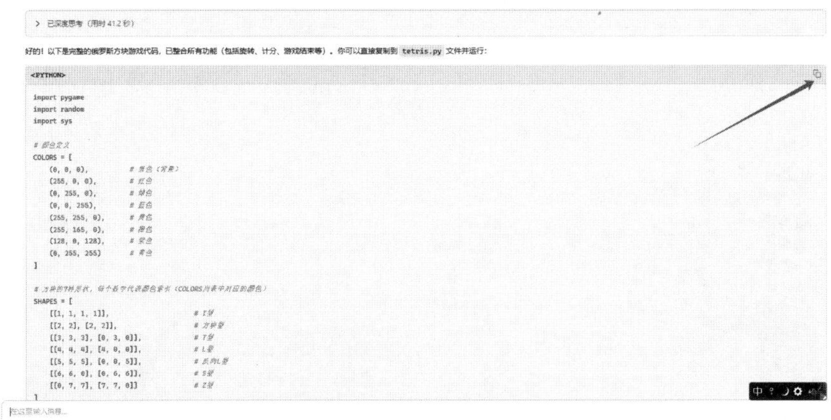

图 10-3-29　复制代码

（14）回到 Windsurf 软件，单击我们创建的“Tetris.py”文件，单击文件空白区域，按键盘的“Ctrl+V”粘贴代码，如图 10–3–30 所示。

图 10–3–30　粘贴代码

（15）粘贴后记得保存，按键盘的“Ctrl+S”即可保存。若看到文件名后面有小黑点，表示未保存。切记要时常保存代码，以防代码丢失，如图 10–3–31 所示。

（16）以上步骤操作完毕，就可以开始运行代码了。单击软件右上方的“小三角”运行图标开始运行，如图 10–3–32 所示。

（17）启动。至此，恭喜你完成整个流程，如图 10–3–33 所示。

File Edit Selection View Go Run Terminal ··· TetrisGame - Windsurf - tetris.py●

Explorer ··· tetris.py ●

TetrisGame

tetris.py

tetris.py > main > Explain Refactor Add Docstring

```
def main():
                    game.current_x += 1
                elif event.key == pygame.K_DOWN:
                    if not game.check_collision(dy=1):
                        game.current_y += 1
                elif event.key == pygame.K_UP:
                    game.rotate_piece()
                elif event.key == pygame.K_SPACE:
                    while not game.check_collision(dy=1):
                        game.current_y += 1

        # 自动下落
        if (current_time - fall_time) > fall_speed:
            if not game.check_collision(dy=1):
                game.current_y += 1
                fall_time = current_time
            else:
                game.lock_piece()
                if game.new_piece():  # 如果返回True，说明游戏结束
                    draw_text(screen, "游戏结束！按R重新开始", 50, 200, 400
                    pygame.display.flip()
                    while True:
                        event = pygame.event.wait()
                        if event.type == pygame.KEYDOWN and event.key ==
                            game = Tetris()  # 重置游戏
                            break
                        elif event.type == pygame.QUIT:
                            pygame.quit()
```

图 10-3-31 保存代码

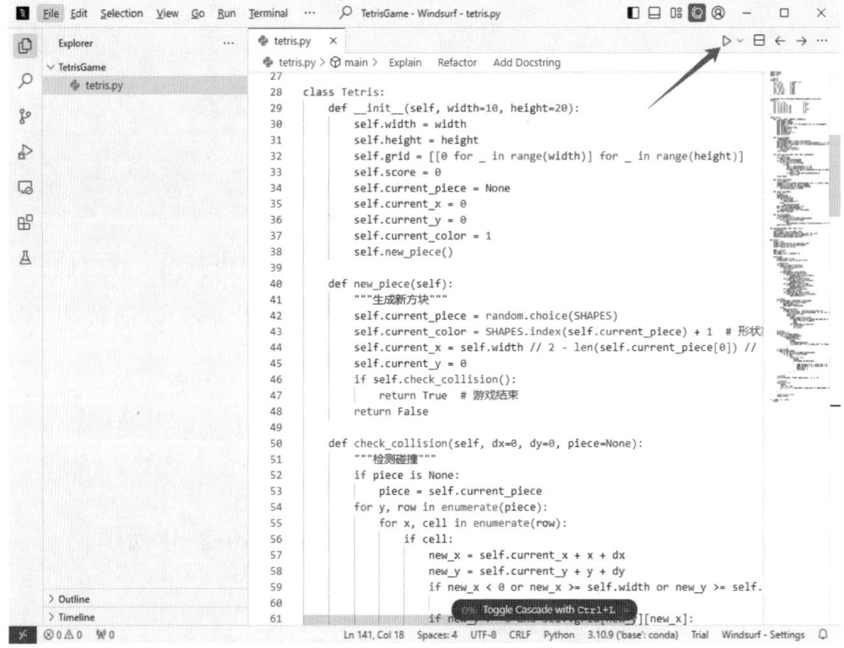

图 10-3-32 运行代码

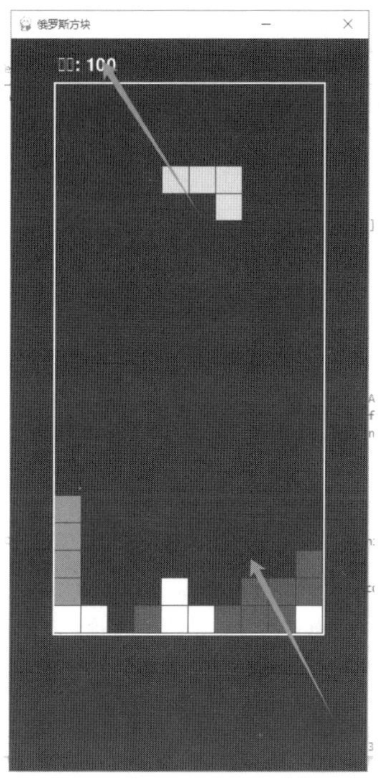

图 10-3-33　俄罗斯方块游戏界面

10.3.3　注意事项

（1）因为受模型上下文字数限制，很多稍微大一些的代码项目，AI 没办法一次性给出完整的代码。因此读者可以根据自己产品的功能或者需求让 AI 逐段编写。

（2）如果有读者在粘贴完代码后没有出现“小三角的运行图标”，可以单击 Windsurf 软件的左边菜单栏的插件图标，在上方的输入框中输入“python”，回车，选择下方的“Python”进行“Install”，如图 10-3-34 所示。

注：笔者这里因为已经安装过了，所以不显示“Install”按钮。

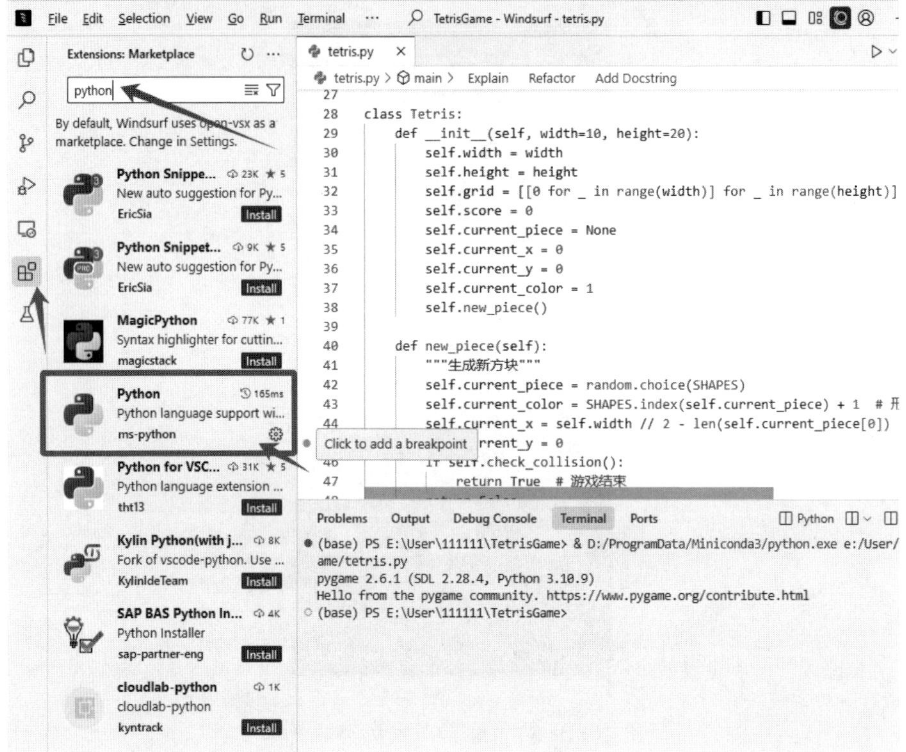

图 10-3-34　插件选择界面

（3）如果读者有空余时间，且有些复杂点的功能需要借助 AI 来实现。建议可以补充一下编程的基础知识，以便能更好地理解 AI 提供给我们的内容，从而更好地使用各种 AI 工具，真正为我们提效。

10.3.4 新手小任务

（1）安装 Windsurf 软件。

（2）尝试安装中文汉化插件（悄悄告诉你，可以看上一张图片 Python 的安装，步骤相同哦）。

（3）使用 Windsurf 制作一个俄罗斯方块的小游戏。

（4）成功运行并获得 90 积分。

代码安全审查与优化

10.4.1 代码安全审查的核心目标

代码安全审查是确保软件安全性的核心环节，其核心目标是发现潜在漏洞、消除恶意代码注入风险以及保护数据隐私。通过系统性检查，开发者可验证代码是否符合安全规范（如 OWASP Top 10、CWE 标准），并预防因逻辑漏洞或资源管理不当导致的攻击面暴露。AI 技术在此阶段的作用尤为关键，可通过模式识别快速定位高风险代码段，例如：未经验证的用户输入处理、硬编码凭据等典型问题。

10.4.2 自动化安全扫描工具技术栈

现代安全审查依赖三类工具的整合：静态应用安全测试（SAST）、动态分析（DAST）和交互式测试（IAST）。以 AI 增强的 SAST 工具（如 DeepCode 或 Fortify）为例，其通过构建抽象语法树对代码结构进行跨文件路径追踪，结合知识图谱识别敏感函数调用链。深度学习模型可扩展规则库的覆盖范围，例如：检测新型的 LLM 提示注入攻击或 API 鉴权缺失问题。误报率的优化则依赖对抗训练——通过注入混淆的正常代码样本提升模型判别准确性。

10.4.3 七大高危漏洞的 AI 识别模式

（1）**SQL 注入**：AI 通过词嵌入分析用户输入拼接点，标记未参数化的查询语句。

（2）**XSS 跨站脚本**：追踪 DOM 操作路径，校验未转义的反射型 / 存储型输出点。

（3）**缓冲区溢出**：基于控制流图计算数组索引边界变量传播路径。

（4）**认证失效**：识别 JWT 未校验签名、会话超时设置不当等配置缺陷。

（5）**加密误用**：检测常量盐值、弱哈希算法（MD5/SHA1）和 ECB 模式的使用。

（6）**依赖链风险**：通过软件物料清单（SBOM）关联 CVE 数据库的智能匹配。

（7）**逻辑缺陷**：业务规则建模结合符号执行验证权限边界。

10.4.4 安全修复的决策支持系统

AI 不仅能发现问题，更能提供修复建议。基于历史漏洞补丁训练的 Transformer 模型可生成上下文适配的修复代码，如自动将字符串拼接改写为预编译语句。对于复杂场景（如并发锁竞争），系统会触发交互式调试——注入故障点监控探针，用强化学习策略进行多维度测试覆盖优化。修复方案的风险评估模块，预测代码变更后对上下游功能产生的影响，避免诱发次生问题。

10.4.5 性能优化的分层实施策略

代码优化需建立四级评估模型：

（1）**算法层**：时间 / 空间复杂度分析，AI 推荐更优数据结构。

（2）**执行层**：通过插桩分析热点函数，建议循环展开或 SIMD 指令优化。

（3）**资源层**：内存泄露模式识别（未释放的句柄、侦听器注销缺失）。

（4）**架构层**：微服务拆分建议、缓存策略优化（读写比预测模型）。

10.4.6 可维护性增强的 AI 实践

（1）**代码异味检测**：长方法、发散式变更等模式标记。

（2）**规范检查**：自动转换命名风格（snake_case → camelCase）。

（3）**文档生成**：基于代码上下文生成 API 描述，补充典型用例样本。

（4）**依赖解耦**：识别高耦合模块，建议接口抽象或依赖注入重构。

10.4.7 全流程智能监控体系

将审查优化纳入 CI/CD 流水线时，AI 代理实现的三级拦截机制：

（1）**预提交拦截**：本地 Hook 触发即时检测，阻止高风险代码入库。

（2）**流水线分析**：分布式扫描集群生成安全 – 性能综合评分卡。

（3）**运行时防护**：结合 RASP 技术进行动态行为特征监控。

通过融合符号执行、程序分析和深度学习，现代 AI 代码审查工具已实现从漏洞检测到架构优化的正循环。开发者需要建立“安全左移 + 智能右置”的全周期管控思维，将 AI 的预测能力转化为软件质量的确定性保障。其未来的发展方向在于构建具备因果推理能力的审查模型，实现对零日漏洞的预测性防御。

好书推荐

《一本书读懂 AIGC 提示词》

本书是一本与人工智能工具对话的语法书，旨在帮助读者更好地理解和应用大模型提示词。本书分享了提示词的底层逻辑和技术原理，然后从文字、图片、编程等角度出发，辅以大量实例详细陈述提示词的用法。此外，本书还介绍了有关提示词用法的奇思妙想，以及提示词的反注入原理。最后，本书介绍了提示词优化师这个前景无限的职业，并给出了广大读者学习提示词的方法。

《一本书读懂 AI 绘画》

本书通过对 Stable Diffusion 功能和设计思路的讲解并运用大量的实际案例，展示了如何利用 AI 技术为设计师提供稳定且高效的创作支持，以及如何打破传统的创作限制，拓展设计思路，从而解决读者使用 Stable Diffusion 在各行业中实操和变现的问题。通过阅读本书，读者可以了解并掌握 AI 绘画的原理、方法和技巧，提升绘画工作效率，为职业发展赋能。